金属加工液配方与制备

（二）

李东光 主编

化学工业出版社
·北京·

本书中收集了200余种金属加工液制备实例，主要包括拉丝液、拉拔液、磨削液、轧制液、热轧液5类金属加工液，涵盖了大部分常用的金属加工液相关品种，详细介绍了产品的配方、制备、应用技术等内容，实用性强。

本书可供精细化工、金属加工等行业中开展金属加工液研发、生产管理与制备相关工作的人员及使用人员参考。

图书在版编目（CIP）数据

金属加工液配方与制备．二/李东光主编．—北京：化学工业出版社，2017.1

ISBN 978-7-122-28743-4

Ⅰ．①金…　Ⅱ．①李…　Ⅲ．①金属加工-加工液配方-制备　Ⅳ．①TB882

中国版本图书馆CIP数据核字（2016）第314846号

责任编辑：张　艳　刘　军　　　文字编辑：陈　雨

责任校对：边　涛　　　装帧设计：王晓宇

出版发行：化学工业出版社(北京市东城区青年湖南街13号　邮政编码100011)

印　　刷：北京永鑫印刷有限责任公司

装　　订：三河市宇新装订厂

850mm×1168mm　1/32　印张11¾　字数362千字

2017年4月北京第1版第1次印刷

购书咨询：010-64518888(传真：010-64519686)　售后服务：010-64518899

网　　址：http://www.cip.com.cn

凡购买本书，如有缺损质量问题，本社销售中心负责调换。

定　　价：48.00元

前言
FOREWORD

金属及其合金在切削、成形、处理和保护等过程中使用的工艺润滑油，统称为金属加工液。金属加工液通常包括金属切削加工液（金属切削液）和金属塑性加工液（金属成形液）。

随着机械工程科学技术的发展，在金属切削、成形加工中，重切削、高速切削、高精度切削、几何图形复杂成形、极深孔成形、板料极薄成形等越来越多，难加工材料的使用也越来越广，这对工件表面质量的要求越来越高，因而，对金属加工液的质量要求也就越来越高。

金属切削、成形加工是机械工程加工零部件的主要手段，特别是高精度金属零件。在金属加工过程中，如果在机床精度、工件材质、模具材质、刀具材质、加工条件、工人技术等条件相同的情况下合理选用金属加工液，对工件精度、表面粗糙度的作用是十分重要的。它可以减少摩擦，改善散热条件，降低加工区域温度，延长刀具、砂轮、模具的使用寿命，降低工件的表面粗糙度，提高工件精度，从而降低生产成本，提高企业经济效益。

由于金属加工液品种繁杂，涉及面较广，要求各不相同，因此对分类工作带来一定难度。国际上最权威的金属加工液分类标准是ISO 6743/7。该分类标准共有17类品种，其中8类为非水溶性金属加工液，其他9类为水溶性金属加工液，这些品种可适用于切削、研磨、电火花加工、变薄拉深旋转、挤压、拔丝、锻造和轧制等44种不同加工工艺条件。

为了满足市场的需求，我们应化学工业出版社邀请编写了这套《金属加工液配方与制备》，本书为第二册。书中收集了200余种金属加工液配方，详细介绍了产品的原料配比、制备方法、产品应用和产品特性，旨在为金属加工工业的发展尽微薄之力。

本书可供金属加工的技术人员，金属加工液的开发研制、生产、销售、服务技术人员，特别是从事特种油品加工、研究的人员阅读，也可供机床操作人员、工厂管理人员、工程师以及大专院校相关专业师生参考。

本书由李东光主编，参加编写的还有翟怀凤、李桂芝、吴宪民、吴慧芳、蒋永波、邢胜利、李嘉，由于我们水平有限，疏漏之处在所难免，敬请读者批评指正。主编 Email 地址为 ldguang@163.com。

编者

2017 年 1 月

目录
CONTENTS

1 拉丝液

2 拉拔液

3 磨削液

4 轧制液

5 热轧液

1 拉丝液

半合成金属拉丝润滑液

原料配比

原料		配比（质量份）		
		1#	2#	3#
基础油	26#矿物油	1.5	—	2.5
	10#矿物油	—	2	—
油性剂	亚乙基双油酸酰胺	0.5	1	—
	亚乙基双芥酸酰胺	—	—	0.5
	油酸二乙醇酰胺	4.5	5	4.5
冷却剂	甘油	15	—	5
	二甘醇	—	18	10
	油醇	1.5	1	2.5
防锈剂	二乙烯三胺磷酸盐	7.5	—	2.5
	乙二胺磷酸盐	—	6	2.5
	苯并三氮唑	—	—	2.5
复合乳化剂	油醇聚氧乙烯醚	4	2.5	2.5
	油胺聚氧乙烯醚	17	18	16
	油酸甘油酯	1	1.5	1
极压剂	油醇聚氧乙烯醚磷酸酯	1.5	—	2
	异构十醇聚氧乙烯醚磷酸酯	—	2	—
添加剂	聚醚改性硅油和杀菌剂 MBM	0.5	0.5	0.5
去离子水		加至 100	加至 100	加至 100

制备方法

（1）按质量配比取基础油、油性剂、极压剂、冷却剂混合，搅拌使其分散均匀。

（2）按照质量配比取防锈剂、水和步骤（1）中的溶液混合，快速搅拌，使其均分分散。

（3）缓慢加入复合乳化剂，边加边搅拌，使其充分乳化，形成透明液体。

（4）将添加剂按比例加入以上透明液体中，搅拌均匀即得成品。

原料配伍 本品各组分质量份配比范围为：基础油 1～3，油性剂 4～6，冷却剂 10～19，防锈剂 5～10，复合乳化剂 10～25，极压剂 1～5，添加剂 0.1～1，去离子水加至 100。

基础油是 10#矿物油、26#矿物油中的一种。

油性剂是油酸二乙醇酰胺、亚乙基双油酸酰胺（EBO）、亚乙基双芥酸酰胺中的任一种或两种以上的混合物。

冷却剂是油醇、甘油、二甘醇、乙二醇中任一种或两种以上的混合物。

防锈剂是多乙烯多胺的磷酸盐、多乙烯多胺的硼酸盐、醇胺磷酸盐、醇胺硼酸盐、苯并三氮唑、5-甲基苯并三氮唑、钼酸钠、钼酸钾中的任一种或两种以上的混合物。

防锈剂是二乙烯三胺磷酸盐、乙二胺磷酸盐、苯并三氮唑中的任一种或两种以上的混合物。

复合乳化剂是油醇聚氧乙烯醚、油胺聚氢乙烯醚、油酸聚氧乙烯酯、油酸甘油酯、异构醇聚氧乙烯醚中的任一种或两种以上的混合物。

极压剂是油醇聚氧乙烯醚磷酸酯、异构十醇聚氧乙烯醚磷酸酯、硫化油酸中的任一种或两种以上的混合物。

添加剂是聚醚改性硅油和/或杀菌剂 MBM。

质量指标

项　　目	拉拔条件	拉拔速度/（m/s）	拉丝结果
1#	镀铜钢线，进线直径 1.5mm；成品丝直径 0.5mm	8～12	线形均匀，表面光亮，断线率 1 次/1000m
2#	镀锌钢线，进线直径 1～2mm；成品丝直径 0.1mm	8～10	线形均匀，表面光亮，断线率 2 次/1000m
3#	铜包钢线，进样直径 0.5mm；成品丝直径 0.05mm	6～8	线形均匀，表面光亮，断线率 3 次/1000m

产品应用 本品是一种半合成金属拉丝润滑液。

产品特性

（1）本产品选用酰胺类油性剂，其具有润滑性能好、摩擦残留少等特点，能够提高拉丝速度、减少拉丝模具的磨损；同时还含有不饱和基团，具有一定的抗氧化作用，可以防止金属拉丝过程中金属表面的氧化。

（2）本产品选用含有不饱和基团的复合乳化剂，其具有一定的还原性能，在拉丝过程中可以在金属丝表面形成一层保护膜，防止空气的氧化，因此本产品具有较好的防氧化性能。

（3）本产品能够提高拉丝速度，减少拉丝模具的磨损，抑制细菌的繁殖，保证了拉丝过程的润滑，降低产品的表面粗糙度，尤其适用于有色金属快速拉丝，拉丝过程形成的保护膜可以很好地防止有色金属的氧化。

（4）本产品的制备方法简单，操作方便，适合工业化生产。

不锈钢拉丝液（1）

原料配比

原　料	配比（质量份）		
	1#	2#	3#
基础油	15	10	10
石油磺酸钠	21	24	23
单乙醇胺	3	2.5	
三乙醇胺	5	—	—
二乙醇胺	—	—	4
二异丙醇胺	—	6	6
润滑剂	20	18	18
杀菌剂	3	3	3
铜缓蚀剂	0.3	0.3	0.3
酯类油	10	10	15
消泡剂	0.1	0.1	0.05
水	22.6	26.1	21.7

制备方法

（1）把矿物油和石油磺酸钠混合搅拌至均匀。

（2）依次加入混合醇胺、润滑剂、酯类油、苯三唑和水搅拌至均匀透明。

（3）加入杀菌剂，搅拌至均匀透明。

原料配伍 本品各组分质量份配比范围为：基础油 10～30，石油磺酸钠 10～30，混合醇胺 5～20，润滑剂 15～30，杀菌剂 1～3，铜缓蚀剂 0.1～1，酯类油 10～20，消泡剂 0.05～0.15，水加至 100。

矿物油为环烷基基础油，其 40℃时的黏度为 25～35mm^2/s，黏度指数 40～60。

混合醇胺为单乙醇胺、二乙醇胺、三乙醇胺、二异丙醇胺中的两种或者两种以上的混合物。

润滑剂为太古油、太古油铵盐或者二者的混合物。

杀菌剂为三嗪类、吗啉类、BIT 类；

消泡剂为改性硅氧烷类的一种或几种。

铜腐蚀剂为甲基苯并三氮唑。

酯类油是油酸酯。

产品应用 本品主要用作不锈钢拉丝的金属加工液，具有优秀的润滑性和消泡性能，能够满足钢丝粗糙度和保护工厂环境的要求。

产品特性 本产品具有较长的使用寿命，是一种长寿命的拉丝液。另外，该拉丝液还能够进行铜金属的拉丝。

不锈钢拉丝液（2）

原料配比

原　　料	配比（质量份）
三异丙醇胺	0.5
油酸	2
聚乙烯醇	6
丙二醇	1
脂肪醇聚氧乙烯醚 AEO-3	1
铝酸酯偶联剂 DL-411	2

续表

原　　料		配比（质量份）
环氧油酸丁酯		1
偶氮二异丁腈		0.3
成膜助剂		2
水		100
成膜助剂	苯醌	1
	苯乙烯	6
	叔丁基过氧化氢	0.2
	衣康酸二正丁酯	3
	硅烷偶联剂 KH-550	2
	1-羟乙基-2-油基咪唑啉	2

制备方法 将三异丙醇胺、聚乙烯醇、油酸、脂肪醇聚氧乙烯醚 AEO-3 加入到水中，加热至 85～90℃，搅拌 30～40min，然后加入偶氮二异丁腈、环氧油酸丁酯，搅拌反应 1～2h，然后加入铝酸酯偶联剂 DL-411 等其他成分，继续反应 1～2h 即得成品。

原料配伍 本品各组分质量份配比范围为：三异丙醇胺 0.3～0.5，油酸 1～2，聚乙烯醇 6～8，丙二醇 1～2，脂肪醇聚氧乙烯醚 AEO-3 1～2，铝酸酯偶联剂 DL-411　1～2，环氧油酸丁酯 1～2，偶氮二异丁腈 0.2～0.3，成膜助剂 1～2，水 100～120。

成膜助剂由下列质量份的原料制成：苯醌 1～2，苯乙烯 6～8，叔丁基过氧化氢 0.1～0.2，衣康酸二正丁酯 3～4，硅烷偶联剂 KH-550 1～2，1-羟乙基-2-油基咪唑啉 2～3。制备方法是：将苯乙烯与衣康酸二正丁酯混合，搅拌，加入叔丁基过氧化氢，苯醌，搅拌反应 45～60min，然后加入 1-羟乙基-2-油基咪唑啉，搅拌反应 2～3h 后，升温至 125～130℃，加入硅烷偶联剂 KH-550，搅拌反应 2～3h 即得成品。

产品应用 本品是一种不锈钢拉丝液。

产品特性

（1）本产品采用水基起到较好的散热作用，三异丙醇胺起到缓蚀作用，通过偶氮二异丁腈的引发反应，使得油酸、聚乙烯醇、丙二醇等成分之间形成保护膜，增加与水的相溶性，提高了拉丝组合物的保护效果。本产品采用硅烷偶联剂 KH-550 起到桥接作用，增加了各组分的分散性，防止存放时间长以后，产生的沉淀分层现象。

（2）本产品具有优良的润滑性能、储存稳定性，成本低，冷却效果好，传热速度快，使用过程中温度升幅小，不易燃，易清洗。

（3）使用本产品最高拉丝速度可达 16m/s。生产出的不锈钢丝工序间防锈时间在 5 天以上；集中油池换油周期为 3 年，单机油池换油周期为 8 个月，减少了废液处理和排放，保护了环境。

不锈钢拉丝液（3）

原料配比

原　　料		配比（质量份）
太古油		2
蓖麻油		14
乙二醇		32
石油磺酸钠		1
亚麻油酸		3
烯基丁二酸		1
丙二醇		20
甘油		4
纳米金刚石		1
三乙醇胺		1
肉豆蔻酸异丙酯		3
聚二甲基硅氧烷		1
2-噁唑烷酮		1
抗磨剂		10
水		1000
抗磨剂	抗坏血酸	0.3
	聚乙烯醇	2.3
	吗啉	1.4
	硫酸锌	0.3
	吐温 80	1.0
	硅烷偶联剂 KH-550	1.2
	纳米氮化铝	4.5
	羟甲基脲	2.0
	水	60

制备方法 将太古油、蓖麻油、乙二醇、石油磺酸钠加入水，加热至65～70℃；再加入烯基丁二酸、丙二醇、三乙醇胺、肉豆蔻酸异丙酯，搅拌反应 30～45min；最后加入抗磨剂及其他剩余成分，800～1000r/min 下搅拌反应 60～90min 即得成品。

原料配伍 本品各组分质量份配比范围为：太古油 1～2，蓖麻油 14～17，乙二醇 32～34，石油磺酸钠 1～2，亚麻油酸 3～4，烯基丁二酸 1～2，丙二醇 20～24，甘油 4～5，纳米金刚石 1～2，三乙醇胺 1～2，肉豆蔻酸异丙酯 3～4，聚二甲基硅氧烷 1～2，2-噁唑烷酮 1～2，抗磨剂 10～14，水 1000。

抗磨剂由下列质量份的原料制成：抗坏血酸 0.3～0.5，聚乙烯醇 2.3～2.5，吗啉 1.4～1.6，硫酸锌 0.3～0.5，吐温 80 1.0～1.2，硅烷偶联剂 KH-550 1.2～1.5，纳米氮化铝 4.5～5，羟甲基脲 2.0～2.3，水 60～65。制备方法是将聚乙烯醇、纳米氮化铝加入到水中，加热至 70～80℃，搅拌 10～15min，然后再加入其他剩余成分，搅拌 30～45min 即得成品。

产品应用 本品主要用作不锈钢拉丝液。

产品特性 本产品抗磨剂添加纳米氮化铝粉末起到促进散热作用，增加了成膜性；本产品具有优异的润滑性，成膜性好，稳定性好，传热快，散热好的特点，而且本产品具有较长的使用寿命，是一种长寿命的拉丝液。使用本产品最高拉丝速度可达 19m/s。生产出的不锈钢丝工序间防锈时间在 5 天以上；集中油池换油周期为 3 年，单机油池换油周期为 8 个月，减少了废液处理和排放，保护了环境。

不锈钢拉丝液润滑剂

原料配比

原　　料	配比（质量份）
大豆油	22
石油磺酸钠	2
太古油	1.5
椰子油脂肪酸二乙醇酰胺	1.5
乙二醇	13

续表

原　　料		配比（质量份）
亚麻油酸		3
烯基丁二酸		1.5
叔丁基过氧化氢		1.5
抗磨剂		2
水		1200
抗磨剂	E-12 环氧树脂	1.0
	新戊二醇	2
	甘油三酸酯	1.5
	过硫酸钠	1
	硼砂	1.5
	水杨酸	0.1
	吗啉	1.3
	纳米氮化铝粉	3.2
	硅烷偶联剂 KH-550	0.9
	十二烷基苯磺酸钠	0.5
	聚乙烯吡咯烷酮	1.3
	水	45

制备方法 将大豆油、石油磺酸钠，太古油加入水中，加热至 60～70℃，再加入烯基丁二酸、叔丁基过氧化氢，搅拌反应 30～45min，然后再加入抗磨剂及其他剩余成分，搅拌反应 60～90min 即得成品。

原料配伍 本品各组分质量份配比范围为：大豆油20～24，石油磺酸钠2～3，太古油 1～2，椰子油脂肪酸二乙醇酰胺 1～2，乙二醇 12～14，亚麻油酸 3～4，烯基丁二酸 12，叔丁基过氧化氢 1～2，抗磨剂 2～3，水 1200。

抗磨剂由以下质量份的原料制成：E-12 环氧树脂 1.0～1.2，新戊二醇 2～3，甘油三酸酯 1～2，过硫酸钠 1～1.2，硼砂 1～2，水杨酸 0.1～0.2，吗啉 1.2～1.4，纳米氮化铝粉 3.0～3.5，硅烷偶联剂 KH-550 0.8～1.0，十二烷基苯磺酸钠 0. 4～0.6，聚乙烯吡咯烷酮 1.2～1.4，水 40～50。制备方法如下：将新戊二醇、甘油三酸酯、硼砂、水杨酸、十二烷基苯磺酸钠加入水中，加热至 70～80℃，搅拌分散，再加入 E-12 环氧树脂、甘油三酸酯，在 600～800r/min 下搅拌 10～15min，加放过硫酸钠，搅拌反应40～60min，然后升温至85～90℃，最后加入其他剩余成分，搅拌分散1～2h即得成品。

产品应用　本品主要用作不锈钢拉丝液润滑剂。

产品特性　本产品的拉丝液添加纳米氮化铝粉末起到促进散热作用，增加了成膜性，提高了加工速度；具有优良的防氧化，防变色效果，工作液不易稠化或变蓝：具有优异的润滑性能和极压性能，加工精度高，表面粗糙度低，拉丝模耗最低，可有效保护丝材或线材，减少表面质量缺陷等现象的发生，延长了模具使用寿命。具有传热速度快，冷却效果好，易清洗的特点。使用本产品最高拉丝速度可达17m/s。生产出的不锈钢丝工序间防锈时间在7天以上；集中油池换油周期为3年，单机油池换油周期为8个月，减少了废液处理和排放，保护了环境。

不锈钢线材拉伸工艺用的拉丝液

原料配比

原　料	配比（质量份）				
	1#	2#	3#	4#	5#
水溶性拉丝油	1000	1000	1000	1000	1000
浓度30%～40%肥皂水	20	25	30	28	35
水	适量	适量	适量	适量	适量
液碱	适量	适量	适量	适量	适量
含脂量/%	5	6	7	6	7
pH值	8	9	7.5	7.5	8

制备方法　将水溶性拉丝油倒入油池，加入适量的水，至含脂量为5%～7%，按每升加入20～35mL浓度为30%～40%的肥皂水，进行均匀混合，再加入液碱将pH值调整到7.5～9，装入容器备用。

原料配伍　本品各组分质量份配比范围为：水溶性拉丝油1000，浓度30%～40%肥皂水20～35，水及液碱适量，配制成含脂量为5%～7%，pH值为7.5～9的拉丝液。

产品应用　本品主要用作不锈钢线材拉伸工艺用的拉丝液。

产品特性　本产品原材料来源广，取材容易，配制简单，一次可以将拉伸后的不锈钢线材表面处理达到要求，不会污染环境，环保节能。

不易腐败抗菌水基拉丝液

原料配比

原　　料		配比（质量份）
三羟甲基丙烷油酸酯		22
油酸异辛酯		28
乳化硅油		4
富马酸二甲酯		2
硬脂酸丁酯		6
吡啶硫酮钠		2
丙炔醇		4
石油磺酸钠		10
甘草提取物		2
抗坏血酸钙		2
助剂		5
去离子水		1000
助剂	油酸异辛酯	12
	膨润土	3
	硬脂酰胺	5
	硅酸钠	0.1
	聚氧化乙烯	0.1
	硅烷偶联剂 KH-550	0.02
	氯化石蜡 42	1
	丙二醇脂肪酸酯	2
	去离子水	15

制备方法

（1）先将去离子水加热至50～60℃，加入吡啶硫酮钠、丙炔醇、抗坏血酸钙，充分搅拌至混合物料完全溶解分散，再加入石油磺酸钠，搅拌20～30min，混合溶液保温备用。

（2）将三羟甲基丙烷三油酸酯，油酸异辛酯混合加热至50～60℃，依次加入硬脂酸丁酯、富马酸二甲酯、甘草提取物，以1200～1500r/min的转速搅拌25～30min，随后一边加入步骤（1）的混合溶液一边继续搅拌40～50min，最后再加入其他剩余物料，继续搅拌20～30min，搅拌结束后静置2～3h即得成品。

原料配伍 本品各组分质量份配比范围为：三羟甲基丙烷油酸酯18～22，油酸异辛酯25～28，乳化硅油4～5，富马酸二甲酯1～2，硬脂酸丁酯6～8，吡啶硫酮钠1～3，丙炔醇3～4，石油磺酸钠8～10，甘草提取物2～3，抗坏血酸钙1～2，助剂4～5，去离子水800～1000。

助剂由以下质量份的原料制成：油酸异辛酯10～12，膨润土2～3，硬脂酰胺4～5，硅酸钠0.05～0.1，聚氧化乙烯0.1～0.2，硅烷偶联剂KH-550 0.01～0.02，氯化石蜡42 1～2，丙二醇脂肪酸酯1～2，去离子水12～15。制备方法为：先将膨润土在600～650℃下高温煅烧2～3h，冷却后研磨成300目粉体，粉体与硅烷偶联剂KH-550混合，球磨10～15min后，与硅酸钠、聚氧化乙烯一起加入去离子水中，以500～600r/min转速搅拌20～30min，随后对溶液进行喷雾干燥，得到的粉体与其他剩余物料混合，加热至40～50℃，继续搅拌40～50min，搅拌结束冷却至室温，即得浆料。

质量指标

项　目	指标
运动黏度（50℃）	≤100mm^2/s
凝点	≤-5℃
pH值	8.5
乳化液腐蚀性［（55±2）℃，全浸铜片1h］	合格
乳化液稳定性（15～35℃，1h）	无分层，无沉淀，无皂、油析出
消泡性［（55±2）℃，5min）］	≤4mL

产品应用 本品是一种不易腐败抗菌水基拉丝液。

产品特性 拉丝液在使用过程中容易受到外界污染，引起乳化液腐败变质，导致拉丝液出现恶臭、析油、变色等现象，润滑性能急剧下降，最后不得不废弃。本产品为了提高拉丝液的抗菌防腐能力，特别添加了富马酸二甲酯、吡啶硫酮钠、甘草提取物等原料，有效地提高了油脂的抗氧化能力以及乳化液的杀菌防腐能力，从源头上治理拉丝液易酸败的问题，同时以三羟甲基丙烷油酸酯、油酸异辛酯等环保低毒，热稳定性好的合成酯类油作为基础油，再辅以抗极压、缓蚀等功效的添加剂，使得本产品制备的拉丝液综合性能优良，更耐储存，延长了乳化液更换周期，使用更为高效。本产品在常温下可储存至少 18 个月以上，换液周期延长至 10 个月以上，拉丝时不易断线，线材表面光洁无划痕，塔轮走线通畅。

不易析油析皂的微乳化拉丝液

原料配比

原　料		配比（质量份）
生物柴油		28
全氟聚醚油		22
聚乙烯醇		6
妥儿油		4
柠檬酸钠		2
乙酸异丁酸蔗糖酯		2
聚六亚甲基胍		3
十二烷基硫酸钠		10
四硼酸钾		2
油酸铝		6
助剂		5
去离子水		1000
助剂	环氧大豆油	12
	叶蜡石	3
	聚异丁烯基丁二酰亚胺	4
	三聚磷酸钠	0.05
	聚丙烯酸钠	0.1
	硅烷偶联剂 KH-550	0.02
	氯化石蜡 42	2
	聚甘油脂肪酸酯	2
	去离子水	15

制备方法

（1）先将去离子水加热至50～60℃，加入聚乙烯醇、柠檬酸钠、四硼酸钾，充分搅拌至混合料完全溶解，然后加入聚六亚甲基胍、十二烷基硫酸钠，搅拌至混合物完全溶解分散，混合溶液保温备用。

（2）将生物柴油、全氟聚醚油混合加热至40～50℃，加入妥儿油、乙酸异丁酸蔗糖酯、油酸铝，以 1200～1500r/min 的转速搅拌 20～30min，随后一边缓慢加入步骤（1）所得物料，一边继续搅拌 40～50min，最后加入其他剩余成分，继续搅拌20～30min，搅拌结束后静置2～3h即得成品。

原料配伍 本品各组分质量份配比范围为：生物柴油25～28，全氟聚醚油20～22，聚乙烯醇6～8，妥儿油2～4，柠檬酸钠1～2，乙酸异丁酸蔗糖酯2～3，聚六亚甲基胍2～3，十二烷基硫酸钠8～10，四硼酸钾2～3，油酸铝4～6，助剂4～5，去离子水800～1000。

助剂由以下质量份的原料制成：环氧大豆油12～15，叶蜡石2～3，聚异丁烯基丁二酰亚胺 3～4，三聚磷酸钠 0.02～0.05，聚丙烯酸钠0.1～0.2，硅烷偶联剂KH-550 0.01～0.02，氯化石蜡42 1～2，聚甘油脂肪酸酯1～2，去离子水12～15。制备方法为：先将叶蜡石在750～800℃下高温煅烧2～3h，冷却后研磨成300目粉体，粉体与硅烷偶联剂 KH-550 混合，球磨 10～15min 后，与三聚磷酸钠、聚丙烯酸钠一起加入去离子水中，以500～600r/min的转速搅拌20～30min，随后对溶液进行喷雾干燥，得到的粉体与其他剩余物料混合，加热至40～50℃，继续搅拌40～50min，搅拌结束冷却至室温即得浆料。

质量指标

项　目	指标
运动黏度（50℃）	≤100mm²/s
凝点	≤-5℃
pH值	8.2
乳化液腐蚀性［(55±2)℃，全浸铜片1h］	合格
乳化液稳定性（15～35℃，1h）	无分层，无沉淀，无皂、油析出
消泡性［(55±2)℃，5min)］	≤4mL

产品应用 本品是一种不易析油析皂的微乳化拉丝液。

产品特性 传统拉丝液随着使用时间及外界环境的影响，乳化液会逐渐失去稳定状态，出现析油析皂、变稠等现象，致使润滑性能严重下降，最后不得不提前更换乳化液。本产品为了提高拉丝液的使用寿命，减少析油析皂现象，首先以生物柴油与全氟聚醚油混合作为基础油，使得基础油表现出良好的耐温能力，使用过程中受温度影响小，并在基础油中添加了乙酸异丁酸蔗糖酯，它是一种性能优良的稳定剂，可以调节油脂的密度，有效防止乳油分离现象。此外，配方中还含有油酸铝、聚六亚甲基胍、四硼酸钾等添加剂，这些物料的协同作用使得本产品拉丝液润滑性能优良，拉丝效率高，且不易酸败变质，乳化液能长时间保持稳定状态，析油析皂现象得到有效抑制。本产品拉丝液在常温下可储存至少 15 个月以上，换液周期延长至 10 个月以上，拉丝时不易断线，线材表面光洁无划痕，塔轮走线通畅。

超细铜线高速拉丝用拉丝液

原料配比

原料		配比（质量份）
苯甲基硅油		30
三聚甘油单硬脂酸酯		5
聚亚烷基二醇		22
硫化异丁烯		4
偏硼酸钠		1
对羟基苯甲酸甲酯		3
竹叶抗氧化剂		2
烷基酚聚氧乙烯醚		4
异丁基三乙氧基硅烷		5
助剂		5
去离子水		1000
助剂	环氧大豆油	12
	叶蜡石	3
	聚异丁烯基丁二酰亚胺	4

续表

原　　料		配比（质量份）
助剂	三聚磷酸钠	0.05
	聚丙烯酸钠	0.1
	硅烷偶联剂 KH-550	0.02
	氯化石蜡 42	2
	聚甘油脂肪酸酯	2
	去离子水	15

制备方法

（1）先将去离子水加热至 50～60℃，加入偏硼酸钠、烷基酚聚氧乙烯醚，充分搅拌至物料完全分散溶解即可，水溶液保温备用。

（2）将苯甲基硅油、聚亚烷基二醇混合，加热至 50～60℃，加入三聚甘油单硬脂酸酯、硫化异丁烯、对羟基苯甲酸甲酯，以 1200～1500r/min 的转速搅拌 20～30min，随后一边继续搅拌，一边缓慢加入步骤（1）所得物料，搅拌 40～50min，最后加入其他剩余物料，继续搅拌 20～30min，搅拌结束后静置 2～3h 即得成品。

原料配伍　本品各组分质量份配比范围为：苯甲基硅油 26～30，三聚甘油单硬脂酸酯 4～5，聚亚烷基二醇 20～22，硫化异丁烯 2～4，偏硼酸钠 1～2，对羟基苯甲酸甲酯 2～3，竹叶抗氧化剂 1～2，烷基酚聚氧乙烯醚 4～6，异丁基三乙氧基硅烷 3～5，助剂 4～5，去离子水 800～1000。

助剂由以下质量份的原料制成：环氧大豆油 12～15，叶蜡石 2～3，聚异丁烯基丁二酰亚胺 3～4，三聚磷酸钠 0.02～0.05，聚丙烯酸钠 0.1～0.2，硅烷偶联剂 KH-550 0.01～0.02，氯化石蜡 42 1～2，聚甘油脂肪酸酯 1～2，去离子水 12～15。制备方法为：先将叶蜡石在 750～800℃下高温煅烧 2～3h，冷却后研磨成 300 目粉体，粉体与硅烷偶联剂 KH-550 混合，球磨 10～15min 后，与三聚磷酸钠、聚丙烯酸钠一起加入去离子水中，以 500～600r/min 的转速搅拌 20～30min，随后对溶液进行喷雾干燥，得到的粉体与其他剩余物料混合，加热至 40～50℃，继续搅拌 40～50min，搅拌结束冷却至室温即得浆料。

质量指标

项目	指标
运动黏度（50℃）	≤100mm²/s
凝点	≤-5℃
pH 值	8.3
乳化液腐蚀性［(55±2)℃，全浸铜片 1h］	合格
乳化液稳定性（15～35℃，1h）	无分层，无沉淀，无皂、油析出
消泡性［(55±2)℃，5min］	≤4mL

产品应用 本品主要用作超细铜线高速拉丝用拉丝液。

产品特性 超细铜线由于规格小，在拉丝过程中承受力有限，尤其容易出现断线情况，这也是制约着超细铜线生产的主要障碍，为了改善断线现象，需要提高拉丝液的润滑性能，提高极压抗磨能力，改善积垢现象，本产品以苯甲基硅油、聚亚烷基二醇混合物作为基础油，具有优良的润滑性能，再辅以硫化异丁烯、偏硼酸钠等添加剂，提升了乳液的极压抗磨能力，良好的润滑性可以将模具对超细铜线的应力降到最低，添加的竹叶抗氧化剂是一种天然的抗氧化剂，其中的有效成分能有效地抑制油脂的氧化，螯合金属离子，减少模具积垢，同时还具有抗菌能力。本产品不仅润滑性能优良，还有良好的氧化安定性，乳化液不易变质，多次使用仍具有良好的润滑性能，且不易积垢，从根本上缓解了细铜线易断线的问题。本产品在常温下可储存至少 16 个月以上，换液周期延长至 10 个月以上，拉丝时不易断线，线材表面光洁无划痕，塔轮走线通畅。

低泡高效铝合金拉丝液

原料配比

原料	配比（质量份）
大豆油	32
环氧脂肪酸甲酯	12
新戊二醇	10

续表

原　料		配比（质量份）
十二烷基二甲基苄基氯化铵		2
烷基酚聚氧乙烯醚		5
迷迭香提取物		1
二聚亚油酸		5
硫化棉籽油		5
硬脂酸铝		3
甘露醇		3
助剂		5
去离子水		1000
助剂	环氧大豆油	12
	叶蜡石	3
	聚异丁烯基丁二酰亚胺	4
	三聚磷酸钠	0.05
	聚丙烯酸钠	0.1
	硅烷偶联剂 KH-550	0.02
	氯化石蜡 42	2
	聚甘油脂肪酸酯	2
	去离子水	15

制备方法

（1）先将去离子水加热至 50～60℃，加入十二烷基二甲基苄基氯化铵、甘露醇，充分搅拌至物料完全溶解分散，再加入烷基酚聚氧乙烯醚，搅拌 20～30min，混合溶液保温备用。

（2）将大豆油，环氧脂肪酸甲酯混合加热至 50～60℃，加入迷迭香提取物、二聚亚油酸、硫化棉籽油、硬脂酸铝，以 1200～1500r/min 的转速搅拌 20～30min，随后一边缓慢加入步骤（1）所得物料，一边继续搅拌 40～50min，最后加入其他剩余物料，搅拌 20～30min，搅拌结束后静置 2～3h 即得成品。

原料配伍 本品各组分质量份配比范围为：大豆油 30～32，环氧脂肪酸甲酯 10～12，新戊二醇 8～10，十二烷基二甲基苄基氯化铵 1～2，烷基酚聚氧乙烯醚 4～5，迷迭香提取物 1～2，二聚亚油酸 4～5，硫化棉籽油 3～5，硬脂酸铝 3～4，甘露醇 1～3，助剂 4～5，去离子水 800～1000。

助剂由以下质量份的原料制成：环氧大豆油 12～15，叶蜡石 2～3，聚异丁烯基丁二酰亚胺 3～4，三聚磷酸钠 0.02～0.05，聚丙烯酸钠 0.1～0.2，硅烷偶联剂 KH-550 0.01～0.02，氯化石蜡 42 1～2，聚甘油脂肪酸酯 1～2，去离子水 12～15。制备方法为：先将叶蜡石在 750～800℃下高温煅烧 2～3h，冷却后研磨成 300 目粉体，粉体与硅烷偶联剂 KH-550 混合，球磨 10～15min 后，与三聚磷酸钠、聚丙烯酸钠一起加入去离子水中，以 500～600r/min 的转速搅拌 20～30min，随后对溶液进行喷雾干燥，得到的粉体与其他剩余物料混合，加热至 40～50℃，继续搅拌 40～50min，搅拌结束冷却至室温即得浆料。

质量指标

项目	指标
运动黏度（50℃）	≤100mm^2/s
凝点	≤ –5 ℃
pH 值	8.0
乳化液腐蚀性［(55±2) ℃，全浸铜片 1h］	合格
乳化液稳定性（15～35℃，1h）	无分层，无沉淀，无皂、油析出
消泡性［(55±2) ℃，5min］	≤2mL

产品应用 本品是一种低泡高效铝合金拉丝液。

产品特性 本产品为了降低拉丝液的起泡性，用硬脂酸铝、甘露醇混合物作为消泡剂，这两种物质复配的消泡剂较传统消泡剂在成本及使用性能上都更为优越，再以大豆油、环氧脂肪酸甲酯混合物作为基础油，配以迷迭香提取物、二聚亚油酸、助剂等原料，使得本拉丝液具有优良的润滑性能，不易起泡，乳化液性能稳定不易破乳，环保耐温，拉丝效率高。本产品在常温下可储存至少 16 个月以上，换液周期延长至 10 个月以上，拉丝时不易断线，线材表面光洁无划痕，塔轮走线通畅。

低雾环保水基拉丝液

原料配比

原料		配比（质量份）
新戊基多元醇高级脂肪酸酯		22
十三烷醇偏苯三酸酯		25
平平加		4
二聚甘油		12
重氮咪唑烷基脲		3
聚硅氧烷		3
钼酸钠		2
月桂酸聚氧乙烯酯		5
聚乙二醇		10
助剂		5
去离子水		1000
助剂	环氧大豆油	12
	叶蜡石	3
	聚异丁烯基丁二酰亚胺	4
	三聚磷酸钠	0.05
	聚丙烯酸钠	0.1
	硅烷偶联剂 KH-550	0.02
	氯化石蜡 42	2
	聚甘油脂肪酸酯	2
	去离子水	15

制备方法

（1）先将去离子水加热至 50～60℃，加入重氮咪唑烷基脲、钼酸钠，充分搅拌至物料溶解分散，再加入平平加、月桂酸聚氧乙烯酯，继续搅拌至其完全溶解分散，混合溶液保温备用。

（2）将新戊基多元醇高级脂肪酸酯、十三烷醇偏苯三酸酯混合，加热至50～60℃，加入聚硅氧烷、聚乙二醇，以1200～1500r/min的转速搅拌20～30min，然后一边搅拌，一边缓慢加入步骤（1）所得物料，搅拌40～50min后，再加入其他剩余物料，搅拌20～30min，搅拌结束后静置2～3h即得成品。

原料配伍 本品各组分质量份配比范围为：新戊基多元醇高级脂肪酸酯20～22，十三烷醇偏苯三酸酯22～25，平平加4～5，二聚甘油10～12，重氮咪唑烷基脲1～3，聚硅氧烷2～3，钼酸钠1～3，月桂酸聚氧乙烯酯4～5，聚乙二醇8～10，助剂4～5，去离子水800～1000。

助剂由以下质量份的原料制成：环氧大豆油12～15，叶蜡石2～3，聚异丁烯基丁二酰亚胺 3～4，三聚磷酸钠 0.02～0.05，聚丙烯酸钠0.1～0.2，硅烷偶联剂KH-550 0.01～0.02，氯化石蜡42 1～2，聚甘油脂肪酸酯1～2，去离子水12～15。制备方法为：先将叶蜡石在750～800℃下高温煅烧2～3h，冷却后研磨成300目粉体，粉体与硅烷偶联剂KH-550混合，球磨10～15min后，与三聚磷酸钠、聚丙烯酸钠一起加入去离子水中，以500～600r/min的转速搅拌20～30min，随后对溶液进行喷雾干燥，得到的粉体与其他剩余物料混合，加热至40～50℃，继续搅拌40～50min，搅拌结束冷却至室温即得浆料。

质量指标

项　　目	指标
运动黏度（50℃）	≤100mm²/s
凝点	≤ −5 ℃
pH 值	8.5
乳化液腐蚀性［(55±2) ℃，全浸铜片 1h］	合格
乳化液稳定性（15～35℃，1h）	无分层，无沉淀，无皂、油析出
消泡性［(55±2) ℃，5min］	≤4mL

产品应用 本品是一种低雾环保水基拉丝液。

产品特性 在拉丝过程中，拉丝液会经历激烈摩擦和高温蒸发过程，一些油脂类物质可能会随着水蒸气一起形成水雾，这些含有有机物的水雾可能会对加工人员及环境造成危害，因为必须改善原有拉丝液配方，提高润滑性，降低摩擦系数，同时加快散热，从源头上控制水雾的形成，为了实现上述目标，本产品以新戊基多元醇高级脂肪酸酯、十三烷醇偏苯三酸酯混合物作为基础油，这类基础油具有良好的高温润滑性，且热稳定性好，挥发性低，再结合聚乙二醇、钼酸钠、重氮咪唑烷基脲等原料，有效地提高了极压抗磨性，润滑性能更为优良，乳化液性能稳定易透气，不易腐败变质，且原料均为低毒不易挥发成分，使得本产品拉丝液润滑性良好，透气性好，散热快，减少了线材以及模具对拉丝液的摩擦系数，使用过程中不易形成水雾，加工环境得到有效改善。本产品在常温下可储存至少 18 个月以上，换液周期延长至 10 个月以上，拉丝时不易断线，线材表面光洁无划痕，塔轮走线通畅。

防腐不锈钢拉丝液

原料配比

原　　料		配比（质量份）
N-月桂酰肌氨酸钠		0.6
聚二甲基硅氧烷		1
双十四碳醇酯		2
油酸二乙醇酰胺硼酸酯		3
山梨醇		1
蛋氨酸		1
吐温 80		3
磷酸钠		1
石油磺酸钠		2
氮化硅		4
助剂		5
去离子水		900
助剂	玉石粉	2
	纳米二氧化钛	2
	甲基丙烯酸甲酯	1
	乙二醇	3

续表

原　料		配比（质量份）
助剂	醇酯十二	2
	地沟油	2
	薄荷油	1
	葡甘露聚糖	3
	魔芋胶	2
	去离子水	90

制备方法

（1）将吐温 80、石油磺酸钠、氮化硅混合均匀，加入适量的去离子水，加热至 30～35℃，研磨 30～40min，得到混合 A 料。

（2）将除助剂之外的剩余成分加入到反应釜中，搅拌混合均匀，缓慢加热至 55～65℃，保温 1～1.5h，得到混合 B 料。

（3）将保温的混合 B 料边搅拌边缓慢加入到混合 A 料中，充分搅拌后加入助剂，600～800r/min 下搅拌反应 40～60min，冷却至室温即得成品。

原料配伍 本品各组分质量份配比范围为：*N*-月桂酰肌氨酸钠 0.6～1.2、聚二甲基硅氧烷 1～2、双十四碳醇酯 2～3、油酸二乙醇酰胺硼酸酯 3～4.5、山梨醇 1～2、蛋氨酸 1～2、吐温 80 3～5、磷酸钠 1～2、石油磺酸钠 2～3、氮化硅 4～6、助剂 5～7、去离子水 900～950。

助剂由以下质量份的原料制成：玉石粉 2～4、纳米二氧化钛 2～3、甲基丙烯酸甲酯 1～2、乙二醇 3～4、醇酯十二 2～3、地沟油 2～4、薄荷油 1～2、葡甘露聚糖 3～4、魔芋胶 2～3、去离子水 90～94。制备方法是首先将玉石粉、纳米二氧化钛、葡甘露聚糖、魔芋胶加入一半量的水中，研磨 1～2h，然后缓慢加入剩余成分，缓慢加热至 70～80℃，在 300～500r/min 条件下搅拌反应 30～50min，冷却至室温即得成品。

产品应用 本品主要用作防腐不锈钢新型拉丝液。

产品特性 本产品添加磷酸钠等防腐蚀剂，起到缓蚀和保护作用，添加助剂，具有良好的抗磨、分散、润滑、成膜性，协同表面活性剂，在金属表面形成保护膜；本产品具有优良的润滑性能、稳定性，冷却性，而且成本低、传热速度快，加工之后也易于除去，保证了拉绣钢丝操作环境的清洁。使用本产品最高拉丝速度可达 19m/s。集中油池换油周期为 3 年，单机油池换油周期为 8 个月，减少了废液处理和排放，保护了环境。

防腐阻垢镁铝合金用拉丝液

原料配比

原　料		配比（质量份）
氢化蓖麻油		32
苯并三氮唑钠		3
海藻多糖		2
三羟甲基丙烷三油酸酯		18
丁基羟基茴香醚		6
乳酸钠		3
黄连提取物		1
磷酸二氢钾		2
月桂酸聚氧乙烯酯		8
迷迭香酸		2
硫化石蜡		3
助剂		5
去离子水		1000
助剂	环氧大豆油	12
	叶蜡石	3
	聚异丁烯基丁二酰亚胺	4
	三聚磷酸钠	0.05
	聚丙烯酸钠	0.1
	硅烷偶联剂 KH-550	0.02
	氯化石蜡 42	2
	聚甘油脂肪酸酯	2
	去离子水	15

制备方法

（1）先将去离子水加热至 50～60℃，加入海藻多糖、磷酸二氢钾、迷迭香酸，充分搅拌至物料完全溶解分散，再加入乳酸钠、月桂酸聚氧乙烯酯，继续搅拌 20～30min，得到的混合溶液保温备用。

（2）将氢化蓖麻油、三羟甲基丙烷三油酸酯混合加热至 50～60℃，加入苯并三氮唑钠、黄连提取物、硫化石蜡，以 1200～1500r/min 的转速搅拌 20～30min，随后继续一边搅拌，一边缓慢加入步骤（1）所得物料，搅拌 40～50min，最后加入其他剩余物料，搅拌 20～30min，搅拌结束后静置 2～3h 即得成品。

原料配伍 本品各组分质量份配比范围为：氢化蓖麻油 28～32，苯并三氮唑钠 2～3，海藻多糖 2～3，三羟甲基丙烷三油酸酯 15～18，丁基羟基茴香醚 4～6，乳酸钠 2～3，黄连提取物 1～2，磷酸二氢钾 1～2，月桂酸聚氧乙烯酯 6～8，迷迭香酸 1～2，硫化石蜡 2～3，助剂 4～5，去离子水 800～1000。

助剂由以下质量份的原料制成：环氧大豆油 12～15，叶蜡石 2～3，聚异丁烯基丁二酰亚胺 3～4，三聚磷酸钠 0.02～0.05，聚丙烯酸钠 0.1～0.2，硅烷偶联剂 KH-550 0.01～0.02，氯化石蜡 42 1～2，聚甘油脂肪酸酯 1～2，去离子水 12～15。制备方法为：先将叶蜡石在 750～800℃下高温煅烧 2～3h，冷却后研磨成 300 目粉体，粉体与硅烷偶联剂 KH-550 混合，球磨 10～15min 后，与三聚磷酸钠、聚丙烯酸钠一起加入去离子水中，以 500～600r/min 的转速搅拌 20～30min，随后对溶液进行喷雾干燥，得到的粉体与其他剩余物料混合，加热至 40～50℃，继续搅拌 40～50min，搅拌结束冷却至室温即得浆料。

质量指标

项目	指标
运动黏度（50℃）	≤100mm²/s
凝点	≤-5 ℃
pH 值	8.7
乳化液腐蚀性［（55±2）℃，全浸铜片 1h］	合格
乳化液稳定性（15～35℃，1h）	无分层，无沉淀，无皂、油析出
消泡性［（55±2）℃，5min］	≤2mL

产品应用 本品主要用作镁铝合金用拉丝液。

产品特性 本产品以氢化蓖麻油、三羟甲基丙烷三油酸酯混合物作为基础油，具有优良的高温润滑性，海藻多糖是一类具有生物活性的物质，能有效地减缓油脂氧化，还能与金属离子络合，可以富集溶液中的金属离子，从而加快金属离子沉降，避免在模具上积屑，达到阻垢效果；加入的黄连提取物中含有多种高效广谱的抗菌活性物质，可以减缓细菌对拉丝液的腐化，是一种价廉高效的天然无毒的杀菌剂，此外迷迭香酸也是一类天然的多功能酚酸类，具有抑菌抗氧化的功效，再结合其他类添加剂，使得本产品拉丝液具有优良的润滑性能，抗极压耐磨，得到的线材表面无划痕，且清净力高，模具不易积垢，拉丝液在常温下不易腐败变质，使用寿命得到延长。本产品在常温下可储存至少 18 个月以上，换液周期延长至 10 个月以上，拉丝时不易断线，线材表面光洁无划痕，塔轮走线通畅。

防锈润滑水性铜拉丝液

原料配比

原　　料		配比（质量份）
十二烷基苯磺酸钠		4
油酸钠		1
太古油		3
丙烯酸乙酯		2
二甘醇二丁醚		1
钛酸丁酯		1
巯基苯并噻唑钠盐		2
波尔多液		0.8
助剂		5
去离子水		900
助剂	玉石粉	2
	纳米二氧化钛	2
	甲基丙烯酸甲酯	1
	乙二醇	3

续表

原料		配比（质量份）
助剂	醇酯十二	2
	地沟油	2
	薄荷油	1
	葡甘露聚糖	3
	魔芋胶	2
	去离子水	90

制备方法

（1）将十二烷基苯磺酸钠、油酸钠、太古油、丙烯酸乙酯混合均匀，加入适量的去离子水，加热至 30～35℃，搅拌反应 30～40min，得到混合 A 料。

（2）将除助剂之外的剩余成分加入到反应釜中，搅拌混合均匀，缓慢加热至 55～65℃，保温 1～1.5h，得到混合 B 料。

（3）将保温的混合 B 料边搅拌边缓慢加入到混合 A 料中，充分搅拌后加入助剂，600～800r/min 下搅拌反应 40～60min，冷却至室温即得成品。

原料配伍 本品各组分质量份配比范围为：十二烷基苯磺酸钠 4～6，油酸钠 1～2，太古油 3～4，丙烯酸乙酯 2～4，二甘醇二丁醚 1～2，钛酸丁酯 1～2，巯基苯并噻唑钠盐 2～3，波尔多液 0.8～1.5，助剂 5～7，去离子水 900～950。

助剂由以下质量份的原料制成：玉石粉 2～4，纳米二氧化钛 2～3，甲基丙烯酸甲酯 1～2，乙二醇 3～4，醇酯十二 2～3，地沟油 2～4，薄荷油 1～2，葡甘露聚糖 3～4，魔芋胶 2～3，去离子水 90～94。制备方法是：首先将玉石粉、纳米二氧化钛、葡甘露聚糖、魔芋胶加入一半量的水中，研磨 1～2h，然后缓慢加入其余剩余成分，缓慢加热至 70～80℃，在 300～500r/min 条件下搅拌反应 30～50min，冷却至室温即得成品。

产品应用 本品是一种防锈润滑水性铜拉丝液。

产品特性 本产品添加巯基苯并噻唑钠盐，具有良好的防锈蚀作用；添加助剂，具有良好的抗磨，分散，润滑，成膜性；协同表面活性剂，能够在铜丝表面形成一层保护膜，保证了铜丝的质量。本产品采用水性配方，冷却性能好，不易燃，易清洗，适用于铜线拉丝。使用本产品最高拉丝速度可达 18m/s。生产出的铜丝工序间防锈时间在 5 天以上，集中油池换油周期为 3 年，单机油池换油周期为 8 个月，减少了废液处理和排放，保护了环境。

废液易处理的水基拉丝液

原料配比

原　　料		配比（质量份）
癸二酸二异辛酯		32
油酸		12
磷酸三乙酯		7
茶皂素		10
松香酸钠皂		5
蔗糖酯		3
芳樟醇		0.5
羧甲基壳聚糖		2
硼酸钠		3
助剂		5
去离子水		1000
助剂	环氧大豆油	12
	叶蜡石	3
	聚异丁烯基丁二酰亚胺	4
	三聚磷酸钠	0.05
	聚丙烯酸钠	0.1
	硅烷偶联剂 KH-550	0.02
	氯化石蜡 42	2
	聚甘油脂肪酸酯	2
	去离子水	15

制备方法

（1）先将去离子水加热至50～60℃，加入松香酸钠皂、羧甲基壳聚糖、硼酸钠，充分搅拌至物料完全溶解分散，再加入蔗糖酯、茶皂素，搅拌至物料完全溶解分散，混合溶液保温备用。

（2）将癸二酸二异辛酯、油酸混合加热至50～60℃，加入磷酸三乙酯、芳樟醇，以1200～1500r/min的转速搅拌20～30min后，一边继续搅拌，一边缓慢加入步骤（1）所得物料，搅拌40～50min，最后再加入其他剩余物料，继续搅拌 20～30min，搅拌结束后静置 2～3h即得成品。

原料配伍 本品各组分质量份配比范围为：癸二酸二异辛酯28～32，油酸10～12，磷酸三乙酯5～7，茶皂素8～10，松香酸钠皂3～5，蔗糖酯 2～3，芳樟醇 0.2～0.5，羧甲基壳聚糖 1～3，硼酸钠 1～3，助剂4～5，去离子水800～1000。

助剂由以下质量份的原料制成：环氧大豆油12～15，叶蜡石2～3，聚异丁烯基丁二酰亚胺 3～4，三聚磷酸钠 0.02～0.05，聚丙烯酸钠0.1～0.2，硅烷偶联剂KH-550 0.01～0.02，氯化石蜡42 1～2，聚甘油脂肪酸酯1～2，去离子水12～15。制备方法为：先将叶蜡石在750～800℃下高温煅烧2～3h，冷却后研磨成300目粉体，粉体与硅烷偶联剂 KH-550 混合，球磨 10～15min 后，与三聚磷酸钠、聚丙烯酸钠一起加入去离子水中，以500～600r/min的转速搅拌20～30min，随后对溶液进行喷雾干燥，得到的粉体与其他剩余物料混合，加热至40～50℃，继续搅拌40～50min，搅拌结束冷却至室温即得浆料。

质量指标

项　　目	指标
运动黏度（50℃）	≤100mm^2/s
凝点	≤ −5 ℃
pH值	8.2
乳化液腐蚀性［(55±2）℃，全浸铜片1h］	合格
乳化液稳定性（15～35℃，1h）	无分层，无沉淀，无皂、油析出
消泡性［(55±2）℃，5min］	≤4mL

产品应用 本品是一种废液易处理的水基拉丝液。

产品特性 本产品以癸二酸二异辛酯、油酸混合物作为基础油，这类基础油不仅在高温下仍具有优良的润滑性能，且无毒易降解，环境友好；添加的茶皂素是一种天然环保的乳化剂，不仅乳化效果优良，且对环境无害，可用于取代传统的表面活性剂；此外羧甲基壳聚糖、芳樟醇也均为天然无毒的杀菌防霉除臭化合物。本产品较传统拉丝液在配方上进一步改进，用部分天然无毒的原料取代有毒物质，在高润滑性能的基础上，更为环保安全，使得后期的废液处理更为简单，大大减少了生产能耗。本产品在常温下可储存至少 18 个月以上，换液周期延长至 10 个月以上，拉丝时不易断线，线材表面光洁无划痕，塔轮走线通畅。

高清洗性能的环保拉丝液

原料配比

原　料		配比（质量份）
黄油		12
三羟甲基丙烷三油酸酯		30
磺化蓖麻油		6
肌醇六磷酸酯		3
硫代硫酸钠		2
葡萄糖酸钠		2
烷基苯磺酸钠		2
聚乙烯醇		12
聚氧乙烯聚氧丙烯单丁基醚		2
助剂		5
去离子水		1000
助剂	油酸异辛酯	12
	膨润土	3
	硬脂酰胺	5
	硅酸钠	0.1
	聚氧化乙烯	0.1
	硅烷偶联剂 KH-550	0.02
	氯化石蜡 42	1
	丙二醇脂肪酸酯	2
	去离子水	15

制备方法

（1）先将去离子水加热至50～60℃，加入烷基苯磺酸钠、聚乙烯醇，充分搅拌至其完全溶解分散，再加入肌醇六磷酸酯、硫代硫酸钠、葡萄糖酸钠，继续搅拌至混合物完全溶解，混合溶液保温备用。

（2）将黄油、三羟甲基丙烷三油酸酯、磺化蓖麻油混合加热至50～60℃，并以1200～1500r/min的转速搅拌，同时缓慢加入步骤（1）所得物料及其他剩余成分，搅拌40～50min后，静置2～3h即得成品。

原料配伍 本品各组分质量份配比范围为：黄油10～12，三羟甲基丙烷三油酸酯28～30，磺化蓖麻油6～8，肌醇六磷酸酯2～3，硫代硫酸钠1～2，葡萄糖酸钠1～3，烷基苯磺酸钠2～3，聚乙烯醇10～12，聚氧乙烯聚氧丙烯单丁基醚1～2，助剂4～5，去离子水800～1000。

助剂由以下质量份的原料制成：油酸异辛酯10～12，膨润土2～3，硬脂酰胺4～5，硅酸钠0.05～0.1，聚氧化乙烯0.1～0.2，硅烷偶联剂KH-550 0.01～0. 02，氯化石蜡42 1～2，丙二醇脂肪酸酯1～2，去离子水12～15。制备方法为：先将膨润土在600～650℃下高温煅烧2～3h，冷却后研磨成300目粉体，粉体与硅烷偶联剂KH-550混合，球磨10～15min后，与硅酸钠、聚氧化乙烯一起加入去离子水中，以500～600r/min的转速搅拌20～30min，随后对溶液进行喷雾干燥，得到的粉体与其他剩余物料混合，加热至40～50℃，继续搅拌40～50min，搅拌结束冷却至室温即得浆料。

质量指标

项　目	指标
运动黏度（50℃）	≤100mm^2/s
凝点	≤-5℃
pH值	8.1
乳化液腐蚀性［(55±2)℃，全浸铜片1h］	合格
乳化液稳定性（15～35℃，1h）	无分层，无沉淀，无皂、油析出
消泡性［(55±2)℃，5min］	≤2mL

产品应用 本品是一种高清洗性能的环保拉丝液。

产品特性 本产品以黄油、三羟甲基丙烷三油酸酯混合物作为基础油脂，具有优良的耐高温稳定性，润滑性能优良，且环保低毒易降解，减少了使用过程中对环境和人体的危害；此外，为了提高清洗性能，配方中添加了葡萄糖酸钠、肌醇六磷酸酯等具有优异阻垢缓蚀性能的添加剂，尤其是葡萄糖酸钠，它还能与多种金属离子螯合，是环保高效的金属清洗剂，本产品在实际使用过程中润滑性能优良，能有效地防止线材残屑粉在拉丝模上黏结和堵塞模孔，拉丝断线率低，不易起泡，清洗性能好，线材光洁无黏附。本产品在常温下可储存至少 15 个月以上，换液周期延长至 10 个月以上，拉丝时不易断线，线材表面光洁无划痕，塔轮走线通畅。

高效环保的水性铜拉丝液

原料配比

<table>
<tr><th colspan="2">原　料</th><th>配比（质量份）</th></tr>
<tr><td colspan="2">硼酸钠</td><td>1</td></tr>
<tr><td colspan="2">氨基磺酸</td><td>2</td></tr>
<tr><td colspan="2">乙烯基羧酸酯</td><td>2.5</td></tr>
<tr><td colspan="2">硅微粉</td><td>5</td></tr>
<tr><td colspan="2">蓖麻油酸聚酯</td><td>4</td></tr>
<tr><td colspan="2">乌洛托品</td><td>0.8</td></tr>
<tr><td colspan="2">锂基润滑脂</td><td>3</td></tr>
<tr><td colspan="2">三乙醇胺</td><td>3</td></tr>
<tr><td colspan="2">锭子油</td><td>3</td></tr>
<tr><td colspan="2">硬脂酸钠</td><td>3</td></tr>
<tr><td colspan="2">琥珀酸二异辛酯磺酸钠</td><td>2.5</td></tr>
<tr><td colspan="2">助剂</td><td>5</td></tr>
<tr><td colspan="2">去离子水</td><td>900</td></tr>
<tr><td rowspan="4">助剂</td><td>石墨粒</td><td>2</td></tr>
<tr><td>纳米硅藻土</td><td>2.5</td></tr>
<tr><td>双酚 A 二甲基丙烯酸酯</td><td>1</td></tr>
<tr><td>硫化棉籽油</td><td>2</td></tr>
</table>

续表

原　料		配比（质量份）
助剂	十二碳醇酯	2
	苯胺甲基三乙氧基硅烷	1
	柴胡油	1
	拉开粉	3
	去离子水	90

制备方法

（1）将硅微粉、蓖麻油酸聚酯、硬脂酸钠混合均匀，加入适量的去离子水，加热至30～35℃，研磨30～40min，得到混合A料。

（2）将除助剂之外的剩余成分加入到反应釜中，搅拌混合均匀，缓慢加热至55～65℃，保温1～1.5h，得到混合B料。

（3）将保温的混合B料边搅拌边缓慢加入到混合A料中，充分搅拌后加入助剂，在600～800r/min的转速下搅拌反应40～60min，冷却至室温即得成品。

原料配伍　本品各组分的质量份配比范围为：硼酸钠1～2，氨基磺酸2～4，乙烯基羧酸酯2.5～3.5，硅微粉5～7，蓖麻油酸聚酯4～5，乌洛托品0.8～1.5，锂基润滑脂3～5，三乙醇胺3～4，锭子油3～5，硬脂酸钠3～5，琥珀酸二异辛酯磺酸钠2.5～3.5，助剂5～7，去离子水900～950。

助剂由以下质量份的原料制成：石墨粒2～4，纳米硅藻土2.5～3.5，双酚A二甲基丙烯酸酯1～2，硫化棉籽油2～2.5，十二碳醇酯2～3，苯胺甲基三乙氧基硅烷1～1.5，柴胡油1～2，拉开粉3～4，去离子水90～94。制备方法是：首先将石墨粒、纳米硅藻土、柴胡油、拉开粉加入一半量的去离子水中，研磨1～2h，然后缓慢加入其余剩余成分，缓慢加热至70～80℃，在300～500r/min条件下搅拌反应30～50min，冷却至室温即得成品。

产品应用　本品是一种高效环保的水性铜拉丝液。

产品特性　本产品采用环保配方，高效环保；添加助剂，具有良好的抗磨、分散、润滑、成膜性；与表面活性剂配方，在金属表面形成一层保护膜，起到缓蚀作用；本产品润滑效果好，冷却性好，传热速度快，易清洗，本产品拉制的铜丝，表面光亮，不易锈蚀。使用本产品最高拉丝速度可达19m/s。集中油池换油周期为3年，单机油池换油周期为 8 个月，减少了废液处理和排放，保护了环境。

高效节能环保金属拉丝液

原料配比

原　　料	配比（质量份）		
	1#	2#	3#
去离子水	40.0	38.7	40.0
三乙醇胺	8.5	10.0	4.2
油酸	20.0	25.0	9.5
硬脂酸	8.0	2.5	12.0
氨水（17%）	3.0	1.0	4.5
失水山梨醇聚氧乙烯醚单油酸酯	18.0	—	12.0
失水山梨醇聚氧乙烯醚单棕榈酸酯	—	20.0	15.0
甲基硅油	1.7	2.0	2.0
EDTA	0.3	0.3	0.3
苯甲酸钠	0.5	0.5	0.5

制备方法

（1）按拉丝液上述的配方顺序加入。

（2）将去离子水、三乙醇胺加入带加热器、搅拌器的反应器中，开始搅拌并加热到 70～80℃。

（3）再将油酸慢慢加入到反应器中使三乙醇胺与油酸进行皂化反应成为油酸三乙醇胺皂溶液，在 70～80℃温度下恒温 20～40min。

（4）将硬脂酸加入反应器中，等到硬脂酸完全溶解后再将氨水慢慢加入，温度保持在 70～80℃，恒温 20～40min。

（5）再将其他物料按上述配方顺序逐一加入，并搅拌到所有的物料全部溶解为止。

（6）将溶液冷却到 40～50℃停止搅拌，进行出料，制成本产品。

原料配伍　本品各组分质量份配比范围为：去离子水 40.0～45.0，三乙醇胺 3.5～10.5，油酸 9.0～25，硬脂酸 2.0～12.5，氨水（17%）0.8～5.0，失水山梨醇聚氧乙烯醚单油酸酯 12.0～18.0，失水山梨醇聚氧乙烯醚单棕榈酸酯 15.0～20.0，甲基硅油 1.5～2.5，EDTA 0.1～0.5，苯甲酸钠 0.2～0.8。

产品应用　本品是一种高效节能环保金属拉丝液，广泛应用于各种铜、铝、不锈钢等有色金属的拉丝等金属加工行业中。

产品特性

（1）本产品由多种表面活性剂复配而成，具有良好的金属表面吸附能力，当它与金属接触时能够在金属表面上迅速形成一层保护膜，在外力作用下使金属表面得到润滑保护，从而减少了摩擦力，降低机器的载荷，真正达到高效节能的目的。

（2）本产品由多种无毒、无害的表面活性剂配制而成，可以在短时间内得到生物降解，能有效地解决长期以来的污水排放的环保问题，排放污水中的 BOD、COD 均符合国家环保排放标准。

（3）本产品为单一水相溶液，可以降低拉丝机的工作温度，延长拉丝液的使用寿命。

（4）本产品完全符合高速拉丝机使用，每分钟拉丝不低于 2800m，可完全适应于进口高速拉丝机使用。

（5）本产品能消除拉丝过程中所产生的静电，并具有金属铜的抗氧化能力和金属表面的清洗能力。

（6）本产品有效地解决了使用完的环保污水排放问题。本产品主要由新型高效的极压剂、润滑剂、清洗剂、抗氧化剂、防锈剂等组分复配而成，无毒、无味、对人体皮肤无刺激性、可生物降解，广泛应用于各种铜、铝、不锈钢等有色金属的拉丝等金属加工行业中。本产品具有良好的润滑性能和散热性能，是有色金属加工中的理想、高效、节能、环保助剂。

高效节能环保拉丝液

原料配比

原　　料	配比（质量份）
去离子水	1000
油酸	3.4
硬脂酸	3
失水山梨醇单油酸酯	1.2

续表

原料		配比（质量份）
苯甲酸钠		2
植酸		2
硫酸铜		1
氧化锌		1.4
硫脲		3
偏硼酸钠		1
椰油酸单乙醇酰胺		2
叔丁基过氧化氢		1
改性氮化铝粉末		3
改性氮化铝粉末	三聚磷酸钠	2.3
	壳聚糖	2.5
	过硫酸钠	1.2
	1-羟乙基-2-油基咪唑啉	2.3
	纳米氮化铝	3.6
	冬青油	2.8
	癸二酸二辛酯	0.2
	纳米碳	0.8
	十二烷基苯磺酸钠	0.7
	硅烷偶联剂 KH-580	1.3
	羟甲基脲	2.3
	聚乙烯吡咯烷酮	2.5
	去离子水	50

制备方法 先将油酸，偏硼酸钠加入去离子水中，加热至 40～50℃，300～500r/min 条件下搅拌反应 20～30min，然后加入改性氮化铝粉末、硫脲，于 500～700r/min 下搅拌 10～15min 后，滴加叔丁基过氧化氢，搅拌反应 20～30min，再加入其余原料，升温至 60～70℃，700～800r/min 条件下继续搅拌反应 1～2h 即得成品。

原料配伍 本品各组分质量份配比范围为：去离子水 1000，油酸 3～4，硬脂酸 2～3，失水山梨醇单油酸酯 1～2，苯甲酸钠 1～2，植酸 1～2，硫酸铜 1～2，氧化锌 1～2，硫脲 2～3，偏硼酸钠 1～2，椰油酸单乙醇酰胺 1～2，叔丁基过氧化氢 1～2，改性氮化铝粉末 2～3。

改性氮化铝粉末由下列质量份的原料制成：三聚磷酸钠 2.3～2.5，壳聚糖 1.8～2.8，过硫酸钠 1.0～1.2，1-羟乙基-2-油基咪唑啉 2.0～2.3，纳米氮化铝 3.4～3.8，冬青油 2.1～3.2，癸二酸二辛酯 0.1～0.2，纳米碳 0.5～0.8，十二烷基苯磺酸钠 0.4～0.7，硅烷偶联剂 KH-580 1.2～1.3，羟甲基脲 2.0～2.3，聚乙烯吡咯烷酮 2.1～2.5，去离子水 50。

改性氮化铝粉末的制备方法如下：将壳聚糖、1-羟乙基-2-油基咪唑啉溶解于水中，再加入过硫酸钠，50～60℃下 600～800r/min 搅拌反应 20～30min，再加入冬青油、十二烷基苯磺酸钠，300～500r/min 搅拌 30～45min，然后加入其他剩余原料，升温至 70～80℃，500～700r/min 搅拌反应 40～50min，烘干，磨粉即得成品。

产品应用　本品是一种高效节能环保拉丝液。

产品特性　本产品高效节能，有环保作用，产品无毒，无害，具有稳定性高，传热速度快的特点。使用本产品最高拉丝速度可达 20m/s。生产出的铜丝工序间防锈时间在 7 天以上，集中油池换油周期为 3 年，单机油池换油周期为 9 个月，减少了废液处理和排放，保护了环境。

高效阻垢清净水基拉丝液

原料配比

原　料	配比（质量份）
氢化聚异丁烯	30
癸二酸二异辛酯	18
瓜尔胶	3
氧化聚乙烯蜡乳液	6
三乙醇胺	7
乳化硅油	3
酒石酸钾钠	2
椰油酸单乙醇酰胺	6
磷酸三乙酯	6
助剂	5
去离子水	1000

续表

原料		配比（质量份）
助剂	环氧大豆油	12
	叶蜡石	3
	聚异丁烯基丁二酰亚胺	4
	三聚磷酸钠	0.05
	聚丙烯酸钠	0.1
	硅烷偶联剂 KH-550	0.02
	氯化石蜡 42	2
	聚甘油脂肪酸酯	2
	去离子水	15

制备方法

（1）先将去离子水如热至 50～60℃，加入瓜尔胶、酒石酸钾钠，充分搅拌至物料完全溶解分散，再加入三乙醇胺、氧化聚乙烯蜡乳液，继续搅拌 20～30min，混合溶液保温备用。

（2）将氢化聚异丁烯、癸二酸二异辛酯混合加热至 50～60℃，加入椰油酸单乙醇酰胺、磷酸三乙酯，以 1200～1500r/min 的转速搅拌 20～30min，随后一边继续搅拌，一边缓慢加入步骤（1）所得物料，搅拌 40～50min 后，加入其他剩余物料，搅拌 20～30min 后停止，混合液静置 2～3h 即得成品。

原料配伍 本品各组分质量份配比范围为：氢化聚异丁烯 28～30，癸二酸二异辛酯 15～18，瓜尔胶 2～3，氧化聚乙烯蜡乳液 5～6，三乙醇胺 5～7，乳化硅油 2～3，酒石酸钾钠 1～2，椰油酸单乙醇酰胺 5～6，磷酸三乙酯 4～6，助剂 4～5，去离子水 800～1000。

助剂由以下质量份的原料制成：环氧大豆油 12～15，叶蜡石 2～3，聚异丁烯基丁二酰亚胺 3～4，三聚磷酸钠 0.02～0.05，聚丙烯酸钠 0.1～0.2，硅烷偶联剂 KH-550 0.01～0.02，氯化石蜡 42 1～2，聚甘油脂肪酸酯 1～2，去离子水 12～15。制备方法为：先将叶蜡石在 750～800℃下高温煅烧 2～3h，冷却后研磨成 300 目粉体，粉体与硅烷偶联剂 KH-550 混合，球磨 10～15min 后，与三聚磷酸钠、聚丙烯酸钠一起加入去离子水中，以 500～600r/min 的转速搅拌 20～30min，随后对溶液进行喷雾干燥，得到的粉体与其他剩余物料混合，加热至40～50℃，继续搅拌40～50min，搅拌结束冷却至室温即得浆料。

质量指标

项目	指标
运动黏度（50℃）	≤100mm^2/s
凝点	≤-5℃
pH值	8.7
乳化液腐蚀性［(55±2)℃，全浸铜片1h］	合格
乳化液稳定性（15～35℃，1h）	无分层，无沉淀，无皂、油析出
消泡性［(55±2)℃，5min］	≤4mL

产品应用 本品是一种高效阻垢清净水基拉丝液。

产品特性 本产品以氢化聚异丁烯、癸二酸二异辛酯混合物作为基础油，这类基础油兼具良好的高温和低温稳定性，润滑性能好，易乳化，加入的氧化聚乙烯蜡乳液性能稳定，易与金属表面均匀成膜，达到降低摩擦系数的效果，且水溶性好，易于清洗，酒石酸钾钠能与金属离子络合，形成可溶性络合物，从而减少了金属泥屑的堆积，防止积垢，再结合其他类添加剂，使得本产品具有优良的高温润滑性，抗极压耐磨，且不易积垢，低泡清净性好，拉丝效率高，不易断线。本产品在常温下可储存至少18个月以上，换液周期延长至10个月以上，拉丝时不易断线，线材表面光洁无划痕，塔轮走线通畅。

含大豆磷脂的拉丝液

原料配比

原料	配比（质量份）
环烷基油	28
氢化聚癸烯	20
环烷酸稀土	2
吗啉脂肪酸盐果蜡	2
碳酸氢三钠	2
聚氧乙烯聚氧丙醇胺醚	2

续表

原　料		配比（质量份）
植酸钠		3
大豆磷脂		10
吐温 80		6
乌洛托品		2
助剂		5
去离子水		1000
助剂	环氧大豆油	12
	叶蜡石	3
	聚异丁烯基丁二酰亚胺	4
	三聚磷酸钠	0.05
	聚丙烯酸钠	0.1
	硅烷偶联剂 KH-550	0.02
	氯化石蜡 42	2
	聚甘油脂肪酸酯	2
	去离子水	15

制备方法

（1）先将去离子水加热至 50～60℃，加入吗啉脂肪酸盐果蜡、植酸钠、碳酸氢三钠、乌洛托品，充分搅拌至混合物完全溶解，再加入吐温 80，搅拌 20～30min，混合溶液保温备用。

（2）将环烷基油、氢化聚癸烯混合，加热至 50～60℃，加入环烷酸稀土、大豆磷脂，以 1200～1500r/min 的转速搅拌 30～40min，随后一边缓慢加入步骤（1）所得物料，一边继续搅拌，搅拌 40～50min 后，再加入其他剩余物料，继续搅拌 20～30min，搅拌结束后静置 2～3h 即得成品。

原料配伍　本品各组分质量份配比范围为：环烷基油 25～30，氢化聚癸烯 18～20，环烷酸稀土 1～2，吗啉脂肪酸盐果蜡 1～2，碳酸氢三钠 1～2，聚氧乙烯聚氧丙醇胺醚 2～3，植酸钠 2～3，大豆磷脂 8～10，吐温 80 6～8，乌洛托品 2～3，助剂 4～5，去离子水 800～1000。

助剂由以下质量份的原料制成：环氧大豆油 12～15，叶蜡石 2～3，聚异丁烯基丁二酰亚胺 3～4，三聚磷酸钠 0.02～0.05，聚丙烯酸钠 0.1～0.2，硅烷偶联剂 KH-550 0.01～0.02，氯化石蜡 42 1～2，聚甘油脂肪酸酯 1～2，去离子水 12～15。制备方法为：先将叶蜡石在 750～

800℃下高温煅烧2～3h，冷却后研磨成300目粉体，粉体与硅烷偶联剂KH-550混合，球磨10～15min后，与三聚磷酸钠，聚丙烯酸钠一起加入去离子水中，以500～600r/min的转速搅拌20～30min，随后对溶液进行喷雾干燥，得到的粉体与其他剩余物料混合，加热至40～50℃，继续搅拌40～50min，搅拌结束冷却至室温即得浆料。

质量指标

项　目	指标
运动黏度（50℃）	≤80mm²/s
凝点	≤-5℃
pH值	8.3
乳化液腐蚀性［(55±2)℃，全浸铜片1h］	合格
乳化液稳定性（15～35℃，1h）	无分层，无沉淀，无皂、油析出
消泡性［(55±2)℃，5min］	≤4mL

产品应用　本品是一种含大豆磷脂的拉丝液。

产品特性　本产品以环烷基油、氢化聚癸烯混合物作为基础油，结合了矿物油与合成油的优点，具有良好的耐低温高温稳定性，同时还添加了环烷酸稀土材料，极大地提高了基础油的抗磨减摩性能，使其润滑性能更为优良，大豆磷脂具有良好的乳化性能，极大地提高了乳化液的稳定性，吗啉脂肪酸盐果蜡水溶液能与线材表面形成致密不透膜，减缓拉丝后线材表面的氧化发黑，本产品能有效降低模具与线材间的摩擦系数，表现出优良的润滑性能，制得的线材表面光亮度高，无划痕，乳化液稳定不易酸败变质，使用周期长。本产品在常温下可储存至少15个月以上，换液周期延长至10个月以上，拉丝时不易断线，线材表面光洁无划痕，塔轮走线通畅。

含硅溶胶的高效拉丝液

原料配比

原　料	配比（质量份）
氢化聚癸烯	12
12-羟基硬脂酸	10

续表

原　　料		配比（质量份）
氟油		20
硼酸三月桂酯		2
羟乙基纤维素		2
硅溶胶		1
椰油酸二乙醇酰胺		12
喹啉季铵盐		2
助剂		5
去离子水		1000
助剂	油酸异辛酯	12
	膨润土	3
	硬脂酰胺	5
	硅酸钠	0.1
	聚氧化乙烯	0.1
	硅烷偶联剂 KH-550	0.02
	氯化石蜡 42	1
	丙二醇脂肪酸酯	2
	去离子水	15

制备方法

（1）先将去离子水加热至 50～60℃，加入喹啉季铵盐，搅拌至其完全溶解后，加入羟乙基纤维素，继续搅拌至其完全溶解分散即可，混合溶液保温备用。

（2）将氢化聚癸烯、12-羟基硬脂酸、氟油混合，加热至 50～60℃，加入椰油酸二乙醇酰胺，以 1200～1500r/min 的转速搅拌 20～30min，随后加入其他剩余成分及步骤（1）所得物料，继续搅拌 40～50min，搅拌结束后静置 2～3h，即得成品。

原料配伍　本品各组分质量份配比范围为：氢化聚癸烯 10～12，12-羟基硬脂酸 8～10，氟油 18～20，硼酸三月桂酯 2～3，羟乙基纤维素 1～2，硅溶胶 1～2，椰油酸二乙醇酰胺 10～12，喹啉季铵盐 2～3，助剂 4～5，去离子水 800～1000。

助剂由以下质量份的原料制成：油酸异辛酯 10～12，膨润土

2～3，硬脂酰胺 4～5，硅酸钠 0.05～0.1，聚氧化乙烯 0.1～0.2，硅烷偶联剂 KH-550 0.01～0.02，氯化石蜡 42 1～2，丙二醇脂肪酸酯 1～2，去离子水 12～15。制备方法为：先将膨润土在 600～650℃下高温煅烧 2～3h，冷却后研磨成 300 目粉体，粉体与硅烷偶联剂 KH-550 混合，球磨 10～15min 后，与硅酸钠、聚氧化乙烯一起加入去离子水中，以 500～600r/min 的转速搅拌 20～30min，随后对溶液进行喷雾干燥，得到的粉体与其他剩余物料混合，加热至 40～50℃，继续搅拌 40～50min，搅拌结束冷却至室温即得浆料。

质量指标

项　　目	指标
运动黏度（50℃）	≤100mm²/s
凝点	≤ -5 ℃
pH 值	8.2
乳化液腐蚀性［(55±2)℃，全浸铜片 1h］	合格
乳化液稳定性（15～35℃，1h）	无分层，无沉淀，无皂、油析出
消泡性［(55±2)℃，5min］	≤4mL

产品应用 本品是一种含硅溶胶的高效拉丝液。

产品特性 本产品以氢化聚癸烯、氟油等的混合物作为基础油，具有优良的流动性，润滑性能较一般的矿物油好，且环保低毒，经济合理；为了提高金属拉丝后裸露表面的防腐蚀能力，特别添加了硅溶胶、喹啉季铵盐等原料，硅溶胶是纳米级二氧化硅颗粒在水中的分散液，它在乳化液中能均匀分散，在拉丝过程中，随着温度的升高，乳化液水分蒸发时它易与金属表面成膜，从而有效地提高了金属表面的防腐蚀能力，并能降低粗糙度；再结合其他原料，使得本产品制备的拉丝液乳液稳定，润滑性能持久，使用周期长，能有效地保护金属线材。本产品在常温下可储存至少 1 年以上，换液周期延长至 10 个月以上，拉丝时不易断线，线材表面光洁无划痕，塔轮走线通畅。

含纳米活性炭的铜拉丝液

原料配比

原　料		配比（质量份）
偏苯三酸酯		25
蓖麻油		18
N，*N'*-二亚水杨丙二胺		2
酪朊酸钠		3
脂肪醇聚氧乙烯醚硫酸钠		10
烷基酚聚氧乙烯醚		1
油酰胺		4
纳米活性炭		1
助剂		5
去离子水		1000
助剂	油酸异辛酯	12
	膨润土	3
	硬脂酰胺	5
	硅酸钠	0.1
	聚氧化乙烯	0.1
	硅烷偶联剂 KH-550	0.02
	氯化石蜡 42	1
	丙二醇脂肪酸酯	2
	去离子水	15

制备方法

（1）先将去离子水加热至 50～60℃，加入酪朊酸钠、脂肪醇聚氧乙烯醚硫酸钠，充分搅拌至物料完全溶解分散，再加入纳米活性炭，使用高剪切乳化机分散处理 30～40min，混合溶液保温备用。

（2）将偏苯三酸酯、蓖麻油混合加热至 50～60℃，加入 *N,N'*-二亚水杨丙二胺、油酰胺，以 1200～1500r/min 的转速搅拌 20～30min，随后缓慢加入步骤（1）所得物料及其他剩余成分，继续搅拌 40～50min，搅拌结束后静置 2～3h 即得成品。

原料配伍 本品各组分质量份配比范围为：偏苯三酸酯 20～25，蓖麻油 18～20，*N,N'*-二亚水杨丙二胺 1～2，酪朊酸钠 2～3，脂肪醇聚氧乙烯醚硫酸钠 8～10，烷基酚聚氧乙烯醚 1～2，油酰胺 4～5，纳米活性炭 1～3，助剂 4～5，去离子水 800～1000。

助剂由以下质量份的原料制成：油酸异辛酯 10～12，膨润土 2～3，硬脂酰胺 4～5，硅酸钠 0.05～0.1，聚氧化乙烯 0.1～0.2，硅烷偶联剂 KH-550 0.01～0.02，氯化石蜡 42 1～2，丙二醇脂肪酸酯 1～2，去离子水 12～15。制备方法为：先将膨润土在 600～650℃下高温煅烧 2～3h，冷却后研磨成 300 目粉体，粉体与硅烷偶联剂 KH-550 混合，球磨 10～15min 后，与硅酸钠、聚氧化乙烯一起加入去离子水中，以 500～600r/min 转速搅拌 20～30min，随后对溶液进行喷雾干燥，得到的粉体与其他剩余物料混合，加热至 40～50℃，继续搅拌 40～50min，搅拌结束冷却至室温即得浆料。

质量指标

项　目	指标
运动黏度（50℃）	≤100mm²/s
凝点	≤-5℃
pH 值	7.4
乳化液腐蚀性［(55±2)℃，全浸铜片 1h］	合格
乳化液稳定性（15～35℃，1h）	无分层，无沉淀，无皂、油析出
消泡性［(55±2)℃，5min］	≤4mL

产品应用 本品是一种含纳米活性炭的铜拉丝液。

产品特性 本产品以偏苯三酸酯、蓖麻油混合物作为基础油，结合了合成酯类油与植物油的优点，较传统基础油更为环保高效，特别添加的纳米活性炭是一类具有优良吸附性能的材料，在高温高压条件下仍能保持良好的吸附性能，能高效地吸附铜线拉丝过程中产生的铜离子，减少因铜屑堆积导致的润滑性能下降、模孔堵塞、断线、表面黑斑等问题；此外，在配方中还添加了具有防腐、抗极压、消泡等功能的添加剂，使得本产品润滑优良，断线率低，拉丝效率高，生产能耗得到控制。本产品在常温下可储存至少 15 个月以上，换液周期延长至 10 个月以上，拉丝时不易断线，线材表面光洁无划痕，塔轮走线通畅。

合成基金属拉丝液

原料配比

原料		配比（质量份）
蓖麻油		22
苯并三氮唑		1
2,6-二叔丁基对甲酚		2
乙醇		32
硫化烷基酚钙		1
山梨醇酐单硬脂酸酯		1
月桂醇硫酸钠		1
三聚磷酸钠		2
抗磨剂		2
水		1000
抗磨剂	抗坏血酸	0.4
	过硫酸铵	1.4
	聚乙烯醇	2.4
	吗啉	1.5
	亚硒酸钠	0.4
	十二烷基苯磺酸钠	1.1
	硅烷偶联剂 KH-550	1.3
	玫瑰精油	0.8
	纳米氮化铝	4.7
	羟甲基脲	1.3
	水	63

制备方法 将蓖麻油、山梨醇酐单硬脂酸酯、月桂醇硫酸钠、抗磨剂加入水中，搅拌 10～20min，分散均匀，升温至 70～80℃，加入苯并三氮唑、硫化烷基酚钙，搅拌反应 40～50min，然后加入其他剩余成分，在 600～800r/min 下搅拌 45～60min 即得成品。

原料配伍 本品各组分质量份配比范围为：蓖麻油 20～24，苯并三氮唑 1～2，2,6-二叔丁基对甲酚 1～2，乙醇 30～35，硫化烷基酚钙 1～2，山梨醇酐单硬脂酸酯 1～2，月桂醇硫酸钠 1～2，三聚磷酸钠 1～2，抗磨剂 2～3，水 1000。

抗磨剂由以下质量份的原料制成：抗坏血酸 0.3～0.5，过硫酸铵 1.2～1.4，聚乙烯醇 2.3～2.5，吗啉 1.4～1.6，亚矾酸钠 0.3～0.5，十二烷基苯磺酸钠 1.0～1.2，硅烷偶联剂 KH-550 1.2～1.5，玫瑰精油 0.8～0.9，纳米氮化铝 4.5～5.0，羟甲基脲 1.2～1.4，水 60～65。制备方法如下：将聚乙烯醇、吗啉、亚硒酸钠加入水中，加热至 65～75℃，搅拌 10～15min，再加入十二烷基苯磺酸钠、抗坏血酸、玫瑰精油、羟甲基脲，搅拌 30～45min，最后加入其他剩余成分，在 1000～1200r/min 下搅拌 1～2h 即得成品。

产品应用 本品主要用作金属拉丝液。

产品特性 本产品在使用过程中润滑性能好，且消耗率极低，在广泛的 pH 值范围内都保持良好的清洗性能；有较好的快速消泡作用，属于抑泡型产品；抗氧化性能好，使用寿命长。使用本产品，不锈钢最高拉丝速度可达 10m/s。生产出的不锈钢丝工序间防锈时间在 7 天以上，集中油池换油周期为 3 年，单机油池换油周期为 9 个月，减少了废液处理和排放，保护了环境。

金属表面防锈高效拉丝液

原料配比

原　料	配比（质量份）
三羟甲基丙烷油酸酯	30
乳化硅油	5
季戊四醇油酸酯	15

续表

原　料		配比（质量份）
抗坏血酸棕榈酸酯		3
油酸钾		8
十二烷基醚硫酸钠		5
氯化石蜡		3
肌醇六磷酸酯		5
助剂		5
去离子水		800
助剂	油酸异辛酯	12
	膨润土	3
	硬脂酰胺	5
	硅酸钠	0.1
	聚氧化乙烯	0.1
	硅烷偶联剂 KH-550	0.02
	氯化石蜡 42	1
	丙二醇脂肪酸酯	2
	去离子水	15

制备方法

（1）先将三羟甲基丙烷油酸酯、季戊四醇油酸酯混合，加热至 50～60℃，加入抗坏血酸棕榈酸酯、氯化石蜡，搅拌 25～30min，得到的混合液备用。

（2）将油酸钾、十二烷基醚硫酸钠、肌醇六磷酸酯混合加入加热至 50～60℃的去离子水中，使充分搅拌物料完全溶解分散，随后再加入步骤（1）所得的物料，以 1200～1500r/min 的转速搅拌 20～30min，最后加入其他剩余成分，继续搅拌 40～50min，搅拌结束后静置 2～3h 即得成品。

原料配伍　本品各组分质量份配比范围为：三羟甲基丙烷油酸酯 28～32，乳化硅油 4～5，季戊四醇油酸酯 15～18，抗坏血酸棕榈酸酯 2～3，油酸钾 6～8，十二烷基醚硫酸钠 5～6，氯化石蜡 2～3，肌醇六磷酸酯 4～5，助剂 4～5，去离子水 800～1000。

助剂由以下质量份的原料制成：油酸异辛酯 10～12，膨润土 2～3，硬脂酰胺 4～5，硅酸钠 0.05～0.1，聚氧化乙烯 0.1～0.2，硅烷偶联剂 KH-550 0.01～0.02，氯化石蜡 42 1～2，丙二醇脂肪酸酯 1～2，去离子水 12～15。制备方法为：先将膨润土在 600～650℃下高温煅烧 2～3h，冷却后研磨成 300 目粉体，粉体与硅烷偶联剂 KH-550 混合，球磨 10～15min 后，与硅酸钠、聚氧化乙烯一起加入去离子水中，以 500～600r/min 的转速搅拌 20～30min，随后对溶液进行喷雾干燥，得到的粉体与其他剩余物料混合，加热至 40～50℃，继续搅拌 40～50min，搅拌结束冷却至室温即得浆料。

质量指标

项　　目	指标
运动黏度（50℃）	≤100mm²/s
凝点	≤-5℃
pH 值	7.5
乳化液腐蚀性［(55±2)℃，全浸铜片 1h］	合格
乳化液稳定性（15～35℃，1h）	无分层，无沉淀，无皂、油析出
消泡性［(55±2)℃，5min］	≤4mL

产品应用　本品主要用作金属表面防锈高效拉丝液。

产品特性　本产品以三羟甲基丙烷油酸酯、季戊四醇油酸酯混合物作为基础油，这类基础油具有优良的润滑性能，黏度指数高，抗燃性能好，易生物降解，使得本产品较传统拉丝液更为环保高效；此外，配方中还添加了肌醇六磷酸酯、氯化石蜡等添加剂，使得本产品具有优良的抗磨性、抗氧化性以及良好的防腐防锈能力，能在拉伸后的线材表面形成保护膜，有效地改善了金属表面氧化发黑的现象，线材粗糙度高。本产品在常温下可储存至少 1 年以上，换液周期延长至 10 个月以上，拉丝时不易断线，线材表面光洁无垢。

金属拉丝润滑液

原料配比

原　　料	配比（质量份）
硫化棉籽油	16
大豆油	4
水杨酸	2

续表

原　　料		配比（质量份）
脂肪醇聚氧乙烯醚		1
正丁醇		4
月桂酸聚氧乙烯酯		1
机油		2
纳米蒙脱土		1
氢氧化铝		1
氧化镁		1
油酸甲酯		2
抗磨剂		10
水		1000
抗磨剂	玉石	1.2
	三聚磷酸钠	2.3
	亚硒酸钠	1.6
	纳米氮化铝	3.4
	苯胺甲基三乙氧基硅烷	1
	石油磺酸钠	0.4
	玫瑰精油	0.8
	吗啉	1
	水	50

制备方法　将硫化棉籽油、大豆油、正丁醇、机油加入水中，加热至65～70℃；再加入月硅酸聚氧乙烯酯、油酸甲酯，搅拌反应30～45min；最后加入抗磨剂及其他剩余成分，800～1000r/min下搅拌反应60～90min即得成品。

原料配伍　本品各组分质量份配比范围为：硫化棉籽油16～18，大豆油4～5，水杨酸2～3，脂肪醇聚氧乙烯醚1～2，正丁醇4～5，月桂酸聚氧乙烯酯1～2，机油2～3，纳米蒙脱土1～2，氢氧化铝1～2，氧化镁1～2，油酸甲酯2～3，抗磨剂10～14，水1000。

抗磨剂由下列质量份的原料制成：玉石 1. 2～1.4，三聚磷酸钠 2.3～2.5，亚硒酸钠 1. 6～1.8，纳米氮化铝 3.4～3.8，苯胺甲基三乙氧基硅烷 1～2，石油磺酸钠 0.4～0.7，玫瑰精油 0.8～0.9，吗啉 1～2，水 50～60。制备方法是：将玉石送入 520～550℃煅烧炉中煅烧 1～2h，冷却后粉碎放入 10%～15%盐酸溶液中浸泡 2～3h，取出，洗涤干净，烘干研磨成 250～400 目粉末，然后与其他剩余成分混合，加热至 80～85℃，在 1200～1500r/min 下搅拌 45～60min 即得成品。

产品应用 本品主要用作金属拉丝润滑液。

产品特性 本产品抗磨剂添加纳米氮化铝粉末起到促进散热的作用，增强了成膜性，延长了拉丝模的使用寿命，而且本产品所有组分市场易购且价格低廉，制造成本低，易生物降解，对环境友好；本产品含有多种表面活性剂，应用时在金属丝表面迅速形成保护膜，拉丝过程中铜丝表面得到润滑保护。本产品是一种成膜性能好，润滑效果佳，稳定性高，传热速度快，冷却效果好，对环境友好的金属拉丝润滑液。使用本产品最高拉丝速度可达 19m/s。生产出的铜丝工序间防锈时间在 5 天以上，集中油池换油周期为 3 年，单机油池换油周期为 8 个月，减少了废液处理和排放，保护了环境。

金属拉丝液

原料配比

原　　料	配比（质量份）
双十四碳醇酯	14
石油磺酸钠	3
三乙醇胺硼酸酯	1
偏硼酸钠	1
椰油酸单乙醇酰胺	0.6
乙烯基三乙氧基硅烷	3
邻苯二甲酸酯	1
硼酸	2

续表

原　料		配比（质量份）
成膜助剂		2
水		210
成膜助剂	苯醌	1
	苯乙烯	6
	叔丁基过氧化氢	0.2
	衣康酸二正丁酯	3
	硅烷偶联剂 KH-550	2
	1-羟乙基-2-油基咪唑啉	2

制备方法　将双十四碳醇酯、石油磺酸钠、三乙醇胺硼酸酯、偏硼酸钠加入到水中，加热至90～96℃，搅拌反应30～40min，然后加入硼酸、邻苯二甲酸酯，搅拌反应 30～40min，然后加入其他成分，搅拌反应 2～3h 即得成品。

原料配伍　本品各组分质量份配比范围为：双十四碳醇酯 12～14，石油磺酸钠 2～3，三乙醇胺硼酸酯 1～2，偏硼酸钠 1～2，椰油酸单乙醇酰胺 0. 4～0.6，乙烯基三乙氧基硅烷 2～3，邻苯二甲酸酯 1～2，硼酸 1～2，成膜助剂 2～3，水 200～210。

成膜助剂由下列质量份的原料制成：苯醌 1～2，苯乙烯 6～8，叔丁基过氧化氢 0.1～0.2，衣康酸二正丁酯 3～4，硅烷偶联剂 KH-550 1～2，1-羟乙基-2-油基咪唑啉 2～3。制备方法是：将苯乙烯与衣康酸酯混合，搅拌，加入叔丁基过氧化氢、苯醌，搅拌反应 45～60min，然后加入 1-羟乙基-2-油基咪唑啉，搅拌反应 2～3h 后，升温至 125～130℃，加入硅烷偶联剂 KH-550，搅拌反应 2～3h 即得成品。

产品应用　本品主要用作金属拉丝液。

产品特性　本产品润滑作用好，具有缓蚀效果，双十四碳醇酯增强了产品的成膜性，在拉丝过程中具有较好的保护效果，产品无毒，无害，用后能达到排放标准，本产品能降低拉丝机工作温度，适用于高速拉丝机。使用本产品铜丝最高拉丝速度可达 17m/s。生产出的铜丝工序间防锈时间在 5 天以上，集中油池换油周期为 3 年，单机油池换油周期为 8 个月，减少了废液处理和排放，保护了环境。

金属线材专用拉丝液（1）

原料配比

原料		配比（质量份）
菜籽油		30
纳米二氧化钛		1
柠檬酸三乙酯		2
碳酸钠		2
硫酸钴		1
乌洛托品		1
OP-10		1
氯化石蜡		2
纤维素羟乙基醚		1
10 号航空液压油		30
三乙二醇二甲醚		3
石油磺酸钠		2
抗磨剂		10
水		1000
抗磨剂	抗坏血酸	0.3
	聚乙烯醇	2.3
	吗啉	1.4
	硫酸锌	0.3
	吐温 80	1.0
	硅烷偶联剂 KH-550	1.2
	纳米氮化铝	4.5
	羟甲基脲	2.0
	水	60

制备方法 将菜籽油、石油磺酸钠、10号航空液压油、氯化石蜡加入水中，加热至65～70℃；再加入柠檬酸三乙酯、OP-10，搅拌反应30～45min；最后加入抗磨剂及其他剩余成分，850～950r/min下搅拌反应65～85min即得成品。

原料配伍 本品各组分质量份配比范围为：菜籽油30～35，纳米二氧化钛1～2，柠檬酸三乙酯2～3，碳酸钠2～3，硫酸钴1～2，乌洛托品1～2，OP-10 1～2，氯化石蜡2～3，纤维素羟乙基醚1～2，10号航空液压油30～34，三乙二醇二甲醚3～4，石油磺酸钠2～3，抗磨剂10～14，水1000。

抗磨剂由下列质量份的原料制成：抗坏血酸0.3～0.5，聚乙烯醇2.3～2.5，吗啉1.4～1.6，硫酸锌0.3～0.5，吐温80 1.0～1.2，硅烷偶联剂KH-550 1.2～1.5，纳米氮化铝4.5～5.0，羟甲基脲2.0～2.3，水60～65。制备方法是：将聚乙烯醇、纳米氮化铝加入到水中，加热至70～80℃，搅拌10～15min，然后再加入其他剩余成分，搅拌30～45min即得成品。

产品应用 本品主要用作金属线材专用拉丝液。

产品特性 本产品抗磨剂添加纳米氮化铝粉末起到促进散热的作用，增加了成膜性；应用本拉丝液能延长拉丝模具的寿命；且应用范围广，适于各种线速度；本拉丝液可抗静电，杜绝酸雾、粉尘对环境的污染，减轻了工人的劳动强度；产品抗锈能力强，质量好，产量高。本品在拉制的线材上附着性好，抗锈能力强，容易清洗，能提高拉丝的产量和质量，延长拉丝模使用寿命。使用本产品最高拉丝速度可达19m/s。生产出的铜丝工序间防锈时间在5天以上，集中油池换油周期为3年，单机油池换油周期为8个月，减少了废液处理和排放，保护了环境。

金属线材专用拉丝液（2）

原料配比

原　料	配比（质量份）
硅树脂	2
晶须硅	2
十八烷基二甲基甜菜碱	3.5

续表

原　　料		配比（质量份）
椰子油脂肪酸二乙醇酰胺		2.5
钼酸铵		1
环氧亚麻籽油		4
硼酸		1
乙烯基三乙氧基硅烷		0.8
助剂		5
去离子水		900
助剂	玉石粉	2
	纳米二氧化钛	2
	甲基丙烯酸甲酯	1
	乙二醇	3
	醇酯十二	2
	地沟油	2
	薄荷油	1
	葡甘露聚糖	3
	魔芋胶	2
	去离子水	90

制备方法

（1）将晶须硅、十八烷基二甲基甜菜碱、环氧亚麻籽油混合均匀，加入适量的去离子水，加热至30～35℃，搅拌反应30～40min，得到混合A料。

（2）将除助剂之外的剩余成分加入到反应釜中，搅拌混合均匀，缓慢加热至60～70℃，保温1～1.5h，得到混合B料。

（3）将保温的混合B料边搅拌边缓慢加入到混合A料中，充分搅拌后加入助剂，600～800r/min下搅拌反应40～60min，冷却至室温即得成品。

原料配伍 本品各组分质量份配比范围为：硅树脂2～4，晶须硅2～3，十八烷基二甲基甜菜碱3.5～5，椰子油脂肪酸二乙醇酰胺2.5～4，钼酸铵1～2，环氧亚麻籽油4～6，硼酸1～2，乙烯基三乙氧基硅烷0.8～1.3，助剂5～7，去离子水900～950。

助剂由以下质量份的原料制成：玉石粉 2～4，纳米二氧化钛 2～3，甲基丙烯酸甲酯 1～2，乙二醇 3～4，醇酯十二 2～3，地沟油 2～4，薄荷油 1～2，葡甘露聚糖 3～4，魔芋胶 2～3，去离子水 90～94。制备方法是：首先将玉石粉、纳米二氧化钛、葡甘露聚糖、魔芋胶加入一半量的去离子水中，研磨 1～2h，然后缓慢加入其他剩余成分，缓慢加热至 70～80℃，在 300～500r/min 条件下搅拌反应 30～50min，冷却至室温即得成品。

产品应用 本品主要用作金属线材专用拉丝液。

产品特性 本产品采用水性配方，流动黏度低，流动性好，并具有良好润滑效果且安全性强，在较低的浓度下即能满足光亮度和尺寸精度的要求；添加助剂，具有良好的抗磨、分散、润滑、成膜性，延长了拉丝模的使用寿命，本产品具有良好的热稳定性，防腐蚀性，冷却性，对人体无害，适用于金属的高速拉丝。使用本产品最高拉丝速度可达 19m/s。集中油池换油周期为 3 年，单机油池换油周期为 8 个月，减少了废液处理和排放，保护了环境。

金属专用防腐蚀拉丝液

原料配比

原　料	配比（质量份）
脂肪醇聚氧乙烯醚硫酸钠	3
柠檬酸	1
硫磷丁辛基锌盐	2.5
邻苯二甲酸二异丁酯	1.5
季戊四醇	3
磷酸三正丁酯	2
菜籽油	8
纳米二氧化钛	8
分散剂 NNO	1
助剂	5
去离子水	900

续表

原料		配比（质量份）
助剂	玉石粉	2
	纳米二氧化钛	2
	甲基丙烯酸甲酯	1
	乙二醇	3
	醇酯十二	2
	地沟油	2
	薄荷油	1
	葡甘露聚糖	3
	魔芋胶	2
	去离子水	90

制备方法

（1）将菜籽油、纳米二氧化钛、分散剂 NNO 混合均匀，加入适量的去离子水，加热至 30～35℃，研磨 30～40min，得到混合 A 料。

（2）将除助剂之外的剩余成分加入到反应釜中，搅拌混合均匀，缓慢加热至 55～65℃，保温 1～1.5h，得到混合 B 料。

（3）将保温的混合 B 料边搅拌边缓慢加入到混合 A 料中，充分搅拌后加入助剂，600～800r/min 下搅拌反应 40～60min，冷却至室温即得成品。

原料配伍 本品各组分质量份配比范围为：脂肪醇聚氧乙烯醚硫酸钠 3～5，柠檬酸 1～2，硫磷丁辛基锌盐 2.5～3，邻苯二甲酸二异丁酯 1.5～2.5，季戊四醇 3～4，磷酸三正丁酯 2～3，菜籽油 8～12，纳米二氧化钛 8～10，分散剂 NNO 1～2，助剂 5～7，去离子水 900～950。

助剂由以下质量份的原料制成：玉石粉 2～4，纳米二氧化钛 2～3，甲基丙烯酸甲酯 1～2，乙二醇 3～4，醇酯十二 2～3，地沟油 2～4，薄荷油 1～2，葡甘露聚糖 3～4，魔芋胶 2～3，去离子水 90～94。制备方法是：首先将玉石粉、纳米二氧化钛、葡甘露聚糖、魔芋胶加入一半量的去离子水中，研磨 1～2h，然后缓慢加入其他剩余成分，缓慢加热至 70～80℃，在 300～500r/min 条件下搅拌反应 30～50min，冷却至室温即得成品。

产品应用 本品主要用作金属拉丝液。

产品特性 本产品配方合理，添加硫磷丁辛基锌盐，具有良好的抗氧防腐性，防止拉丝液变臭，延长了使用寿命；添加助剂，具有良好的抗磨、分散、润滑、成膜性；本产品采用水性配方，运动黏度低、流动性好，起到较好的散热作用，而且具有优异的润滑性能，采用本产品拉制的铜丝、铝丝等线形均匀，表面光亮，不易锈蚀。使用本产品最高拉丝速度可达 18m/s。集中油池换油周期为 3 年，单机油池换油周期为 8 个月，减少了废液处理和排放，保护了环境。

具有良好防锈效果的金属线材专用拉丝液

原料配比

原　料		配比（质量份）
脂肪醇聚氧乙烯醚硫酸钠		3
松香酸聚氧乙烯酯		2
烯基丁二酸酯		2.5
十二烷基酚聚氧乙烯醚		0.8
羟基硬脂酸		1
十八醇		2
三聚氰胺		1.5
10 号航空液压油		8
硫酸锌		1
助剂		5
去离子水		900
助剂	石墨粒	2
	纳米硅藻土	2.5
	双酚 A 二甲基丙烯酸酯	1
	硫化棉籽油	2
	十二碳醇酯	2
	苯胺甲基三乙氧基硅烷	1
	柴胡油	1
	拉开粉	3
	去离子水	90

制备方法

（1）将脂肪醇聚氧乙烯醚硫酸钠、十二烷基酚聚氧乙烯醚、10 号航空液压油混合均匀，加入适量的去离子水，加热至30～35℃，搅拌30～40min，得到混合A料。

（2）将除助剂之外的剩余成分加入到反应釜中，搅拌混合均匀，缓慢加热至55～65℃，保温1～1.5h，得到混合B料。

（3）将保温的混合B料边搅拌边缓慢加入到混合A料中，充分搅拌后加入助剂，600～800r/min下搅拌反应40～60min，冷却至室温即得成品。

原料配伍　本品各组分质量份配比范围为：脂肪醇聚氧乙烯醚硫酸钠3～4，松香酸聚氧乙烯酯2～3，烯基丁二酸酯2.5～3，十二烷基酚聚氧乙烯醚0.8～1.5，羟基硬脂酸1～2，十八醇2～4，三聚氰胺1.5～2，10号航空液压油8～10，硫酸锌1～2，助剂5～7，去离子水900～950。

助剂由以下质量份的原料制成：石墨粒2～4，纳米硅藻土2.5～3.5，双酚A二甲基丙烯酸酯1～2，硫化棉籽油2～2.5，十二碳醇酯2～3，苯胺甲基三乙氧基硅烷1～1.5，柴胡油1～2，拉开粉3～4，去离子水90～94。制备方法是：首先将石墨粒、纳米硅藻土、柴胡油、拉开粉加入一半量的去离子水中，研磨1～2h，然后缓慢加入其他剩余成分，缓慢加热至70～80℃，在300～500r/min条件下搅拌反应30～50min，冷却至室温即得成品。

产品应用　本品主要用作金属线材专用拉丝液。

产品特性　本产品添加烯基丁二酸酯，具有优异的防锈效果，使得金属在通过拉丝机后不被外界空气腐蚀；添家助剂，增强了抗磨、分散、润滑、成膜性；本产品运动黏度低，流动性好，具有优良的润滑性能、储存稳定性，成本低，冷却效果好，传热速度快，不易燃，易清洗，适合高速拉丝机。使用本产品最高拉丝速度可达19m/s。集中油池换油周期为3年，单机油池换油周期为8个月，减少了废液处理和排放，保护了环境。

具有杀菌作用的水基铝材拉丝液

原料配比

原　料	配比（质量份）
对二甲苯磺酸钠	3.5
巯基苯并噻唑	2
三乙醇胺	3

续表

原　料		配比（质量份）
硼酸酯		2.5
肌醇六磷酸酯		2
棕榈油		4.5
硫化猪油		6.5
硫黄悬浮剂		1
柠檬酸钠		1.5
亚硫酸钠		1
纳米碳化硅		3
助剂		5
去离子水		900
助剂	石墨粒	2
	纳米硅藻土	2.5
	双酚 A 二甲基丙烯酸酯	1
	硫化棉籽油	2
	十二碳醇酯	2
	苯胺甲基三乙氧基硅烷	1
	柴胡油	1
	拉开粉	3
	去离子水	90

制备方法

（1）将对二甲苯磺酸钠、棕榈油、硫化猪油、纳米碳化硅混合均匀，加入适量的去离子水，加热至 30～35℃，搅拌 30～40min，得到混合 A 料。

（2）将除助剂之外的剩余成分加入到反应釜中，搅拌混合均匀，缓慢加热至 55～65℃，保温 1～1.5h，得到混合 B 料。

（3）将保温的混合 B 料边搅拌边缓慢加入到混合 A 料中，充分搅拌后加入助剂，600～800r/min 下搅拌反应 40～60min，冷却至室温即得成品。

原料配伍　本品各组分质量份配比范围为：对二甲苯磺酸钠 3. 5～4.5，巯基苯并噻唑 2～3，三乙醇胺 3～4，硼酸酯 2.5～3.5，肌醇六磷酸酯 2～3，棕榈油 4. 5～6，硫化猪油 6.5～8，硫磺悬浮剂 1～2，柠檬酸钠 1.5～

2，亚硫酸钠1～2，纳米碳化硅3～5，助剂5～7，去离子水900～950。

助剂由以下质量份的原料制成：石墨粒2～4，纳米硅藻土2.5～3.5，双酚A二甲基丙烯酸酯1～2，硫化棉籽油2～2.5，十二碳醇酯2～3，苯胺甲基三乙氧基硅烷1～1.5，柴胡油1～2，拉开粉3～4，去离子水90～94。制备方法是：首先将石墨粒，纳米硅藻土，柴胡油，拉开粉加入一半量的去离子水中，研磨1～2h，然后缓慢加入其他剩余成分，缓慢加热至70～80℃，在300～500r/min条件下搅拌反应30～50min，冷却至室温即得成品。

产品应用 本品是一种具有杀菌作用的水基铝材拉丝液。

产品特性 本产品配方合理，采用水性配方，具有良好的冷却性；添加硫磺悬浮剂，具有一定的杀菌效果，防止拉丝液变臭变质，延长了使用时间；添加助剂，具有良好的抗磨、分散、润滑、成膜性；与表面活性剂配合，起到缓释和保护作用。采用本产品拉制的铝丝线形均匀，表面光亮。使用本产品最高拉丝速度可达20m/s。集中油池换油周期为3年，单机油池换油周期为8个月，减少了废液处理和排放，保护了环境。

抗极压减摩水基拉丝液

原料配比

原　　料	配比（质量份）
偏苯三酸酯	28
季戊四醇油酸酯	10
氯化石蜡	5
藻酸丙二醇酯	2
巯基苯并噻唑钠	2
聚乙烯吡咯烷酮	2
月桂醇硫酸钠	6
十二酸钠	5
助剂	5
去离子水	1000

续表

原　　料		配比（质量份）
助剂	油酸异辛酯	12
	膨润土	3
	硬脂酰胺	5
	硅酸钠	0.1
	聚氧化乙烯	0.1
	硅烷偶联剂 KH-550	0.02
	氯化石蜡 42	1
	丙二醇脂肪酸酯	2
	去离子水	15

制备方法

（1）先将去离子水加热至 50～60℃，加入聚乙烯吡咯烷酮、藻酸丙二醇酯，充分搅拌至完全溶解分散，再加入月桂醇硫酸钠、十二酸钠，继续搅拌 25～30min，混合溶液保温备用。

（2）将偏苯三酸酯、季戊四醇油酸酯混合加热至 50～60℃，加入氯化石蜡，搅拌 10～15min，随后加入步骤（1）所得物料及其他剩余物料，以 1200～1500r/min 的转速搅拌 40～50min，搅拌结束后静置 2～3h 即得成品。

原料配伍　本品各组分质量份配比范围为：偏苯三酸酯 25～28，季戊四醇油酸酯 10～12，氯化石蜡 4～5，藻酸丙二醇酯 2～3，巯基苯并噻唑钠 1～2，聚乙烯吡咯烷酮 2～3，月桂醇硫酸钠 6～8，十二酸钠 4～5，助剂 4～5，去离子水 800～1000。

助剂由以下质量份的原料制成：油酸异辛酯 10～12，膨润土 2～3，硬脂酰胺 4～5，硅酸钠 0.05～0.1，聚氧化乙烯 0.1～0.2，硅烷偶联剂 KH-550 0.01～0.02，氯化石蜡 42 1～2，丙二醇脂肪酸酯 1～2，去离子水 12～15。制备方法为：先将膨润土在 600～650℃下高温煅烧 2～3h，冷却后研磨成 300 目粉体，粉体与硅烷偶联剂 KH-550 混合，球磨 10～15min 后，与硅酸钠、聚氧化乙烯一起加入去离子水中，以 500～600r/min 的转速搅拌 20～30min，随后对溶液进行喷雾干燥，得到的粉体与其他剩余物料混合，加热至 40～50℃，继续搅拌 40～

50min，搅拌结束冷却至室温即得浆料。

质量指标

项　目	指标
运动黏度（50℃）	≤$100mm^2/s$
凝点	≤-5℃
pH 值	7.9
乳化液腐蚀性［（55±2）℃，全浸铜片 1h］	合格
乳化液稳定性（15～35℃，1h）	无分层，无沉淀，无皂、油析出
消泡性［（55±2）℃，5min］	≤4mL

产品应用　本品是一种抗极压减摩水基拉丝液。

产品特性　本产品以偏苯三酸酯、季戊四醇油酸酯作为基础油，具有优良的耐温抗燃性，同时为了提高乳化液的极压抗磨性，先在水溶液中添加聚乙烯吡咯烷酮、藻酸丙二醇酯等原料，有增溶、成膜、稠化等辅助效果，增进了乳化液与金属表面的黏结力，使其能在金属表面均匀成膜，再结合氯化石蜡、巯基苯并噻唑钠等原料，使得本产品具有优良的抗极压减摩效果，不易腐蚀线材，能有效地保护线材和模具，提高拉丝质量，生产能耗得到降低。本产品在常温下可储存至少 14 个月以上，换液周期延长至 10 个月以上，拉丝时不易断线，线材表面光洁无划痕，塔轮走线通畅。

抗磨拉丝液

原料配比

原　料	配比（质量份）
氯化石蜡	4
山梨醇聚氧乙烯醚月桂酸酯	3
十二烷基硫酸钠	1
聚丙烯酰胺	3
苯并三氮唑	1
纳米膨润土	1

续表

原　料		配比（质量份）
抗磨剂		10
水		1000
抗磨剂	抗坏血酸	0.3
	聚乙烯醇	2.3
	吗啉	1.4
	硫酸锌	0.3
	吐温 80	1.0
	硅烷偶联剂 KH-550	1.2
	纳米氮化铝	4.5
	羟甲基脲	2.0
	水	60

制备方法 将氯化石蜡、山梨醇聚氧乙烯醚月桂酸酯、十二烷基硫酸钠加入水中，加热至 65～70℃；再加入聚丙烯酰胺、苯并三氮唑，搅拌反应 30～45min；最后加入抗磨剂及其他剩余成分，850～950r/min 下搅拌反应 65～85min 即得成品。

原料配伍 本品各组分质量份配比范围为：氯化石蜡 4～5，山梨醇聚氧乙烯醚月桂酸酯 3～4，十二烷基硫酸钠 1～2，聚丙烯酰胺 3～4，苯并三氮唑 1～2，纳米膨润土 1～2，抗磨剂 10～14，水 1000。

抗磨剂由下列质量份的原料制成：抗坏血酸 0.3～0.5，聚乙烯醇 2.3～2.5，吗啉 1. 4～1.6，硫酸锌 0.3～0.5，吐温 80 1.0～1.2，硅烷偶联剂 KH-550 1.2～1.5，纳米氮化铝 4.5～5.0，羟甲基脲 2.0～2.3，水 60～65。制备方法是将聚乙烯醇、纳米氮化铝加入到水中，加热至 70～80℃，搅拌 10～15min，然后再加入其他剩余成分，搅拌 30～45min 即得成品。

产品应用 本品是一种抗磨拉丝液。

产品特性 本产品抗磨剂添加纳米氮化铝粉末起到促进散热的作用，增强了成膜性，减少了摩擦，延长了拉丝模的使用寿命；本产品具有很强的清洗能力，可以快速清洗金属表面的污物，使成品表面更加光亮清洁；并且本产品完全为水性，所以冷却效果优良，可以有效控制拉丝机的工作温度；本产品原料易得价廉，制备工艺简单，很好地解决了拉丝液使用以后的污水排放问题。它是一种成产成本低，生产工艺简单的抗磨拉丝液。使用本产品最高拉丝速度可达 18m/s。生产出的铜丝工序间防锈时间在 6 天以上，集中油池换油周期为 3 年，单机油池换油周期为 8 个月，减少了废液处理和排放，保护了环境。

抗磨效果好的高效环保拉丝液

原料配比

原　料		配比（质量份）
松节油透醇		1
三聚氰酸三烯丙酯		3
硅藻土		7
三乙醇胺		2
金刚石纳米微粒		7
异噻唑啉酮		2.5
油酸		2
月桂酸钠皂		3
硫脲		1.5
硫酸锌		1
蛋氨酸		0.8
助剂		5
去离子水		900
助剂	玉石粉	2
	纳米二氧化钛	2
	甲基丙烯酸甲酯	1
	乙二醇	3
	醇酯十二	2
	地沟油	2
	薄荷油	1
	葡甘露聚糖	3
	魔芋胶	2
	去离子水	90

制备方法

（1）将硅藻土、三乙醇胺、金刚石纳米微粒、月桂酸钠皂混合均匀，加入适量的去离子水，加热至 30～35℃，研磨 30～40min，得到混合A料。

（2）将除助剂之外的剩余成分加入到反应釜中，搅拌混合均匀，缓慢加热至55～65℃，保温1～1.5h，得到混合B料。

（3）将保温的混合B料边搅拌边缓慢加入到混合A料中，充分搅拌后加入助剂，600～800r/min下搅拌反应40～60min，冷却至室温即得成品。

原料配伍 本品各组分质量份配比范围为：松节油透醇1～2，三聚氰酸三烯丙酯3～4，硅藻土7～9，三乙醇胺2～3，金刚石纳米微粒7～9，异噻唑啉酮2.5～3.5，油酸2～3，月桂酸钠皂3～4.5，硫脲1.5～2，硫酸锌1～2，蛋氨酸0.8～1.5，助剂5～7，去离子水900～950。

助剂由以下质量份的原料制成：玉石粉2～4，纳米二氧化钛2～3，甲基丙烯酸甲酯1～2，乙二醇3～4，醇酯十二2～3，地沟油2～4，薄荷油1～2，葡甘露聚糖3～4，魔芋胶2～3，去离子水90～94。制备方法是：首先将玉石粉、纳米二氧化钛、葡甘露聚糖、魔芋胶加入一半量的去离子水中，研磨1～2h，然后缓慢加入其他剩余成分，缓慢加热至70～80℃，在300～500r/min条件下搅拌反应30～50min，冷却至室温即得成品。

产品应用 本品是一种抗磨效果好的高效环保拉丝液。

产品特性 本产品添加硅藻土、金刚石纳米微粒等磨料，具有良好的散热以及耐磨性，延长了拉丝模的使用寿命；添加助剂，增强了抗磨、分散、润滑、成膜性；本产品具有优异的润滑性能，而且具备极佳的成膜性、热稳定性、防腐蚀性、冷却效果，没有刺激气味，高效环保，易清洗，适合高速拉丝机。使用本产品最高拉丝速度可达19m/s。集中油池换油周期为3年，单机油池换油周期为8个月，减少了废液处理和排放，保护了环境。

可生物降解金属拉丝液

原料配比

原　　料	配比（质量份）
菜籽油	11
油酸	2
二壬基萘磺酸钡	1.5
十二烯基丁二酸	2

续表

原　料		配比（质量份）
丙二醇		2
脂肪醇聚氧乙烯醚 AEO-3		1.5
扩散剂 MF		1.5
EDTA 二钠		1
抗磨剂		2
水		1000
抗磨剂	E-12 环氧树脂	1
	新戊二醇	2
	甘油三酸酯	1.5
	过硫酸钠	1
	硼砂	1.5
	水杨酸	0.1
	吗啉	1.3
	纳米氮化铝粉	3.2
	硅烷偶联剂 KH-550	0.9
	十二烷基苯磺酸钠	0.5
	聚乙烯吡咯烷酮	1.3
	水	45

制备方法 将菜籽油、油酸、二壬基萘磺酸钡加入水中，在 1200～1500r/min 下高速分散 20～30min，升温至 75～85℃，再加入 EDTA 二钠、抗磨剂、丙二醇，搅拌 30～50min，再加入其他剩余成分，升温至 90～95℃，在 900～1200r/min 下搅拌分散即得成品。

原料配伍 本品各组分质量份配比范围为：菜籽油 10～12，油酸 2～3，二壬基萘磺酸钡 1～2，十二烯基丁二酸 2～3，丙二醇 1～2，脂肪醇聚氧乙烯醚 AEO-3　1～2，扩散剂 MF 1～2，EDTA 二钠 1～2，抗磨剂 2～3，水 1000。

抗磨剂由以下质量份的原料制成：E-12 环氧树脂 1.0～1.2，新戊二醇 2～3，甘油三酸酯 1～2，过硫酸钠 1～1.2，硼砂 1～2，水杨酸

0.1～0.2，吗啉 1.2～1.4，纳米氮化铝粉 3.0～3.5，硅烷偶联剂 KH-550 0.8～1.0，十二烷基苯磺酸钠 0.4～0.6，聚乙烯吡咯烷酮 1.2～1.4，水 40～50。制备方法为：将新戊二醇、甘油三酸酯、硼砂、水杨酸、十二烷基苯磺酸钠加入水中，加热至 70～80℃，搅拌分散，再加入 E-12 环氧树脂、甘油三酸酯，在 600～800r/min 下搅拌 10～15min，加入过硫酸钠，搅拌反应 40～60min，然后升温至 85～90℃，最后加入其他剩余成分，搅拌分散 1～2h 即得成品。

产品应用　本品是一种可生物降解金属拉丝液。

产品特性　本产品添加纳米氮化铝粉末起到促进散热的作用，增强了成膜性，提高了加工速度。本拉丝液具有可再生，流动性好，清洗性能优异，润滑效果好，安全性强，环保无污染，产品无毒，无害，用后能达到排放标准等优点，还具有可生物降解，传热速度快，易清洗的特点。使用本产品，生产出的不锈钢丝工序间防锈时间在 7 天以上，集中油池换油周期为 4 年，单机油池换油周期为 8 个月，生产废油可降解，减少了废液处理和排放，保护了环境。

快速散热水基铝拉丝液

原料配比

原　　料	配比（质量份）
复合磺酸钙基润滑脂	22
花生油	25
羟甲基纤维素钠	3
三乙醇胺油酸皂	4
乙二胺四乙酸二钠	2
蔗糖脂肪酸酯	8
聚丙烯酸钠	2
硫脲	0.5
乙基卡必醇	12
助剂	5

续表

原　　料		配比（质量份）
去离子水		1000
助剂	油酸异辛酯	12
	膨润土	3
	硬脂酰胺	5
	硅酸钠	0.1
	聚氧化乙烯	0.1
	硅烷偶联剂 KH-550	0.02
	氯化石蜡 42	1
	丙二醇脂肪酸酯	2
	去离子水	15

制备方法

（1）先将去离子水加热至 50～60℃，加入乙二胺四乙酸二钠、硫脲、乙基卡必醇，充分搅拌至混合物完全溶解分散，再加入羟甲基纤维素钠，充分搅拌至溶液透明，混合溶液保温备用。

（2）将复合磺酸钙基润滑脂、花生油混合加热至 50～60℃，加入步骤（1）所得物料及其他剩余成分，以 1000～1500r/min 的转速搅拌 40～50min，搅拌结束后静置 2～3h 即得成品。

原料配伍　本品各组分质量份配比范围为：复合磺酸钙基润滑脂 18～22，花生油 20～25，羟甲基纤维素钠 2～3，三乙醇胺油酸皂 4～5，乙二胺四乙酸二钠 1～2，蔗糖脂肪酸酯 6～8，聚丙烯酸钠 1～3，硫脲 0.5～1，乙基卡必醇 10～12，助剂 4～5，去离子水 800～1000。

助剂由以下质量份的原料制成：油酸异辛酯 10～12，膨润土 2～3，硬脂酰胺 4～5，硅酸钠 0.05～0.1，聚氧化乙烯 0.1～0.2，硅烷偶联剂 KH-550 0.01～0. 02，氯化石蜡 42 1～2，丙二醇脂肪酸酯 1～2，去离子水 12～15。制备方法为：先将膨润土在 600～650℃下高温煅烧 2～3h，冷却后研磨成 300 目粉体，粉体与硅烷偶联剂 KH-550 混合，球磨 10～15min 后与硅酸钠、聚氧化乙烯一起加入去离子水中，以 500～600r/min 的转速搅拌 20～30min，随后对溶液进行喷雾干燥，得到的粉体与其他剩余物料混合，加热至 40～50℃，继续搅拌 40～50min，搅拌结束冷却至室温即得浆料。

质量指标

项　目	指标
运动黏度（50℃）	≤100mm²/s
凝点	≤-5℃
pH 值	7.8
乳化液腐蚀性［（55±2）℃，全浸铜片 1h］	合格
乳化液稳定性（15～35℃，1h）	无分层，无沉淀，无皂、油析出
消泡性［（55±2）℃，5min］	≤4mL

产品应用　本品主要用作快速散热水基铝拉丝液。

产品特性　本产品以复合磺酸钙基润滑脂与花生油混合物作为基础油，综合了矿物油与植物油的优点，环保易降解，具有优异的极压抗磨性，在高温高压条件下仍能保持良好的润滑性能；此外，添加了乙基卡必醇作为黏度比热调节剂，能够有效地增进拉丝液的比热容，提高热导率，加快散热，同时随着温度变化调节黏度，缓解拉丝过程中的大量热量对模具及线材的损伤，再结合羟甲基纤维素钠、三乙醇胺油酸皂、硫脲等原料，使得本产品拉丝液高温润滑性能优良，防腐防锈，不易积垢，乳液均匀稳定，使用周期长。

冷却性好对环境友好的金属拉丝液

原料配比

原　料	配比（质量份）
脂肪酸聚氧乙烯醚	3
地沟油	6
尿素乙二醛树脂	1
海藻酸钠	2
石墨烯	4
羧甲基纤维素	2.5

续表

原　　料		配比（质量份）
十二烯基丁二酸		2
丙二醇		3
葡萄糖酸钠		1
烷基甘油醚磺酸盐		2
助剂		5
去离子水		900
助剂	石墨粒	2
	纳米硅藻土	2.5
	双酚 A 二甲基丙烯酸酯	1
	硫化棉籽油	2
	十二碳醇酯	2
	苯胺甲基三乙氧基硅烷	1
	柴胡油	1
	拉开粉	3
	去离子水	90

制备方法

（1）将脂肪酸聚氧乙烯醚、地沟油、烷基甘油醚磺酸盐混合均匀，加入适量的去离子水，加热至 30～35℃，搅拌 30～40min，得到混合 A 料。

（2）将除助剂之外的剩余成分加入到反应釜中，搅拌混合均匀，缓慢加热至 55～65℃，保温 1～1.5h，得到混合 B 料。

（3）将保温的混合 B 料边搅拌边缓慢加入到混合 A 料中，充分搅拌后加入助剂，600～800r/min 下搅拌反应 40～60min，冷却至室温即得成品。

原料配伍　本品各组分质量份配比范围为：脂肪酸聚氧乙烯醚 3～5，地沟油 6～9，尿素乙二醛树脂 1～2，海藻酸钠 2～3，石墨烯 4～5，羧甲基纤维素 2.5～4，十二烯基丁二酸 2～3，丙二醇 3～4，葡萄糖酸钠 1～2，烷基甘油醚磺酸盐 2～3，助剂 5～7，去离子水 900～950。

助剂由以下质量份的原料制成：石墨粒 2～4，纳米硅藻土 2.5～3.5，双酚 A 二甲基丙烯酸酯 1～2，硫化棉籽油 2～2.5，十二碳醇酯 2～3，苯胺甲基三乙氧基硅烷 1～1.5，柴胡油 1～2，拉开粉 3～4，去离子水 90～94。制备方法是：首先将石墨粒、纳米硅藻土、柴胡油、拉开粉加入一半量的去离子水中，研磨 1～2h，然后缓慢加入其他剩余成分，缓慢加热至 70～80℃，在 300～500r/min 条件下搅拌反应 30～50min，冷却至室温即得成品。

产品应用 本品是一种冷却性好对环境友好的金属拉丝液。

产品特性 本产品添加助剂，具有良好的抗磨、分散、润滑、成膜性；与表面活性配合，能够在金属表面形成保护膜，起到缓释作用；本产品润滑效果好，流动性好，水性配方，冷却性好，产品无毒，安全无污染，对环境友好。使用本产品最高拉丝速度可达 19m/s。集中油池换油周期为 3 年，单机油池换油周期为 8 个月，减少了废液处理和排放，保护了环境。

铝合金拉丝润滑液

原料配比

原料		配比（质量份）
水杨酸		2
脂肪醇聚氧乙烯醚		1
正丁醇		4
月桂酸聚氧乙烯酯		1
油酸		1
聚乙烯醇		7
叔丁基过氧化氢		1
抗磨剂		2
硅烷偶联剂 KH-550		1
水		1000
抗磨剂	抗坏血酸	0.4
	过硫酸铵	1.4
	聚乙烯醇	2.4
	吗啉	1.5

续表

原　料		配比（质量份）
抗磨剂	亚硒酸钠	0.4
	十二烷基苯磺酸钠	1.1
	硅烷偶联剂 KH-550	1.3
	玫瑰精油	0.8
	纳米氮化铝	4.7
	羟甲基脲	1.3
	水	63

制备方法 将聚乙烯醇加入水中，加热至70～80℃，再加入油酸、脂肪醇聚氧乙烯醚、抗磨剂，搅拌分散，再加入硅烷偶联剂 KH-550、月桂酸聚氧乙烯酯，搅拌30～45min，再加入其他剩余成分，搅拌30～60min 即得成品。

原料配伍 本品各组分质量份配比范围为：脂肪醇聚氧乙烯醚1～2，正丁醇4～5，月桂酸聚氧乙烯酯1～2，油酸1～2，聚乙烯醇6～8，叔丁基过氧化氢1～2，抗磨剂2～3，硅烷偶联剂 KH-550 1～2，水1000。

抗磨剂由以下质量份的原料制成：抗坏血酸0. 3～0.5，过硫酸铵1.2～1.4，聚乙烯醇2.3～2.5，吗啉1.4～1.6，亚硒酸钠0.3～0.5，十二烷基苯磺酸钠1.0～1.2，硅烷偶联剂 KH-550 1.2～1.5，玫瑰精油0.8～0.9，纳米氮化铝4.5～5.0，羟甲基脲1.2～1.4，水60～65。制备方法为：将聚乙烯醇、吗啉、亚硒酸钠加入水中，加热至65～75℃，搅拌10～15min，再加入十二烷基苯磺酸钠、抗坏血酸、玫瑰精油、羟甲基脲，搅拌30～45min，最后加入其他剩余成分，在1000～1200r/min 下搅拌1～2h 即得成品。

产品应用 本品主要用作铝合金拉丝润滑液。

产品特性 本产品添加纳米氮化铝粉末起到促进散热作用，增强了成膜性，提高了加工速度：优良的防氧化，防变色效果，工作液不易稠化或变蓝；优异的润滑性能，提高了加工精度，拉丝模耗最低，有效保护丝材或线材，减少了表面质量缺陷等现象的发生，延长了模具使用寿命。其具有传热速度快，产品光亮，易清洗的特点。使用本产品最高拉丝速度可达17m/s。生产出的铝合金丝表面光亮，断头少。集中油池换油周期为3年，单机油池换油周期为8个月，减少了废液处理和排放，保护了环境。

铝拉丝液

原料配比

原　　料		配比（质量份）
聚氧乙烯蓖麻油		15
月桂醇硫酸钠		2
三乙醇胺硼酸酯		2
棉籽油		8
油酸三乙醇胺		2
聚四氟乙烯		1
甲基丙烯酸甲酯		3
纳米石墨		1
抗磨剂		10
水		1000
抗磨剂	硅藻土	2.4
	玉石	1.2
	乌洛托品	2.0
	尿素	0.4
	硅烷偶联剂 KH-550	1.0
	十二烷基苯磺酸钠	0.1
	抗坏血酸	1
	硫黄粉	1
	纳米氮化铝粉末	1.2
	水	60

制备方法　将聚氧乙烯蓖麻油、月桂醇硫酸钠、棉籽油加入水中，加热至 65～70℃；再加入三乙醇胺硼酸酯、油酸三乙醇胺、聚四氟乙烯、甲基丙烯酸甲酯，搅拌反应 30～45min；最后加入抗磨剂及其他剩余成分，800～1000r/min 下搅拌反应 60～90min 即得成品。

原料配伍　本品各组分质量份配比范围为：聚氧乙烯蓖麻油 12～15，月桂醇硫酸钠 1～2，三乙醇胺硼酸酯 2～3，棉籽油 8～10，油酸三乙醇胺 2～3，聚四氟乙烯 1～2，甲基丙烯酸甲酯 3～4，纳米石墨 1～2，抗磨剂 10～14，水 1000。

抗磨剂由下列质量份的原料制成：硅藻土 2. 4～2.7，玉石 1.2～1.4，乌洛托品 2.0～2.3，尿素 0.4～0.7，硅烷偶联剂 KH-550 1.0～1.2，十二烷基苯磺酸钠 0.1～0.2，抗坏血酸 1～2，硫黄粉 1～2，纳米氮化铝粉末 1.2～1.4，水 60。制备方法是：将玉石、硅藻土送入 540～570℃煅烧炉中，煅烧 2～3h，冷却后粉碎放入 10%～15%盐酸溶液中浸泡 2～3h，取出，洗涤干净，烘干研磨 250～400 目粉末，与其他剩余成分混合，加热至 70～75℃，在 1200～1500r/min 下搅拌 45～60min 即得成品。

产品应用　本品是一种铝拉丝液。

产品特性　本产品抗磨剂添加纳米氮化铝粉末起到促进散热的作用，提升了冷却效果，增强了成膜性，延长了拉丝模的使用寿命；本产品成本较低，润滑性好，拉丝效果好，拉丝速度快，适用于高速拉丝，且拉制过程无铝粉和油污积压在模孔而造成断线，拉制的铝线表面光洁，油污及铝粉附着少，对于毛毡法涂漆无须经过清洗，可直接经退火炉退火后即可涂漆，满足漆包线生产的要求。使用本产品最高拉丝速度可达 19m/s。生产出的铜丝工序间防锈时间在 5 天以上，集中油池换油周期为 3 年，单机油池换油周期为 8 个月，减少了废液处理和排放，保护了环境。

铝线高速细拉丝润滑液

原料配比

原　　料	配比（质量份）
棕榈油	20
石油磺酸钠	2
聚乙二醇	32
硫化烷基酚钙	1

续表

原　　料		配比（质量份）
三聚磷酸钠		1
蓖麻油酸		2
硬脂酸甘油单酯		2
甘油		3
苯并三氮唑		0.4
聚乙烯吡咯烷酮		2
抗磨剂		2
水		1000
抗磨剂	抗坏血酸	0.4
	过硫酸铵	1.4
	聚乙烯醇	2.4
	吗啉	1.5
	亚硒酸钠	0.4
	十二烷基苯磺酸钠	1.1
	硅烷偶联剂 KH-550	1.3
	玫瑰精油	0.8
	纳米氮化铝	4.7
	羟甲基脲	1.3
	水	63

制备方法 将硫化烷基酚钙、三聚磷酸钠、蓖麻油酸、硬脂酸甘油单酯、石油磺酸钠加入水，加热至 70～80℃，搅拌 30～45min，然后加入聚乙烯吡咯烷酮、抗磨剂，在 600～800r/min 下搅拌 30～45min，再加入其他剩余成分，搅拌 40～60min 即得成品。

原料配伍 本品各组分质量份配比范围为：棕榈油 15～25，石油磺酸钠 2～3，聚乙二醇 30～35，硫化烷基酚钙 1～2，三聚磷酸钠 1～2，蓖麻油酸 2～3，硬脂酸甘油单酯 2～3，甘油 3～4，苯并三氮唑 0.3～0.5，聚乙烯吡咯烷酮 1～2，抗磨剂 2～3，水 1000。

抗磨剂由以下质量份的原料制成：抗坏血酸 0.3～0.5，过硫酸铵 1.2～1.4，聚乙烯醇 2. 3～2.5，吗啉 1.4～1.6，亚硒酸钠 0.3～0.5，十二烷基苯磺酸钠 1.0～1.2，硅烷偶联剂 KH-550 1.2～1.5，玫瑰精油 0.8～0.9，纳米氮化铝 4.5～5.0，羟甲基脲 1.2～1.4，水 60～65。制备方法如下：将聚乙烯醇、吗啉、亚硒酸钠加入水中，加热至 65～75℃，搅拌 10～15min，再加入十二烷基苯磺酸钠、抗坏血酸、玫瑰精油、羟甲基脲，搅拌 30～45min，最后加入其他剩余成分，在 1000～1200r/min 下搅拌 1～2h 即得成品。

产品应用 本品主要用作铝线高速细拉丝润滑液。

产品特性 本产品添加纳米氮化铝粉末起到促进散热的作用，增强了成膜性，提高了加工速度；本产品有优良的防氧化、防变色效果，工作液不易稠化或变蓝；优异的润滑性能，提高了加工精度，拉丝模耗量低，有效保护丝材或线材，减少了表面质量缺陷等现象的发生，适合铝线细拉丝，延长了模具使用寿命；不易起泡。使用本产品，铝最高拉丝速度可达 12m/s。生产出的铝丝表面光亮，断头少。集中油池换油周期为 3 年，单机油池换油周期为 8 个月，减少了废液处理和排放，保护了环境。

铝线专用拉丝液

原料配比

原　　料	配比（质量份）
菜籽油	20
太古油	4
苯并三氮唑	2
三聚磷酸钠	3
硼砂	2
聚乙烯醇	8
丙二醇	2
脂肪醇聚氧乙烯醚 AE0-3	2
叔丁基过氧化氢	2

续表

原　　料		配比（质量份）
改性氮化铝粉末		3
水		1000
改性氮化铝粉末	冬青油	1.2
	羧甲基纤维素	2.3
	过硫酸钠	1
	二正辛基-4-异噻唑啉-3-酮	0.2
	柠檬酸	2.1
	吗啉	1.4
	纳米氮化铝粉	3.5
	硅烷偶联剂 KH-570	0.8
	十二烷基苯磺酸钠	0.5
	聚乙烯吡咯烷酮	1.4
	水	50

制备方法　先将菜籽油、太古油加入水中，加热至45～55℃，搅拌反应20～30min，然后再加入三聚磷酸钠、硼砂、聚乙烯醇，搅拌10～15min后，滴加叔丁基过氧化氢，搅拌反应45～60min，再添加其他剩余成分，升温至80～90℃，800～1000r/min下继续搅拌反应1～2h即得成品。

原料配伍　本品各组分质量份配比范围为：菜籽油20～30，太古油3～4，苯并三氮唑1～2，三聚磷酸钠2～3，硼砂1～2，聚乙烯醇6～8，丙二醇1～2，脂肪醇聚氧乙烯醚AE0-3 1～2，叔丁基过氧化氢1～2，改性氮化铝粉末2～3，水1000。

改性氮化铝粉末由下列质量份的原料制成：冬青油 1.0～1.2，羧甲基纤维素2～2.3，过硫酸钠1～1.2，二正辛基-4-异噻唑啉-3-酮0.1～0.2，柠檬酸 2.1～2.3，吗啉 1.2～1.4，纳米氮化铝粉 3.0～3.5，硅烷偶联剂KH-570　0.6～0.8，十二烷基苯磺酸钠0.4～0.6，聚乙烯吡咯烷酮1.2～1.4，水40～50。

改性氮化铝粉末的制备方法如下：将羧甲基纤维素、柠檬酸、吗啉溶解于水中，加热至 80～85℃，再加入过硫酸钠，搅拌反应 15～20min，然后再加入冬青油、十二烷基苯磺酸钠，1000～1200r/min下搅拌30～45min，然后加入其他剩余原料，升温至95～100℃，800～

900r/min 下搅拌反应 1～2h，烘干，磨粉后即得成品。

产品应用　本品主要用作铝线专用拉丝液。

产品特性　本产品流动黏度低，流动性好，并具有良好润滑效果且安全性强。使用本产品最高拉丝速度可达 19m/s。生产出的铜丝工序间防锈时间在 5 天以上，集中油池换油周期为 3 年，单机油池换油周期为 8 个月，减少了废液处理和排放，保护了环境。

全合成铝合金拉丝液（1）

原料配比

原　料		配比（质量份）
三乙醇胺		1.8
正辛酸		3
硼酸		2
乙二醇		4
苯并三氮唑		2
钼酸钠		1
2,6-苯并异噻唑啉酮		0.8
聚乙烯醇		4
扩散剂 NNO		2
叔丁基过氧化氢		1
改性氮化铝粉末		3
水		1200
改性氮化铝粉末	三聚磷酸钠	2.2
	壳聚糖	1.6
	硅烷偶联剂 KH-570	0.2
	过硫酸铵	1.2
	1-羟乙基-2-油基咪唑啉	2.3
	纳米氮化铝	3.8
	纳米碳	1.4
	十二烷基苯磺酸钠	0.8
	羟甲基脲	2.3
	聚乙烯吡咯烷酮	2.8
	水	50

制备方法 先将三乙醇胺、乙二醇加入水中，加热至40～45℃，500～800r/min下搅拌反应50～60min，然后再添加其他剩余原料，升温至80～90℃，900～1000r/min下继续搅拌反应1～2h即得成品。

原料配伍 本品各组分质量份配比范围为：三乙醇胺1～2，正辛酸2～3，硼酸1～2，乙二醇3～4，苯并三氮唑1～2，钼酸钠1～2，2,6-苯并异噻唑啉酮0.6～0.8，聚乙烯醇3～4，扩散剂NNO 1～2，叔丁基过氧化氢1～2，改性氮化铝粉末2～3，水1200。

改性氮化铝粉末由下列质量份的原料制成：三聚磷酸钠2.0～2.2，壳聚糖1.6～1.8，硅烷偶联剂KH-570 0.1～0.2，过硫酸铵1.0～1.2，1-羟乙基-2-油基咪唑啉2.0～2.3，纳米氮化铝3.4～3.8，纳米碳1.2～1.4，十二烷基苯磺酸钠0.5～0.8，羟甲基脲2.0～2.3，聚乙烯吡咯烷酮2.4～2.8，水50。

改性氮化铝粉末的制备方法如下：将壳聚糖溶解于水中，加热至80～85℃，再加入三聚磷酸钠，搅拌反应15～20min，然后再加入纳米氮化铝，45～50℃下搅拌10～20min，然后加入其他剩余原料，搅拌均匀后，烘干，磨粉即得成品。

产品应用 本品主要用作全合成铝合金拉丝液。

产品特性 本产品具有优异的润滑性能、清洗性能和铝防护性能，能够满足加工精度要求。使用本产品最高拉丝速度可达22m/s。生产出的铜丝工序间防锈时间在8天以上，集中油池换油周期为3年，单机油池换油周期为11个月，减少了废液处理和排放，保护了环境。

全合成铝合金拉丝液（2）

原料配比

原　　料	配比（质量份）
甲基苯并三氮唑	1.2
亚磷酸二正丁酯	3
2,6-苯并异噻唑啉酮	0.8
十二烷基苯磺酸钠	1
菜籽油	8

续表

原料		配比（质量份）
苯基三乙氧基硅烷		1
偏硅酸钠		2
成膜助剂		2
水		160
成膜助剂	苯醌	1
	苯乙烯	6
	叔丁基过氧化氢	0.2
	衣康酸二正丁酯	3
	硅烷偶联剂 KH-550	2
	1-羟乙基-2-油基咪唑啉	2

制备方法 将甲基苯并三氮唑、亚磷酸二正丁酯、2,6-苯并异噻唑啉酮、十二烷基苯磺酸钠、菜籽油加入水中，加热至 90～97℃，搅拌反应 60～90min，然后加入苯基三乙氧基硅烷、偏硅酸钠，搅拌反应 30～40min，然后再加入其他剩余成分，搅拌反应 1～2h 即得成品。

原料配伍 本品各组分质量份配比范围为：甲基苯并三氮唑 1. 2～1.5，亚磷酸二正丁酯 2～3，2,6-苯并异噻唑啉酮 0.6～0.8，十二烷基苯磺酸钠 1～2，菜籽油 6～8，苯基三乙氧基硅烷 1～2，偏硅酸钠 1～2，成膜助剂 2～3，水 150～160。

成膜助剂由下列质量份的原料制成：苯醌 1～2，苯乙烯 6～8，叔丁基过氧化氢 0.1～0.2，衣康酸二正丁酯 3～4，硅烷偶联剂 KH-550 1～2，1-羟乙基-2-油基咪唑啉 2～3。制备方法是：将苯乙烯与衣康酸酯混合，搅拌，加入叔丁基过氧化氢、苯醌，搅拌反应 45～60min，然后加入 1-羟乙基-2-油基咪唑啉，搅拌反应，反应 2～3h 后，升温至 12 5～130℃，加入硅烷偶联剂 KH-550，搅拌反应 2～3h 即得成品。

产品应用 本品主要用作全合成铝合金拉丝液。

产品特性 本产品具有优异的润滑性能、清洗性能和铝防护性能。良好的润滑性能够满足加工精度要求，良好的清洗性能够保证工件在进行下一道工序时能够迅速清洗干净，不影响操作，良好的铝防护性能够保证工件的光亮度要求。使用本产品最高铝合金导线拉丝速度可达 21m/s。生产出的铜丝工序间防锈时间在 5 天以上，集中油池换油周期为 2 年，单机油池换油周期为 8 个月，减少了废液处理和排放，保护了环境。

全合成铝合金拉丝液（3）

原料配比

原　　料		配比（质量份）
大豆油		20
石油磺酸钠		2
椰子油脂肪酸二乙醇酰胺		1
柴油		10
椰子油烷醇酰胺		1
三丹油		1
乙二醇		10
沉淀硫酸钡		1
双三氟甲烷磺酰亚胺锂		1
抗磨剂		10
水		1000
抗磨剂	抗坏血酸	0.3
	聚乙烯醇	2.3
	吗啉	1.4
	硫酸锌	0.3
	吐温 80	1.0
	硅烷偶联剂 KH-550	1.2
	纳米氮化铝	4.5
	羟甲基脲	2.0
	水	60

制备方法 将大豆油、柴油、乙二醇、石油磺酸钠加入水，加热至 65～70℃；再加入椰子油脂肪酸二乙醇酰胺、椰子油烷醇酰胺，搅拌反应 30～45min；最后加入抗磨剂及其他剩余成分，800～1000r/min

下搅拌反应 60～90min 即得成品。

原料配伍 本品各组分质量份配比范围为：大豆油 20～24，石油磺酸钠 2～3，椰子油脂肪酸二乙醇酰胺 1～2，柴油 10～12，椰子油烷醇酰胺 1～2，三丹油 1～2，乙二醇 10～12，沉淀硫酸钡 1～2，双三氟甲烷磺酰亚胺锂 1～2，抗磨剂 10～14，水 1000。

抗磨剂由下列质量份的原料制成：抗坏血酸 0.3～0.5，聚乙烯醇 2.3～2.5，吗啉 1.4～1.6，硫酸锌 0.3～0.5，吐温 80 1.0～1.2，硅烷偶联剂 KH-550 1.2～1.5，纳米氮化铝 4.5～5.0，羟甲基脲 2.0～2.3，水 60～65。制备方法是：将聚乙烯醇、纳米氮化铝加入到水中，加热至 70～80℃，搅拌 10～15min，然后再加入其他剩余成分，搅拌 30～45min 即得产品。

产品应用 本品是一种全合成铝合金拉丝液。

产品特性 本产品抗磨剂添加纳米氮化铝粉末起到促进散热的作用，增强了成膜性；具有优异的润滑性能、清洗性能和防护性能。良好的润滑性能够满足加工精度要求；良好的清洗性能够保证工件在进行下一道工序时能够迅速清洗干净，不影响操作；良好的防护性能够保证工件的光亮度要求。使用本产品最高拉丝速度可达 19m/s。生产出的铜丝工序间防锈时间在 5 天以上，集中油池换油周期为 3 年，单机油池换油周期为 8 个月，减少了废液处理和排放，保护了环境。

全合成铝拉丝液

原料配比

原料	配比（质量份）		
	1#	2#	3#
混合醇胺	11	10	15
混合酸	8	6	10
铜缓蚀剂	0.2	0.5	0.4
防锈剂	2	1.5	3
己二醇	12	8	8
铝缓蚀剂	3	3	1
水溶性聚醚	15	20	25
水	48.8	51	37.6

制备方法

（1）依次加入水、混合醇胺、混合酸、铜缓蚀剂、铝缓蚀剂和防锈剂，30～40℃搅拌至均匀透明。

（2）加入水溶性聚醚，搅拌至均匀。

（3）加入己二醇，搅拌至均匀透明。

原料配伍　本品各组分质量份配比范围为：混合醇胺 5～20，混合酸 5～15，铜缓蚀剂 0.2～0.8，防锈剂 1～4，己二醇 5～15，铝缓蚀剂 1～5，水溶性聚醚 5～30，水加至 100。

混合醇胺为单乙醇胺、二乙醇胺、三乙醇胺、二异丙醇胺中的两种或者两种以上的混合物。

混合酸为止辛酸、新癸酸和癸二酸中的两种或者三种的混合物。

铜缓蚀剂为苯并三氮唑或者甲基苯并三氮唑。

防锈剂为三嗪类二元酸或者三嗪类三元酸。

铝缓蚀剂为水溶性磷酸酯。

水溶性聚醚为相对分子质量在 18000～55000 的聚醚。

产品应用　本品是一种全合成铝拉丝液组合物。

产品特性　本产品具有优异的润滑性能、清洗性能和铝防护性能。良好的润滑性能够满足加工精度要求；良好的清洗性保证工件在进行下一道工序时能够迅速清洗干净，不影响操作；良好的铝防护性能够保证工件的光亮度要求。该拉丝液采用原液加工，因此不含杀菌剂。

润滑效果好的不锈钢线材拉丝液

原料配比

原　料	配比（质量份）
椰子油脂肪酸二乙醇酰胺	2.5
N-油酰肌氨酸十八胺盐	1.5
硫化脂肪酸酯	2
硫化烷基酚钙	2
环烷酸钠	1
碳酸氢钠	3

续表

原　　料		配比（质量份）
抗氧剂 DSTP		1
羊毛脂		5.5
十二烷基苯磺酸钠		4.5
助剂		5
去离子水		900
助剂	玉石粉	2
	纳米二氧化钛	2
	甲基丙烯酸甲酯	1
	乙二醇	3
	醇酯十二	2
	地沟油	2
	薄荷油	1
	葡甘露聚糖	3
	魔芋胶	2
	去离子水	90

制备方法

（1）将椰子油脂肪酸二乙醇酰胺、羊毛脂、十二烷基苯磺酸钠混合均匀，加入适量的去离子水，加热至 30～35℃，搅拌 30～40min，得到混合 A 料。

（2）将除助剂之外的剩余成分加入到反应釜中，搅拌混合均匀，缓慢加热至 55～65℃，保温 1～1.5h，得到混合 B 料。

（3）将保温的混合 B 料边搅拌边缓慢加入到混合 A 料中，充分搅拌后加入助剂，600～800r/min 下搅拌反应 40～60min，冷却至室温即得成品。

原料配伍　本品各组分质量份配比范围为：椰子油脂肪酸二乙醇酰胺 2.5～4，*N*-油酰肌氨酸十八胺盐 1.5～2.5，硫化脂肪酸酯 2～3，硫化烷基酚钙 2～3，环烷酸钠 1～2，碳酸氢钠 3～4.5，抗氧剂 DSTP 1～2，羊毛脂 5.5～6.5，十二烷基苯磺酸钠 4.5～6，助剂 5～7，去离子水 900～950。

助剂由以下质量份的原料制成：玉石粉 2～4，纳米二氧化钛 2～3，甲基丙烯酸甲酯 1～2，乙二醇 3～4，醇酯十二 2～3，地沟油 2～4，薄荷油 1～2，葡甘露聚糖 3～4，魔芋胶 2～3，去离子水 90～94。制备方法是：首先将玉石粉、纳米二氧化钛、葡甘露聚糖、魔芋胶加入一半量的去离子水中，研磨 1～2h，然后缓慢加入其他剩余成分，缓慢加热至 70～80℃，在 300～500r/min 条件下搅拌反应 30～50min，冷却至室温即得成品。

产品应用　本品是一种润滑效果好的不锈钢线材用拉丝液。

产品特性　本产品添加硫化脂肪酸酯，具有良好的润滑性，采用水基起到较好的散热作用，添加助剂，具有良好的抗磨、分散、润滑、成膜性，协同表面活性剂，能够在金属表面形成一层保护膜，起到缓蚀的作用。本产品具有优秀的润滑性以及清洗性，加工之后也易于除去，保证了不锈钢拉丝操作环境的清洁，成本低，工艺简单，拉丝液储存长久。使用本产品最高拉丝速度可达 18m/s。集中油池换油周期为 3 年，单机油池换油周期为 8 个月，减少了废液处理和排放，保护了环境。

润滑效果好的水性金属拉丝液

原料配比

原　料	配比（质量份）
蓖麻酸钠皂	3～4
椰油酸二乙醇酰胺	1～2
聚环氧琥珀酸	1.5～2
硫化猪油	5～7
聚乙二醇	3～4
碳酸氢钠	3～4.5
氯化石蜡	3～5
锭子油	3～4

续表

原　　料		配比（质量份）
羧甲基纤维素钠		2～4
苯甲酸钠		0.8～1.5
助剂		5～7
去离子水		900～950
助剂	石墨粒	2～4
	纳米硅藻土	2.5～3.5
	双酚 A 二甲基丙烯酸酯	1～2
	硫化棉籽油	2～2.5
	十二碳醇酯	2～3
	苯胺甲基三乙氧基硅烷	1～1.5
	柴胡油	1～2
	拉开粉	3～4
	去离子水	90～94

制备方法

（1）将蓖麻酸钠皂、磺化蓖麻油皂、硫化猪油、椰油酸二乙醇酰胺混合均匀，加入适量的去离子水，加热至 30～35℃，搅拌 30～40min，得到混合 A 料。

（2）将除助剂之外的剩余成分加入到反应釜中，搅拌混合均匀，缓慢加热至 55～65℃，保温 1～1.5h，得到混合 B 料。

（3）将保温的混合 B 料边搅拌边缓慢加入到混合 A 料中，充分搅拌后加入助剂，600～800r/min 下搅拌反应 60～80min，冷却至室温即得成品。

原料配伍 本品各组分质量份配比范围为：蓖麻酸钠皂 3～4，椰油酸二乙醇酰胺 1～2，聚环氧琥珀酸 1.5～2，硫化猪油 5～7，聚乙二醇 3～4，碳酸氢钠 3～4.5，氯化石蜡 3～5，锭子油 3～4，羧甲基纤维素钠 2～4，苯甲酸钠 0.8～1.5，助剂 5～7，去离子水 900～950。

助剂由以下质量份的原料制成：石墨粒 2～4，纳米硅藻土 2.5～3.5，双酚 A 二甲基丙烯酸酯 1～2，硫化棉籽油 2～2.5，十二碳醇酯 2～3，苯胺甲基三乙氧基硅烷 1～1.5，柴胡油 1～2，拉开粉 3～4，去离子水 90～94。制备方法是：首先将石墨粒、纳米硅藻土、柴胡油、拉开粉加入一半量的去离子水中，研磨 1～2h，然后缓慢加入其他剩余成分，缓慢加热至70～80℃，在300～500r/min条件下搅拌反应30～50min，冷却至室温即得成品。

产品应用 本品是一种润滑效果好的水性金属拉丝液。

产品特性 本产品具有优异的润滑性能，在较低的浓度下既能满足光亮度和尺寸精度的要求，添加助剂，具有良好的抗磨、分散、润滑、成膜性，与表面活性剂相互配合，能在金属表面形成保护膜，起到缓蚀的效果。本产品采用水性配方，冷却性好，清洗性好，加工之后也易于除去，保证了拉丝操作环境的清洁。使用本产品最高拉丝速度可达19m/s。集中油池换油周期为3年，单机机油池换换油周期为8个月，减少了废液处理和排放，保护了环境。

润滑性优异的水性铜拉丝液

原料配比

原　料		配比（质量份）
二氯四氟甲烷		1
丙二醇		3
氢氟酸		0.8
茶皂素		1
磷酸三甲酚酯		2
蓖麻油酸聚酯		2.5
SN150基础油		7
平平加O		3
甲基苯并三氮唑		1
纳米氧化铝		5
氰尿酸三聚氰胺		1
助剂		5
去离子水		900
助剂	石墨粒	2
	纳米硅藻土	2.5
	双酚A二甲基丙烯酸酯	1
	硫化棉籽油	2

续表

原　料		配比（质量份）
助剂	十二碳醇酯	2
	苯胺甲基三乙氧基硅烷	1
	柴胡油	1
	拉开粉	3
	去离子水	90

制备方法

（1）将 SN150 基础油、平平加 O、纳米氧化铝混合均匀，加入适量的去离子水，加热至 30～35℃，研磨 30～40min，得到混合 A 料。

（2）将除助剂之外的剩余成分加入到反应釜中，搅拌混合均匀，缓慢加热至 55～65℃，保温 1～1.5h，得到混合 B 料。

（3）将保温的混合 B 料边搅拌边缓慢加入到混合 A 料中，充分搅拌后加入助剂，600～800r/min 下搅拌反应 40～60min，冷却至室温即得成品。

原料配伍 本品各组分质量份配比范围为：二氯四氟甲烷 1～2，丙二醇 3～4，氢氟酸 0.8～1.5，茶皂素 1～2，磷酸三甲酚酯 2～3，蓖麻油酸聚酯 2.5～4，SN150 基础油 7～9，平平加 O 3～4，甲基苯并三氮唑 1～2，纳米氧化铝 5～7，氰尿酸三聚氰胺 1～2，助剂 5～7，去离子水 900～950。

助剂由以下质量份的原料制成：石墨粒 2～4，纳米硅藻土 2.5～3.5，双酚 A 二甲基丙烯酸酯 1～2，硫化棉籽油 2～2.5，十二碳醇酯 2～3，苯胺甲基三乙氧基硅烷 1～1.5，柴胡油 1～2，拉开粉 3～4，去离子水 90～94。制备方法是：首先将石墨粒、纳米硅藻土、柴胡油、拉开粉加入一半量的去离子水中，研磨 1～2h，然后缓慢加入其他剩余成分，缓慢加热至 70～80℃，在 300～500r/min 条件下搅拌反应 30～50min，冷却至室温即得成品。

产品应用 本品是一种润滑性优异的水性铜拉丝液。

产品特性 本产品配方合理，采用水性配方，流动黏度低，流动性好，冷却性能好，添加氰尿酸三聚氰胺，具有良好的润滑性，添加助剂，具有良好的抗磨、分散、润滑、成膜性，与表面活性剂一起在金属表面形成一层保护膜。采用本产品拉制的铜丝线形均匀，表面光亮，不易锈蚀。使用本产品最高拉丝速度可达 20m/s。集中油池换油周期为 3 年，单机油池换油周期为 8 个月，减少了废液处理和排放，保护了环境。

使用寿命长的高效铜拉丝液

原料配比

<table>
<tr><th colspan="2">原　　料</th><th>配比（质量份）</th></tr>
<tr><td colspan="2">烷基醇酰胺聚氧乙烷醚</td><td>4</td></tr>
<tr><td colspan="2">二甲基乙酰胺</td><td>2.5</td></tr>
<tr><td colspan="2">液体石蜡</td><td>4</td></tr>
<tr><td colspan="2">硬脂酸</td><td>2</td></tr>
<tr><td colspan="2">去离子水溶性磷酸酯</td><td>3.5</td></tr>
<tr><td colspan="2">苯甲酸钠</td><td>1</td></tr>
<tr><td colspan="2">油酸三乙醇胺</td><td>2.5</td></tr>
<tr><td colspan="2">DL602 卡松防腐剂</td><td>1</td></tr>
<tr><td colspan="2">硅微粉</td><td>8</td></tr>
<tr><td colspan="2">助剂</td><td>5</td></tr>
<tr><td colspan="2">去离子水</td><td>900</td></tr>
<tr><td rowspan="10">助剂</td><td>玉石粉</td><td>2</td></tr>
<tr><td>纳米二氧化钛</td><td>2</td></tr>
<tr><td>甲基丙烯酸甲酯</td><td>1</td></tr>
<tr><td>乙二醇</td><td>3</td></tr>
<tr><td>醇酯十二</td><td>2</td></tr>
<tr><td>地沟油</td><td>2</td></tr>
<tr><td>薄荷油</td><td>1</td></tr>
<tr><td>葡甘露聚糖</td><td>3</td></tr>
<tr><td>魔芋胶</td><td>2</td></tr>
<tr><td>去离子水</td><td>90</td></tr>
</table>

制备方法

（1）将烷基醇酰胺聚氧乙烷醚、二甲基乙酰胺、液体石蜡混合均匀，加入适量的去离子水，加热至 30～35℃，搅拌 30～40min，得到混合 A 料。

（2）将除助剂之外的剩余成分加入到反应釜中，搅拌混合均匀，缓慢加热至55～65℃，保温1～1.5h，得到混合B料。

（3）将保湿的混合B料边搅拌边缓慢加入到混合A料中，充分搅拌后加入助剂，600～800r/min下搅拌反应40～60min，冷却至室温即得成品。

原料配伍 本品各组分质量份配比范围为：烷基醇酰胺聚氧乙烷醚4～6，二甲基乙酰胺2.5～4，液体石蜡4～5，硬脂酸2～3，去离子水溶性磷酸酯3.5～4.5，苯甲酸钠1～2，油酸三乙醇胺2.5～3.5，DL602卡松防腐剂1～2，硅微粉8～10，助剂5～7，去离子水900～950。

助剂由以下质量份的原料制成：玉石粉2～4，纳米二氧化钛2～3，甲基丙烯酸甲酯1～2，乙二醇3～4，醇酯十二2～3，地沟油2～4，薄荷油1～2，葡甘露聚糖3～4，魔芋胶2～3，去离子水90～94。制备方法是：首先将玉石粉、纳米二氧化钛、葡甘露聚糖、魔芋胶加入一半量的去离子水中，研磨1～2h，然后缓慢加入其他剩余成分，缓慢加热至70～80℃，在300～500r/min条件下搅拌反应30～50min，冷却至室温即得成品。

产品应用 本品是一种使用寿命长的高效铜拉丝液。

产品特性 本产品添加苯甲酸钠、DL602卡松防腐剂，具有良好的防腐效果，使得拉丝液更容易保存，不容易变臭、变黑，添加助剂具有良好的抗磨、分散、润滑、成膜性。本产品具有优异的润滑性能，在较低的浓度下即能满足光亮度和尺寸精度的要求，水基配方起到较好的散热作用，而且容易保存，使用寿命长，适合铜线拉丝。使用本产品最高拉丝速度可达19m/s。集中油池换油周期为3年，单机油池换油周期为8个月，减少了废液处理和排放，保护了环境。

使用寿命长具有杀菌除臭作用的拉丝液

原料配比

原　料	配比（质量份）
石油磺酸钠	4
油酸	1
丁二烯	1
邻苯二甲酸酐	0.6

续表

原　　料		配比（质量份）
硼酸		2
三乙醇胺硼酸酯		2.5
聚丙烯酸钠		2
己二醇		3
蓖麻油		4
DL602 防腐杀菌剂		1
肌醇六磷酸酯		2
助剂		5
去离子水		900
助剂	玉石粉	2
	纳米二氧化钛	2
	甲基丙烯酸甲酯	1
	乙二醇	3
	醇酯十二	2
	地沟油	2
	薄荷油	1
	葡甘露聚糖	3
	魔芋胶	2
	去离子水	90

制备方法

（1）将石油磺酸钠、油酸、邻苯二甲酸酐、蓖麻油混合均匀，加入适量的去离子水，加热至 30～35℃，搅拌反应 30～40min，得到混合 A 料。

（2）将除助剂之外的剩余成分加入到反应釜中，搅拌混合均匀，缓慢加热至 55～65℃，保温 1～1.5h，得到混合 B 料。

（3）将保温的混合 B 料边搅拌边缓慢加入到混合 A 料中，充分搅拌后加入助剂，600～800r/min 下搅拌反应 40～60min，冷却至室温即得成品。

原料配伍　本品各组分质量份配比范围为：石油磺酸钠 4～5，油酸 1～2，丁二烯 1～2，邻苯二甲酸酐 0.6～1.2，硼酸 2～3，三乙醇胺硼酸酯 2.5～3.5，聚丙烯酸钠 2～3，己二醇 3～5，蓖麻油 4～6，DL602 防腐杀菌剂 1～2，肌醇六磷酸酯 2～3，助剂 5～7，去离子水 900～950。

助剂由以下质量份的原料制成：玉石粉 2～4，纳米二氧化钛 2～3，甲基丙烯酸甲酯 1～2，乙二醇 3～4，醇酯十二 2～3，地沟油 2～4，薄荷油 1～2，葡甘露聚糖 3～4，魔芋胶 2～3，去离子水 90～94。制备方法是：首先将玉石粉、纳米二氧化钛、葡甘露聚糖、魔芋胶加入一半量的去离子水中，研磨 1～2h，然后缓慢加入其他剩余成分，缓慢加热至 70～80℃，在 300～500r/min 条件下搅拌反应 30～50min，冷却至室温即得成品。

产品应用 本品是一种使用寿命长具有杀菌除臭作用的拉丝液。

产品特性 本产品添加 DL602 防腐杀菌剂，防止拉丝液在使用过程中变质变臭，延长使用寿命，添加助剂，具有良好的抗磨、分散、润滑、成膜性。本产品具有优异的润滑性，防锈性，满足加工精度要求，采用水性配方，具有良好的冷却性以及清洗性，加工使用后保证金属光亮，适合铝线、铜线等拉丝，使用寿命长。使用本产品最高拉丝速度可达 19m/s。集中油池换油周期为 3 年，单机油池换油周期为 8 个月，减少了废液处理和排放，保护了环境。

润滑性好的不锈钢拉丝液

原料配比

原　料	配比（质量份）
二硫化钼	2
四氟化铈	2.5
环烷酸钴	1
脂肪醇聚氧乙烯醚	4
乙二醇	3
柠檬酸	2.5
失水山梨醇单油酸酯	3
环烷酸铅	1
硫化鲸鱼油	3.5

续表

原料		配比（质量份）
锭子油		3
助剂		5
去离子水		900
助剂	玉石粉	2
	纳米二氧化钛	2
	甲基丙烯酸甲酯	1
	乙二醇	3
	醇酯十二	2
	地沟油	2
	薄荷油	1
	葡甘露聚糖	3
	魔芋胶	2
	去离子水	90

制备方法

（1）将二硫化钼、四氟化铈、脂肪醇聚氧乙烯醚混合均匀，加入适量的去离子水，加热至30～35℃，研磨30～40min，得到混合A料。

（2）将除助剂之外的剩余成分加入到反应釜中，搅拌混合均匀，缓慢加热至55～65℃，保温1～1.5h，得到混合B料。

（3）将保温的混合B料边搅拌边缓慢加入到混合A料中，充分搅拌后加入助剂，600～800r/min下搅拌反应40～60min，冷却至室温即得成品。

原料配伍 本品各组分质量份配比范围为：二硫化钼2～3，四氟化铈2.5～4，环烷酸钴1～2，脂肪醇聚氧乙烯醚4～5.5，乙二醇3～4，柠檬酸2.5～3.5，失水山梨醇单油酸酯3～5，环烷酸铅1～2，硫化鲸鱼油3.5～4.5，锭子油3～4，助剂5～7，去离子水900～950。

助剂由以下质量份的原料制成：玉石粉2～4，纳米二氧化钛2～3，甲基丙烯酸甲酯1～2，乙二醇3～4，醇酯十二2～3，地沟油2～4，薄荷油1～2，葡甘露聚糖3～4，魔芋胶2～3，去离子水90～94。制备方法是：首先将玉石粉、纳米二氧化钛、葡甘露聚糖、魔芋胶加入一半量的去离子水中，研磨1～2h，然后缓慢加入其他剩余成分，缓慢加热至70～80℃，在300～500r/min条件下搅拌反应30～50min，冷却至室温即得成品。

产品应用 本品是一种添加二硫化钼的润滑性好的不锈钢拉丝液。

产品特性 本产品添加二硫化钼作为润滑添加剂，通过研磨与表面活性剂混合，使得粉末分散均匀，质量稳定均一，添加助剂，具有良好的抗磨、分散、润滑、成膜性。本产品采用水性配方，不仅具有良好的散热以及清洗性能，而且润滑性能优良，流动黏度低，流动性好，稳定性好，成本低，适合不锈钢的拉丝。使用本产品最高拉丝速度可达 18m/s。集中油池换油周期为 3 年，单机油池换油周期为 8 个月，减少了废液处理和排放，保护了环境。

添加抗磨剂的不锈钢拉丝液

原料配比

原料		配比（质量份）
棕榈油		23
石油磺酸钠		2
纳米石墨		0.4
聚乙二醇		4
斯盘-80		1
磷酸三甲酚酯		1
蓖麻油酸聚酯		4
乌洛托品		1
锂基润滑脂		3
碳酸锂		1
抗磨剂		10
水		1000
抗磨剂	抗坏血酸	0.3
	聚乙烯醇	2.3
	吗啉	1.4
	硫酸锌	0.3
	吐温 80	1.0
	硅烷偶联剂 KH-550	1.2
	纳米氮化铝	4.5
	羟甲基脲	2.0
	水	60

制备方法 将棕榈油、石油磺酸钠、聚乙二醇、斯盘-80 加入水中，加热至 65～70℃；再加入磷酸三甲酚酯、蓖麻油酸聚酯，搅拌反应 30～45min；最后加入抗磨剂及其他剩余成分，850～950r/min 下搅拌反应 65～85min 即得成品。

原料配伍 本品各组分质量份配比范围为：棕榈油 23～26，石油磺酸钠 2～3，纳米石墨 0.4～0.6，聚乙二醇 4～5，斯盘-80 1～2，磷酸三甲酚酯 1～2，蓖麻油酸聚酯 4～5，乌洛托品 1～2，锂基润滑脂 3～4，碳酸锂 1～2，抗磨剂 10～14，水 1000。

抗磨剂由下列质量份的原料制成：抗坏血酸 0.3～0.5，聚乙烯醇 2.3～2.5，吗啉 1.4～1.6，硫酸锌 0.3～0.5，吐温 80 1.0～1.2，硅烷偶联剂 KH-550 1.2～1.5，纳米氮化铝 4.5～5.0，羟甲基脲 2.0～2.3，水 60～65。制备方法是：将聚乙烯醇、纳米氮化铝加入到水中，加热至 70～80℃，搅拌 10～15min，然后再加入其他剩余成分，搅拌 30～45min 即得成品。

产品应用 本品是一种添加抗磨剂的不锈钢拉丝液。

产品特性 本产品抗磨剂添加纳米氮化铝粉末起到促进散热的作用，增强了成膜性，而且能够减少拉丝过程中对拉丝模的损坏，延长使用寿命。本产品具有优良的润滑性能，储存稳定性，冷却效果好，传热速度快，使用过程中温度升幅小，不易燃，易清洗，采用本产品拉制的金属丝线形均匀，表面光亮，不易锈蚀。使用本产品最高拉丝速度可达 19m/s。生产出的铜丝工序间防锈时间在 5 天以上，集中油池换油周期为 3 年，单机油池换油周期为 8 个月，减少了废液处理和排放，保护了环境。

具有杀菌作用的铝拉丝液

原料配比

原　　料	配比（质量份）
石油磺酸钡	3
2,6-苯并异噻唑啉酮	1
单硬脂酸甘油酯	2
硫化棉籽油	4
十八酰胺丙基氧化胺	3
聚丙烯酰胺	2

续表

原　　料		配比（质量份）
十二醇硫酸酯钠		3
卡松防腐剂		1
滑石粉		3
纳米二氧化锆		4.5
助剂		5
去离子水		900
助剂	石墨粒	2
	纳米硅藻土	2.5
	双酚 A 二甲基丙烯酸酯	1
	硫化棉籽油	2
	十二碳醇酯	2
	苯胺甲基三乙氧基硅烷	1
	柴胡油	1
	拉开粉	3
	去离子水	90

制备方法

（1）将硫化棉籽油、十八酰胺丙基氧化胺、聚丙烯酰胺、滑石粉、纳米二氧化锆混合均匀，加入适量的去离子水，加热至 30～35℃，研磨 30～40min，得到混合 A 料。

（2）将除助剂之外的剩余成分加入到反应釜中，搅拌混合均匀，缓慢加热至 55～65℃，保温 1～1.5h，得到混合 B 料。

（3）将保温的混合 B 料边搅拌边缓慢加入到混合 A 料中，充分搅拌后加入助剂，600～800r/min 下搅拌反应 40～60min，冷却至室温即得成品。

原料配伍 本品各组分质量份配比范围为：石油磺酸钡 3～5，2,6-苯并异噻唑啉酮 1～2，单硬脂酸甘油酯 2～3.5，硫化棉籽油 4～6，十八酰胺丙基氧化胺 3～4，聚丙烯酰胺 2～4，十二醇硫酸酯钠 3～5，卡松防腐剂 1～2，滑石粉 3～5，纳米二氧化锆 4.5～5.5，助剂 5～7，去离子水 900～950。

助剂由以下质量份的原料制成：石墨粒 2～4，纳米硅藻土 2.5～3.5，双酚 A 二甲基丙烯酸酯 1～2，硫化棉籽油 2～2.5，十二碳醇酯 2～

3，苯胺甲基三乙氧基硅烷 1～1.5，柴胡油 1～2，拉开粉 3～4，去离子水 90～94。制备方法是：首先将石墨粒、纳米硅藻土、柴胡油、拉丌粉加入一半量的去离子水中，研磨 1～2h，然后缓慢加入其他剩余成分，缓慢加热至 70～80℃，在 300～500r/min 条件下搅拌反应 30～50min，冷却至室温即得成品。

产品应用 本品是一种添加抗磨剂的具有杀菌作用的铝拉丝液。

产品特性 本产品添加纳米二氧化锆，具有良好的分散性，耐磨、耐腐蚀性，防止拉丝模损坏，添加卡松防腐剂，具有一定的防腐效果，延长了拉丝液的使用寿命，添加助剂，增强了抗磨、分散、润滑、成膜性。本产品成本低，具备极佳的成膜性、热稳定性、防腐蚀性、冷却效果。使用本产品最高拉丝速度可达 20m/s。集中油池换油周期为 3 年，单机油池换油周期为 8 个月，减少了废液处理和排放，保护了环境。

添加抗磨剂的铜线拉丝液

原料配比

<table>
<tr><th colspan="2">原　料</th><th>配比（质量份）</th></tr>
<tr><td colspan="2">蓖麻油</td><td>19</td></tr>
<tr><td colspan="2">硫化烷基酚钙</td><td>2</td></tr>
<tr><td colspan="2">山梨坦单硬脂酸酯</td><td>1</td></tr>
<tr><td colspan="2">三聚磷酸钠</td><td>1</td></tr>
<tr><td colspan="2">十二烷基苯磺酸钠</td><td>1</td></tr>
<tr><td colspan="2">六方氮化硼</td><td>2</td></tr>
<tr><td colspan="2">聚四氟乙烯</td><td>1</td></tr>
<tr><td colspan="2">氯化亚锡</td><td>1</td></tr>
<tr><td colspan="2">抗磨剂</td><td>10</td></tr>
<tr><td colspan="2">水</td><td>1000</td></tr>
<tr><td rowspan="5">抗磨剂</td><td>硅藻土</td><td>2.4</td></tr>
<tr><td>玉石</td><td>1.2</td></tr>
<tr><td>乌洛托品</td><td>2.0</td></tr>
<tr><td>尿素</td><td>0.4</td></tr>
<tr><td>硅烷偶联剂 KH-550</td><td>1.0</td></tr>
</table>

续表

原　料		配比（质量份）
抗磨剂	十二烷基苯磺酸钠	0.1
	抗坏血酸	1
	硫黄粉	1
	纳米氮化铝粉末	1.2
	水	60

制备方法 将蓖麻油、硫化烷基酚钙、山梨坦单硬脂酸酯、十二烷基苯磺酸钠加入水中，加热至65～70℃；再加入聚四氟乙烯，搅拌反应30～45min；最后加入抗磨剂及其他剩余成分，800～1000r/min下搅拌反应60～90min即得成品。

原料配伍 本品各组分质量份配比范围为：蓖麻油19～22，硫化烷基酚钙1～2，山梨坦单硬脂酸酯1～2，三聚磷酸钠1～2，十二烷基苯磺酸钠1～2，六方氮化硼2～3，聚四氟乙烯1～2，氯化亚锡1～2，抗磨剂10～14，水1000。

抗磨剂由下列质量份的原料制成：硅藻土2. 4～2.7，玉石1.2～1.4，乌洛托品2.0～2.3，尿素0.4～0.7，硅烷偶联剂KH-550 1.0～1.2，十二烷基苯磺酸钠0.1～0.2，抗坏血酸1～2，硫黄粉1～2，纳米氮化铝粉末1.2～1.4，水60。制备方法是：将玉石、硅藻土送入540～570℃煅烧炉中，煅烧2～3h，冷却后粉碎放入10%～15%盐酸中浸泡2～3h，取出，洗涤干净，烘干研磨250～400目粉末，与其他剩余成分混合，加热至70～75℃，在1200～1500r/min下搅拌45～60min即得成品。

产品应用 本品是一种添加抗磨剂的铜线拉丝液。

产品特性 本产品抗磨剂添加纳米氮化铝粉末起到促的进散热的作用，冷却效果好，增加了成膜性，并且延长了拉丝模的使用寿命；而且工艺简单，生产成本低，具有优异的润滑性、冷却快、减少摩擦，延长拉丝模的使用寿命等优点。采用本产品拉制的铝丝线形均匀，表面光亮，不易锈蚀，质量好。使用本产品最高拉丝速度可达19m/s。生产出的铜丝工序间防锈时间在5天以上，集中油池换油周期为3年，单机油池换油周期为8个月，减少了废液处理和排放，保护了环境。

添加纳米氮化铝的铜拉丝液

原料配比

原　料		配比（质量份）
乙氧基化双烷基磷酸酯		1
甘油		4
山梨醇酐单油酸酯		2.5
石油磺酸钠		3.5
硼酸铝纳米微粒		4.5
月桂基硫酸钠		2
菜籽油		10
二苄基二硫		1
纳米氮化铝		5
助剂		5
去离子水		900
助剂	玉石粉	2
	纳米二氧化钛	2
	甲基丙烯酸甲酯	1
	乙二醇	3
	醇酯十二	2
	地沟油	2
	薄荷油	1
	葡甘露聚糖	3
	魔芋胶	2
	去离子水	90

制备方法

（1）将石油磺酸钠、硼酸铝纳米微粒、月桂基硫酸钠、纳米氮化铝混合均匀，加入适量的去离子水，加热至30～35℃，研磨30～40min，得到混合A料。

（2）将除助剂之外的剩余成分加入到反应釜中，搅拌混合均匀，缓慢加热至55～65℃，保温1～1.5h，得到混合B料。

（3）将保温的混合B料边搅拌边缓慢加入到混合A料中，充分搅拌

后加入助剂，600～800r/min 下搅拌反应 40～60min，冷却至室温即得成品

原料配伍 本品各组分质量份配比范围为：乙氧基化双烷基磷酸酯 1～2，甘油 4～6，山梨醇酐单油酸酯 2.5～4，石油磺酸钠 3.5～5，硼酸铝纳米微粒 4.5～6，月桂基硫酸钠 2～3，菜籽油 10～12，二苄基二硫 1～2，纳米氮化铝 5～7，助剂 5～7，去离子水 900～950。

助剂由以下质量份的原料制成：玉石粉 2～4，纳米二氧化钛 2～3，甲基丙烯酸甲酯 1～2，乙二醇 3～4，醇酯十二 2～3，地沟油 2～4，薄荷油 1～2，葡甘露聚糖 3～4，魔芋胶 2～3，去离子水 90～94。制备方法是：首先将玉石粉、纳米二氧化钛、葡甘露聚糖、魔芋胶加入一半量的去离子水中，研磨 1～2h，然后缓慢加入其他剩余成分，缓慢加热至 70～80℃，在 300～500r/min 条件下搅拌反应 30～50min，冷却至室温即得成品。

产品应用 本品是一种添加纳米氮化铝的铜拉丝液。

产品特性 本产品通过研磨将纳米氮化铝、硼酸铝等磨料与表面活性剂混合，不仅具有良好的抗磨性，而且能够快速散热，结合助剂，具有良好的抗磨、分散、润滑、成膜性，能够在铜丝表面形成一层保护膜，防止外界对铜丝的腐蚀。本产品流动黏度低，流动性好，并具有良好润滑效果且安全性强。使用本产品最高拉丝速度可达 18m/s。集中油池换油周期为 3 年，单机油池换油周期为 8 个月，减少了废液处理和排放，保护了环境。

添加纳米二氧化钛的铝拉丝液

原料配比

原　　料	配比（质量份）
纳米二氧化钛	8
三乙醇胺硼酸酯	2
铝合金缓蚀剂	2
硫化鲸鱼油	5
吗啉	2.5
三乙醇胺油酸皂	3
2,6-二叔丁基对甲酚	0.8
蓖麻油	5.5
椰油酰胺丙基氧化胺	4
助剂	5

续表

原　　料		配比（质量份）
去离子水		900
助剂	石墨粒	2
	纳米硅藻土	2.5
	双酚A二甲基丙烯酸酯	1
	硫化棉籽油	2
	十二碳醇酯	2
	苯胺甲基三乙氧基硅烷	1
	柴胡油	1
	拉开粉	3
	去离子水	90

制备方法

（1）将纳米二氧化钛、硫化鲸鱼油、椰油酰胺丙基氧化胺混合均匀，加入适量的去离子水，加热至30～35℃，研磨30～40min，得到混合A料。

（2）将除助剂之外的其余剩余成分加入到反应釜中，搅拌混合均匀，缓慢加热至55～65℃，保温1～1.5h，得到混合B料。

（3）将保温的混合B料边搅拌边缓慢加入到混合A料中，充分搅拌后加入助剂，600～800r/min下搅拌反应40～60min，冷却至室温即得成品。

原料配伍 本品各组分质量份配比范围为：纳米二氧化钛 8～11，三乙醇胺硼酸酯2～4，铝合金缓蚀剂2～3，硫化鲸鱼油5～6，吗啉2.5～3.5，三乙醇胺油酸皂3～4，2,6-二叔丁基对甲酚0.8～1.5，蓖麻油5.5～7，椰油酰胺丙基氧化胺4～5，助剂5～7，去离子水900～950。

助剂由以下质量份的原料制成：石墨粒 2～4，纳米硅藻土 2.5～3.5，双酚A二甲基丙烯酸酯1～2，硫化棉籽油2～2.5，十二碳醇酯2～3，苯胺甲基三乙氧基硅烷1～1.5，柴胡油1～2，拉开粉3～4，去离子水90～94。制备方法是：首先将石墨粒、纳米硅藻土、柴胡油、拉开粉加入一半量的去离子水中，研磨 1～2h，然后缓慢加入其他剩余成分，缓慢加热至70～80℃，在300～500r/min条件下搅拌反应30～50min，冷却至室温即得成品。

产品应用 本品是一种添加纳米二氧化钛的铝拉丝液。

产品特性 本产品通过研磨将纳米二氧化钛与表面活性剂混合，具有良好的分散性、耐磨性，不会损坏拉丝模，而且具有很好的清洗性，添加助剂，增强了抗磨、分散、润滑、成膜性；本产品流动性好，并具有良好润滑效果以及缓蚀效果，拉制的铝丝线形均匀，表面光亮，不易锈蚀，适合高速拉丝机。使用本产品最高拉丝速度可达 19m/s。集中油池换油周期为 3 年，单机油池换油周期为 8 个月，减少了废液处理和排放，保护了环境。

添加纳米石墨的性能优异的拉丝液

原料配比

原　　料		配比（质量份）
纳米石墨		6
苯甲酸单乙醇胺		2
甘油		3.5
四聚蓖麻酯		1
甲基苯并三氮唑		1.5
OP-10		3
三乙醇胺硼酸酯		2
氯化石蜡		2
纳米膨润土		8
助剂		5
去离子水		900
助剂	石墨粒	2
	纳米硅藻土	2.5
	双酚 A 二甲基丙烯酸酯	1
	硫化棉籽油	2
	十二碳醇酯	2
	苯胺甲基三乙氧基硅烷	1
	柴胡油	1
	拉开粉	3
	去离子水	90

制备方法

（1）将纳米石墨、纳米膨润土、OP-10 混合均匀，加入适量的去离子水，加热至 30～35℃，研磨 30～40min，得到混合 A 料。

（2）将除助剂之外的剩余成分加入到反应釜中，搅拌混合均匀，缓慢加热至 55～65℃，保温 1～1.5h，得到混合 B 料。

（3）将保温的混合 B 料边搅拌边缓慢加入到混合 A 料中，充分搅拌后加入助剂，600～800r/min 下搅拌反应 40～60min，冷却至室温即得成品。

原料配伍 本品各组分质量份配比范围为：纳米石墨 6～9，苯甲酸单乙醇胺 2～4，甘油 3.5～4.5，四聚蓖麻酯 1～2，甲基苯并三氮唑 1.5～2.5，OP-10 3～5，三乙醇胺硼酸酯 2～3，氯化石蜡 2～4，纳米膨润土 8～10，助剂 5～7，去离子水 900～950。

助剂由以下质量份的原料制成：石墨粒 2～4，纳米硅藻土 2.5～3.5，双酚 A 二甲基丙烯酸酯 1～2，硫化棉籽油 2～2.5，十二碳醇酯 2～3，苯胺甲基三乙氧基硅烷 1～1.5，柴胡油 1～2，拉开粉 3～4，去离子水 90～94。制备方法是：首先将石墨粒、纳米硅藻土、柴胡油、拉开粉加入一半量的去离子水中，研磨 1～2h，然后缓慢加入其他剩余成分，缓慢加热至 70～80℃，在 300～500r/min 条件下搅拌反应 30～50min，冷却至室温即得成品。

产品应用 本品是一种添加纳米石墨的性能优异的拉丝液，适用于高速拉丝机。

产品特性 本产品通过研磨方式将纳米石墨、纳米膨润土与表面活性剂混合，具有良好的润滑性以及耐磨性，保护了拉丝模，添加助剂，具有良好的抗磨、分散、润滑、成膜性；本产品各项性能均优，本产品能降低拉丝机工作温度，适用于高速拉丝机。使用本产品最高拉丝速度可达 18m/s。集中油池换油周期为 3 年，单机油池换油周期为 8 个月，减少了废液处理和排放，保护了环境。

铜棒铜杆全合成大拉丝润滑液

原料配比

原料	配比（质量份）						
	1#	2#	3#	4#	5#	6#	7#
铜保护剂	1	0.5	1	0.5	0.5	1	1
亲水型非离子乳化剂	5	3	5	3	5	5	5
水性极压润滑剂	30	20	40	30	40	20	30

续表

原料		配比（质量份）						
		1#	2#	3#	4#	5#	6#	7#
硼酸		2	1	2	1.5	1	1	1.5
三乙醇胺		3.5	2	5	2	2	5	5
二羧酸盐基复合物防锈剂		5	5	10	5	10	5	10
单丁醚偶合剂		3	2	5	3	2	5	3
抗硬水剂		1	0.5	1	0.8	1	1	0.8
消泡剂		0.01	0.01	0.1	0.01	0.01	0.01	0.1
蒸馏水		20	20	25	20	20	25	23
水性极压润滑剂	三乙醇胺	20	20	25	20	25	25	25
	二聚酸	6	6	9	7.5	6	6	7.5
	蓖麻油酸聚酯	8	8	12	10	8	8	10
	辛癸酸	6	6	9	7.5	6	6	7.5
	蒸馏水	40	40	50	40	50	50	50

制备方法

（1）制备水性极压润滑剂：按质量份将三乙醇胺、二聚酸及蓖麻油酸聚酯混合后搅拌并加热到70～90℃反应至透明状态，加入设定质量份的蒸馏水和辛癸酸溶解，得到水性极压润滑剂。

（2）按设定质量份将三乙醇胺和硼酸混合搅拌并加热到100～120℃，保温1h以上，再降温至60℃以下，然后按质量份依次加入蒸馏水、水性极压润滑剂、二羧酸盐基复合物防锈剂、单丁醚偶合剂、铜保护剂、抗硬水剂助剂、亲水型非离子乳化剂和消泡剂，继续搅拌至溶液均匀透明。

原料配伍 本品各组分质量份配比范围为：铜保护剂0.5～1，亲水型非离子乳化剂3～5，水性极压润滑剂20～40，硼酸1～2，三乙醇胺2～5，二羧酸盐基复合物防锈剂5～10，单丁醚偶合剂2～5，抗硬水剂0.5～1，消泡剂0.01～0.1，蒸馏水20～25。

水性极压润滑剂原料按质量份包括以下组分：20～25份的三乙醇胺、6～9份的二聚酸、8～12份的蓖麻油酸聚酯、6～9份的辛癸酸和三乙醇胺2倍的蒸馏水。

铜保护剂采用外购的汽巴L42。

亲水型非离子乳化剂采用烷基酚聚氧乙烯醚。

二羧酸盐基复合物防锈剂采用二羧酸三乙醇胺盐基复合物。

单丁醚偶合剂采用二乙二醇单丁醚。

抗硬水剂采用抗硬水剂可以采用乙二胺四乙酸、乙二胺四乙酸盐中的一种或一种以上的混合物，为机加工液常用组分，也可以包括其他机加工液常用的抗硬水剂。

消泡剂可以采用机加工液常用的乳化硅油和磷酸酯中的一种或二者的混合物，也可以包括其他机加工液常用的消泡剂。

产品应用　本品主要用作铜棒铜杆全合成大拉丝润滑液。使用方法：将铜棒铜杆全合成大拉丝润滑液与水按1∶(5～20)稀释使用。

产品特性　本产品使用环保型特殊水性极压润滑剂替代传统的油性合成酯，解决了铜杆和铜棒大拉丝高润滑性能要求方面的技术难题；采用环保型偶合剂和抗氧化剂，对有色金属铜有非常好的保护作用。该润滑液具有优异的润滑性能、防锈性能及沉降性能，不含氯、亚硝酸盐及其他的硝基化合物，工作液对皮肤无毒害、无刺激，环保安全：5%稀释液的各项指标达到或超过GB 6144有关指标，铜片腐蚀为1A，铸铁防锈单片在72h以上。该拉丝液高温稳定性能好，没有浮油和皂产生，用于铜棒铜杆大拉丝加工，使用周期超过2年，减少了废液处理和排放，保护了环境。该润滑液还适用于加工铜及其合金、钢和铸铁等材料的零件，其优秀的润滑性能可有效延长刀具的使用寿命。

铜拉丝润滑液

原料配比

原　料	配比（质量份）
棕榈油	15～25
石油磺酸钠	2～3
聚乙二醇	30～35
硫化烷基酚钙	1～2
环烷酸钠	1～2
水溶性磷酸酯	2～3
苯甲酸钠	1～2
油酸三乙醇胺	2～3

续表

原料		配比（质量份）
金刚石纳米微粒		0.2～0.4
抗磨剂		10～14
水		1000
抗磨剂	硅藻土	2.4～2.7
	玉石	1.2～1.4
	乌洛托品	2.0～2.3
	尿素	0.4～0.7
	硅烷偶联剂 KH-550	1.0～1.2
	十二烷基苯磺酸钠	0.1～0.2
	抗坏血酸	1～2
	硫黄粉	1～2
	纳米氮化铝粉末	1.2～1.4
	水	60

制备方法 将棕榈油、石油磺酸钠、聚乙二醇、硫化烷基酚钙加入水中，加热至65～70℃；再加入水溶性磷酸酯、油酸三乙醇胺，搅拌反应30～45min；最后加入抗磨剂及其他剩余成分，800～1000r/min下搅拌反应60～90min即得成品。

原料配伍 本品各组分质量份配比范围为：棕榈油15～25，石油磺酸钠2～3，聚乙二醇30～35，硫化烷基酚钙1～2，环烷酸钠1～2，水溶性磷酸酯2～3，苯甲酸钠1～2，油酸三乙醇胺2～3，金刚石纳米微粒0.2～0.4，抗磨剂10～14，水1000。

抗磨剂由下列质量份的原料制成：硅藻土2.4～2.7，玉石1.2～1.4，乌洛托品2.0～2.3，尿素0.4～0.7，硅烷偶联剂KH-550 1.0～1.2，十二烷基苯磺酸钠0.1～0.2，抗坏血酸1～2，硫黄粉1～2，纳米氮化铝粉末1.2～1.4，水60。制备方法是：将玉石、硅藻土送入540～570℃煅烧炉中，煅烧2～3h，冷却后粉碎放入10%～15%盐酸中浸泡2～3h，取出，洗涤干净，烘干研磨成250～400目粉末，与其他剩余成分混合，加热至70～75℃，在1200～1500r/min下搅拌45～60min即得成品。

产品应用 本品主要用作铜拉丝润滑液。

产品特性 本产品抗磨剂添加纳米氮化铝粉末起到促进散热的作用，

提升了冷却效果，增强了成膜性，延长了拉丝模的使用寿命；而且本产品使用周期长，拉丝后铜线表面光亮，存放时间长，表面不易氧化且其制作工艺简单。它是一种润滑和清洗、冷却性好，拉丝后铜线表面光亮，存放时间长表面不易氧化的，在大中小型拉丝机上通用，且经济实用的铜拉丝润滑液。使用本产品最高拉丝速度可达 19m/s。生产出的铜丝工序间防锈时间在 5 天以上，集中油池换油周期为 3 年，单机油池换油周期为 8 个月，减少了废液处理和排放，保护了环境。

铜拉丝水基冷轧液

原料配比

原　料	配比（质量份）		
	1#	2#	3#
二乙醇胺	7	9	6
油酸	16	20	14
混合脂肪酸	6	4	8
十二烷基苯磺酸	5	6	8
氢氧化钠（40%）	3.6	3.2	5.2
吐温 80	12	10	10
硫代磷酸复酯胺盐 T307	0.7	0.6	0.7
苯并三氮唑	0.1	0.1	0.2
甲醇	7	9	6
甲基硅油	0.2	0.3	0.2
苯甲酸钠	0.2	0.1	0.1
水	42.2	37.7	41.6

制备方法

（1）将按配比量取的水、二乙醇胺加入反应锅内搅拌 5～10min，升温至(80±3)℃。

（2）接着将量取的油酸掺入，在(80±3)℃保温 15～25min，使二乙醇胺与油酸发生皂化反应。

（3）将量取的混合脂肪酸、十二烷基苯磺酸加入到反应锅中，搅拌 5～10min，接着掺入氢氧化钠，继续搅拌 5～10min，在(80±3)℃

保温 15～25min。

（4）将预先量取的甲醇一半量用于溶解苯并三氮唑，然后再将量取的吐温 80、硫代磷酸复酯胺盐 T307、甲基硅油、苯甲酸钠及余量的甲醇一并加入到反应锅内，搅拌 15～25min，在(60±3)℃保温 15～25min。

原料配伍　本品各组分质量份配比范围为：二乙醇胺 6～10，油酸 12～20，混合脂肪酸 4～8，十二烷基苯磺酸 5～10，氢氧化钠 3～6，吐温 80　10～15，硫代磷酸复酯胺盐 T307　0.4～1.0，苯并三氮唑 0.1～0.3，甲醇 6～10，甲基硅油 0.2～0.3，苯甲酸钠 0.1～0.2，水 36～44。

产品应用　本产品主要用作铜拉丝的冷轧液，也可以用于其他有色金属拉丝。

使用时用水配将其制成不同浓度的液体，通常浓度在 2%～10%。

产品特性

（1）本产品所有组分市场易购且价格低廉，制造成本低。

（2）本产品组分中不含矿物油或植物油，无毒、无刺激性气味，易生物降解，排放的污水 BOD、COD 等指标均符合国家环保排放标准。

（3）本产品为单一水相溶液，制作工艺简单。

（4）本产品含有多种表面活性剂，应用时在铜丝表面迅速形成保护膜，拉丝过程中铜丝表面得到润滑保护，从而减小摩擦力，降低机器的负荷，减少模具的损耗。

铜拉丝液

原料配比

原　　料	配比（质量份）
棕榈油	15
石油磺酸钠	2
硅烷偶联剂 KH-550	1
乙酸乙烯酯	3
亚磷酸二正丁酯	4

续表

原　料		配比（质量份）
薄荷醇		1
纳米膨化石墨		1
腐植酸钾		1
抗磨剂		10
水		1000
抗磨剂	抗坏血酸	0.3
	聚乙烯醇	2.3
	吗啉	1.4
	硫酸锌	0.3
	吐温 80	1.0
	硅烷偶联剂 KH-550	1.2
	纳米氮化铝	4.5
	羟甲基脲	2.0
	水	60

制备方法 将棕榈油、石油磺酸钠加入水中，加热至 65～70℃；再加入乙酸乙烯酯、亚磷酸二正丁酯，搅拌反应 30～45min；最后加入抗磨剂及其他剩余成分，850～950r/min 下搅拌反应 65～85min 即得成品。

原料配伍 本品各组分质量份配比范围为：棕榈油 15～25，石油磺酸钠 2～3，硅烷偶联剂 KH-550 1～2，乙酸乙烯酯 3～4，亚磷酸二正丁酯 4～5，薄荷醇 1～2，纳米膨化石墨 1～2，腐植酸钾 1～2，抗磨剂 10～14，水 1000。

抗磨剂由下列质量份的原料制成：抗坏血酸 0.3～0.5，聚乙烯醇 2.3～2.5，吗啉 1.4～1.6，硫酸锌 0.3～0.5，吐温 80 1.0～1.2，硅烷偶联剂 KH-550 1.2～1.5，纳米氮化铝 4.5～5.0，羟甲基脲 2.0～2.3，水 60～65。制备方法是：将聚乙烯醇、纳米氮化铝加入到水中，加热至 70～80℃，搅拌 10～15min，然后再加入其他剩余成分，搅拌 30～45min 即得成品。

产品应用 本产品是一种铜拉丝液。

产品特性 本产品抗磨剂添加纳米氮化铝粉末起到促进散热的作用，增强了成膜性，延长了拉丝模的使用寿命；避免了因润滑油散热慢，损毁模具，影响产品质量，而且具有优良的润湿性、润滑性、退火清净性和防锈性，成本低，拉丝效果好。使用本产品最高拉丝速度可达 19m/s。生产出的铜丝工序间防锈时间在 5 天以上，集中油池换油周期为 3 年，单机油池换油周期为 8 个月，减少了废液处理和排放，保护了环境。

铜铝拉丝液（1）

原料配比

原　　料		配比（质量份）
菜籽油		10
油酸		2
二壬基萘磺酸钡		1
十二烯基丁二酸		2
三乙醇胺		1
苯扎溴胺		1
棕榈油酸		1
聚乙烯醇缩丁醛		3
羊蜡酸		1
抗磨剂		10
水		1000
抗磨剂	抗坏血酸	0.3
	聚乙烯醇	2.3
	吗啉	1.4
	硫酸锌	0.3
	吐温 80	1.0
	硅烷偶联剂 KH-550	1.2
	纳米氮化铝	4.5
	羟甲基脲	2.0
	水	60

制备方法　将菜籽油、油酸、棕榈油酸加入水中，加热至 65～70℃；再加入三乙醇胺，搅拌反应 30～45min；最后加入抗磨剂及其他剩余成分，800～1000r/min 下搅拌反应 60～90min 即得成品。

原料配伍　本品各组分质量份配比范围为：菜籽油 10～12，油酸 2～3，二壬基萘磺酸钡 1～2，十二烯基丁二酸 2～3，三乙醇胺 1～2，苯扎溴胺 1～2，棕榈油酸 1～2，聚乙烯醇缩丁醛 3～4，羊蜡酸 1～2，抗磨剂 10～14，水 1000。

抗磨剂由下列质量份的原料制成：抗坏血酸 0. 3～0.5，聚乙烯醇 2.3～2.5，吗啉 1.4～1.6，硫酸锌 0.3～0.5，吐温 80 1.0～1.2，硅烷偶联剂 KH-550 1.2～1.5，纳米氮化铝 4.5～5.0，羟甲基脲 2.0～2.3，水 60～65。制备方法是：将聚乙烯醇、纳米氮化铝加入到水中，加热至 70～80℃，搅拌 10～15min，然后再加入其他剩余成分，搅拌 30～45min 即得成品。

产品应用　本品主要用作铜铝拉丝液。

产品特性　本产品抗磨剂添加纳米氮化铝粉末起到促进散热的作用，增强了成膜性，而且延长了拉丝模的使用寿命；本产品具备良好的润滑性能和良好的流动性能；本产品具备良好的紫外和储存安定性；而且本产品传热速度快，冷却效果好，易清洗，对环境友好。使用本产品最高拉丝速度可达 19m/s。生产出的铜丝工序间防锈时间在 5 天以上，集中油池换油周期为 3 年，单机油池换油周期为 8 个月，减少了废液处理和排放，保护了环境。

铜铝拉丝液（2）

原料配比

原　　料	配比（质量份）
250SN 基础油	10
蓖麻油钾皂	2
硫化鲸鱼油	2
苯甲酸钠	0.5
3-碘-2-丙炔基丁基氨基甲酸酯	10
3-氨丙基三甲氧基硅烷	3
抗氧剂 1010	1

续表

原　料		配比（质量份）
月桂二酸		1
二氧化锆		0.5
山梨醇脂肪酸酯 SPAN60		2
成膜助剂		2
水		220
成膜助剂	苯醌	0.2
	苯乙烯	8
	叔丁基过氧化氢	1
	衣康酸二正丁酯	4
	硅烷偶联剂 KH-550	2
	1-羟乙基-2-油基咪唑啉	2

制备方法 将山梨醇脂肪酸酯 SPAN60、3-碘-2-丙炔基丁基氨基甲酸酯混合后加入水中，加热至 80～90℃，搅拌 10～15min，然后加入苯甲酸钠、成膜助剂，继续搅拌 30～40min，再加入 3-氨丙基三甲氧基硅烷，搅拌反应 40～50min 后，再加入月桂二酸、二氧化锆、蓖麻油钾皂，反应 30～40min 后，加入其他剩余成分，反应 2～3h 即得成品。

原料配伍 本品各组分质量份配比范围为：基础油 10～12，蓖麻油钾皂 1～2，硫化鲸鱼油 2～3，苯甲酸钠 0.3～0.5，3-碘-2-丙炔基丁基氨基甲酸酯，10～12，3-氨丙基三甲氧基硅烷 2～3，抗氧剂 1010 1～2，月桂二酸 1～2，二氧化锆 0. 3～0.5，山梨醇脂肪酸酯 SPAN60　2～3，成膜助剂 2～3，水 200～220。

成膜助剂由下列质量份的原料制成：苯醌 0.1～0.2，苯乙烯 6～8，叔丁基过氧化氢 1～2，衣康酸二正丁酯 3～4，硅烷偶联剂 KH-550 1～2，1-羟乙基-2-油基咪唑啉 2～3。制备方法是：将苯乙烯与衣康酸酯混合，搅拌，加入叔丁基过氧化氢、苯醌，搅拌反应 45～60min，然后加入 1-羟乙基-2-油基咪唑啉，搅拌反应，反应温度为 120～130℃，反应 30～40min 后，加入硅烷偶联剂 KH-550，搅拌反应 2～3h 即得成品。

产品应用 本品主要用作铜铝拉丝液。

产品特性 本产品采用 250SN 基础油促进润滑性能，采用水基起到较好的散热作用，增加抗氧剂防止拉丝液存放时间长以后出现变质情况，同时本产品配方中增加了抗腐蚀剂、成膜助剂，起到缓蚀作用与保护作用。本产品具有优良的润滑性能，储存稳定性，成本低，冷却效果好，传热速度快，使用过程中温度升幅小，不易燃，易清洗，保证了使用环境安全。采用本产品拉制的铜丝、铝丝线形均匀，表面光亮，不易锈蚀。使用本产品最高拉丝速度可达 19m/s。生产出的铜丝工序间防锈时间在 5 天以上，集中油池换油周期为 3 年，单机油池换油周期为 8 个月，减少了废液处理和排放，保护了环境。

铜线高速拉丝液

原料配比

原　　料		配比（质量份）
蓖麻油		20
石油磺酸钠		2
苯并三氮唑		1
2,6-二叔丁基对甲酚		1
乙醇		30
煤油		10
海藻酸钠		1
对苯二甲酰氯		2
聚乙二醇-200		8
十二羟基硬脂酸		1
抗磨剂		10
水		1000
抗磨剂	玉石	1.2
	三聚磷酸钠	2.3
	亚硒酸钠	1.6
	纳米氮化铝	3.4
	苯胺甲基三乙氧基硅烷	2
	石油磺酸钠	0.4
	玫瑰精油	0.8
	吗啉	1
	水	50

制备方法 将蓖麻油、煤油、石油磺酸钠加入水中，加热至65～70℃；再加入聚乙烯醇、十二羟基硬脂酸，搅拌反应30～45min；最后加入抗磨剂及其他剩余成分，800～1000r/min下搅拌反应60～90min即得成品。

原料配伍 本品各组分质量份配比范围为：蓖麻油20～24，石油磺酸钠2～3，苯并三氮唑1～2，2,6-二叔丁基对甲酚1～2，乙醇30～35，煤油10～12，海藻酸钠1～2，对苯二甲酰氯2～3，聚乙二醇-200 8～10，十二羟基硬脂酸1～2，抗磨剂10～14，水1000。

抗磨剂由下列质量份的原料制成：玉石 1.2～1.4，三聚磷酸钠2.3～2.5，亚硒酸钠1.6～1.8，纳米氮化铝3.4～3.8，苯胺甲基三乙氧基硅烷1～2，石油磺酸钠0.4～0.7，玫瑰精油0.8～0.9，吗啉1～2，水50～60。制备方法是：将玉石送入520～550℃煅烧炉中，煅烧1～2h，冷却后粉碎放入10%～15%盐酸中浸泡2～3h，取出，洗涤干净，烘干研磨成250～400目粉末，与其他剩余成分混合，加热至80～85℃，在1200～1500r/min下搅拌45～60min即得成品。

产品应用 本品主要用作铜线高速拉丝液。

产品特性 本产品抗磨剂添加纳米氮化铝粉末起到促进散热的作用，增强了成膜性，延长了拉丝模的使用寿命；润滑性能、抗腐蚀性能和清洗性能能够长期匹配，颗粒分散状态细小、稳定，使用周期长，从而提供更加稳定细致的润滑效果，用于细铜丝或超细铜丝的加工，克服了缩丝等线径异常现象和断丝现象，拉伸出的铜丝质量稳定；可明显提高产品的清洗能力，解决了铜泥黏附塔轮问题，走线畅通。使用本产品最高拉丝速度可达19m/s。生产出的铜丝工序间防锈时间在5天以上，集中油池换油周期为3年，单机油池换油周期为8个月，减少了废液处理和排放，保护了环境。

铜线高速细拉丝和超细拉丝润滑液

原料配比

原料	配比（质量份）				
	1#	2#	3#	4#	5#
三乙醇胺	4	3	5	4	3
硼酸	1.5	1	2	1.5	1

续表

原料		配比（质量份）				
		1#	2#	3#	4#	5#
水性极压润滑剂		3	3.5	2.5	4	5.5
二羧酸盐基复合物防锈剂		6	5	7	6	5
苯并三氮唑		0.3	0.4	0.6	0.3	0.4
石油磺酸钠		3	2	4	3	2
抗硬水剂		0.5	0.4	0.6	0.5	0.4
非离子乳化剂		4	3	6	4	3
脂肪酸酯		5	7	4	5	8
低黏度基础油		10	12	8	10	12
蒸馏水		31	25.8	36.2	31	25.8
消泡剂		0.01	0.01	0.015	0.01	0.01
水性极压润滑剂	氯化脂肪酸	10	8	12	10	8
	烷基醇胺	15	12	17	15	12
	磷酸酯	30	35	25	31	35
	蒸馏水	30	24	34	30	24

制备方法

（1）制备水性极压润滑剂：按质量份将氯化脂肪酸、烷基醇胺和磷酸酯混合后加热至 90～110℃并搅拌反应至透明状态，加入设定质量份的蒸馏水溶解，得到水性极压润滑剂。

（2）按质量份将三乙醇胺和硼酸混合搅拌并加热到 100～120℃，保温 1h 以上，再降温至 60℃以下，然后按质量份依次加入蒸馏水、水性极压润滑剂、二羧酸盐基复合物防锈剂、苯并三氮唑、石油磺酸钠、抗硬水剂、非离子乳化剂、脂肪酸酯、低黏度基础油，搅拌 30min 以上，再加入设定质量份的蒸馏水和消泡剂，继续搅拌至均匀透明。

原料配伍 本品各组分质量份配比范围为：三乙醇胺 3～5，硼酸 1～2，水性极压润滑剂 2.5～5.5，二羧酸盐基复合物防锈剂 5～7，苯并三氮唑 0.2～0.6，石油磺酸钠 2～4，抗硬水剂 0.4～0.6，非离子乳化剂 3～

6，脂肪酸酯 4～8，低黏度基础油 8～12，蒸馏水 25～35 和消泡剂 0.01～0.015。

水性极压润滑剂原料按质量份包括：8～12 份的氯化脂肪酸、12～17 份的烷基醇胺、25～35 份的磷酸酯和烷基醇胺 2 倍的蒸馏水。

非离子乳化剂采用常用的机加工液用的脂肪醇聚氧乙烯醚非离子乳化剂。

二羧酸盐基复合物采用二羧酸三乙醇胺盐基复合物作为机加工液常用的防锈剂。

抗硬水剂可以采用乙二胺四乙酸、乙二胺四乙酸盐中的一种或一种以上的混合物，为机加工液常用组分，也可以包括其他机加工液常用的抗硬水剂。

消泡剂可以采用机加工液常用的乳化硅油和磷酸酯中的一种或二者的混合物，也可以包括其他机加工液常用的消泡剂。

低黏度基础油为低黏度机加工润滑液常用的低黏度基础润滑油，可以是不加氢也可以是加氢基础油 60SN 或 70SN。

产品应用 本品主要用作铜线高速细拉丝润滑液和超细拉丝润滑液。

使用方法：将铜线高速细拉丝和超细拉丝润滑液与水按 1∶(30～50) 稀释使用。

产品特性 本产品采用环保型特殊极压润滑剂替代传统的合成酯，润滑性能、抗腐蚀性能和清洗性能能够长期匹配，颗粒分散状态细小、稳定，使用周期长，从而提供更加稳定细致的润滑效果，用于细铜丝或超细铜丝的加工，克服了缩丝等线径异常现象和断丝现象，拉伸出的铜丝质量稳定：可明显提高产品的清洗能力，解决了铜泥黏附塔轮问题，走线畅通。该润滑液独特的乳化添加剂将润滑和抗腐蚀成分科学分散，从而可提供稳定、细腻的润滑及保护效果。本产品兑水稀释后使用，具有优异的润滑性能、防锈性能及沉降性能，各项指标达到或超过 GB 6144 有关指标，铜片腐蚀为 1A，铸铁防锈单片在 72h 以上，润滑液分散颗粒粒径小于 0.05μm；在用于拉伸直径为 0.5～0.03mm 范围内的铜线时其出线速度超过 2400m/min。生产出的铜丝工序间防锈时间在 3 天以上，集中油池换油周期为 2～3 年，单机油池换油周期为 4～6 个月，减少了废液处理和排放，保护了环境。

铜线高速细拉丝润滑液（1）

原料配比

原料		配比（质量份）
钼酸钠		2
硼酸		2
苯并三氮唑		2
石油磺酸钠		3
聚氧乙烯		2
硅酸钠		1
二叔丁基对甲酚		2
三硼酸钾		3
叔丁基过氧化氢		2
改性氮化铝粉末		3
水		1200
改性氮化铝粉末	茶多酚	0.7
	过硫酸铵	0.8
	马来酸二辛酯	0.2
	钼酸铵	2.5
	吗啉	1.6
	乙基纤维素	2.2
	十二烷基苯磺酸钠	1.8
	硅烷偶联剂 DL602	1.8
	纳米氮化铝	5.0
	纳米二氧化硅	1.2
	羟甲基脲	1.4
	硼酸	1.3
	水	65

制备方法　先将钼酸钠、硅酸钠加入水中，搅拌均匀，再加入聚氧乙烯、三硼酸钾，加热至 45～55℃，搅拌 10～15min 后，滴加叔丁基过氧化氢，搅拌反应 10～20min，再添加其他原料，升温至 70～80℃，500～600r/min 下继续搅拌反应 1～2h 即得成品。

原料配伍 本品各组分质量份配比范围为：钼酸钠 1～2，硼酸 2～3，苯并三氮唑 1～2，石油磺酸钠 2～3，聚氧乙烯 1～2，硅酸钠 1～2，二叔丁基对甲酚 1～2，三硼酸钾 3～4，叔丁基过氧化氢 1～2，改性氮化铝粉末 2～3，水 1200。

改性氮化铝粉末由下列质量份的原料制成：茶多酚 0.5～0.7，过硫酸铵 0.8～1.2，马来酸二辛酯 0.1～0.2，钼酸铵 2.3～2.5，吗啉 1.4～1.6，乙基纤维素 2.1～2.2，十二烷基苯磺酸钠 1.6～1.8，硅烷偶联剂 DL602 1.6～1.8，纳米氮化铝 4.5～5.0，纳米二氧化硅 1.2～1.4，羟甲基脲 1.2～1.4，硼酸 1～1.3，水 60～65。

改性氮化铝粉末的制备方法如下：将茶多酚、钼酸铵溶解于水中，加热至 50～55℃，再加入纳米二氧化硅，搅拌反应 15～20min，然后再加入纳米氮化铝，十二烷基苯磺酸钠，1200～1500r/min 下搅拌 30～45min，然后加入其他剩余原料，升温至 90～95℃，1200～1500r/min 下搅拌反应 10～20min，烘干，磨粉即得成品。

产品应用 本品主要用作铜线高速细拉丝润滑液。

产品特性 本产品具有优异的润滑性能、防锈性能及沉降性能。使用本产品最高拉丝速度可达 16m/s。生产出的铜丝工序间防锈时间在 7 天以上，集中油池换油周期为 3 年，单机油池换油周期为 8 个月，减少了废液处理和排放，保护了环境。

铜线高速细拉丝润滑液（2）

原料配比

原 料	配比（质量份）
机油	10
异丙醇胺	3
太古油	4
石油磺酸钠	2
磷酸三甲酚酯	2
消泡剂 T901	1
丙二醇	8
氨丙基三乙氧基硅烷	3

续表

原　料		配比（质量份）
二甲基硅油		1
三乙醇胺		2
硼酸		1
苯并三氮唑		2
成膜助剂		2
水		125
成膜助剂	苯醌	0.2
	苯乙烯	8
	叔丁基过氧化氢	0.1
	衣康酸酯	4
	硅烷偶联剂 KH-550	1
	1-羟乙基-2-油基咪唑啉	2

制备方法 将二甲基硅油、三乙醇胺、硼酸、苯并三氮唑、石油磺酸钠加入到水中，加热至 90～96℃，加入氨丙基三乙氧基硅烷、丙二醇，搅拌反应 1～2h，然后加入其他物料，继续反应 1～2h 得到成品。

原料配伍 本品各组分质量份配比范围为：机油 10～12，异丙醇胺 2～3，太古油 3～4，石油磺酸钠 2～3，磷酸三甲酚酯 1～2，消泡剂 T901　1～2，丙二醇 5～8，氨丙基三乙氧基硅烷 2～3，二甲基硅油 1～2，三乙醇胺 1～2，硼酸 1～2，苯并三氮唑 1～2，成膜助剂 2～3，水 120～125。

成膜助剂由下列质量份的原料制成：苯醌 0.1～0.2，苯乙烯 6～8，叔丁基过氧化氢 0.1～0.2，衣康酸酯 3～4，硅烷偶联剂 KH-550 1～2，1-羟乙基-2-油基咪唑啉 2～3。制备方法是：将苯乙烯与衣康酸酯混合，搅拌，加入叔丁基过氧化氢、苯醌，搅拌反应 45～60min，然后加入 1-羟乙基-2-油基咪唑啉，搅拌反应，反应温度 70～80℃，反应 30～40min 后，加入硅烷偶联剂 KH-550，搅拌反应 1～2h 即得成品。

产品应用 本品主要用作铜线高速细拉丝润滑液。

产品特性

（1）本产品采用机油为润滑成分，提高润滑效果，提高了铜丝拉丝速度。三乙醇胺、硼酸、苯并三氮唑使得本产品具有较好的缓蚀作用，拉丝的铜丝能长时间保持光亮，不上锈。

（2）本产品具有优良的润滑性能，储存稳定性，成本低，冷却效果好，传热速度快，使用过程中温度升幅小，易清洗，保证了使用环境安全。采用本产品拉制的铜丝线形均匀，表面光亮，不易锈蚀。

（3）使用本产品最高拉丝速度可达 15m/s。生产出的铜丝工序间防锈时间在 5 天以上，集中油池换油周期为 3 年，单机油池换油周期为 8 个月，减少了废液处理和排放，保护了环境。

铜线快速拉拔用拉丝液

原料配比

原　料		配比（质量份）
全氟聚醚油		28
三羟甲基丙烷三油酸酯		15
聚甘油脂肪酸酯		12
单氟磷酸钠		1
微晶纤维素		5
二烷基二硫代磷酸锌		2
聚乙二醇		4
席夫碱		2
聚二甲基硅氧烷		2
助剂		5
去离子水		1000
助剂	油酸异辛酯	12
	膨润土	3
	硬脂酰胺	5
	硅酸钠	0.1
	聚氧化乙烯	0.1
	硅烷偶联剂 KH-550	0.02
	氯化石蜡 42	1
	丙二醇脂肪酸酯	2
	去离子水	15

制备方法

（1）先将去离子水加热至 50～60℃，加入单氟磷酸钠、聚乙二醇，充分搅拌至物料完全溶解，接着加入微晶纤维素，以 2000～2500r/min 的转速快速搅拌 20～25min，水溶液保温备用。

（2）将全氟聚醚油、三羟甲基丙烷三油酸酯混合，加热至 70～80℃，加入聚甘油脂肪酸酯、聚二甲基硅氧烷，混合搅拌 25～30min，随后加入步骤（1）所得物料及其他剩余成分，以 1000～1200r/min 的转速搅拌 40～50min，搅拌结束后静置 2～3h 即得成品。

原料配伍 本品各组分质量份配比范围为：全氟聚醚油 25～30，三羟甲基丙烷三油酸酯 15～18，聚甘油脂肪酸酯 10～12，单氟磷酸钠 1～2，微晶纤维素 4～5，二烷基二硫代磷酸锌 2～3，聚乙二醇 2～4，席夫碱 1～2，聚二甲基硅氧烷 2～3，助剂 4～5，去离子水 800～1000。

助剂由以下质量份的原料制成：油酸异辛酯 10～12，膨润土 2～3，硬脂酰胺 4～5，硅酸钠 0.05～0.1，聚氧化乙烯 0.1～0.2，硅烷偶联剂 KH-550 0.01～0.02，氯化石蜡 42 1～2，丙二醇脂肪酸酯 1～2，去离子水 12～15。制备方法为：先将膨润土在 600～650℃下高温煅烧 2～3h，冷却后研磨成 300 目粉体，粉体与硅烷偶联剂 KH-550 混合，球磨 10～15min 后，与硅酸钠、聚氧化乙烯一起加入去离子水中，以 500～600r/min 的转速搅拌 20～30min，随后对溶液进行喷雾干燥，得到的粉体与其他剩余物料混合，加热至 40～50℃，继续搅拌 40～50min，搅拌结束冷却至室温即得浆料。

质量指标

项　目	指标
运动黏度（50℃）	≤100mm²/s
凝点	≤-5℃
pH 值	7.2
乳化液腐蚀性［(55±2)℃，全浸铜片 1h］	合格
乳化液稳定性（15～35℃，1h）	无分层，无沉淀，无皂、油析出
消泡性［(55±2)℃，5min］	≤4mL

产品应用 本品主要用作铜线快速拉拔用拉丝液。

产品特性 本产品以全氟聚醚油、三羟甲基丙烷三油酸酯混合物作为基础油，这类基础油闪点高，抗燃性好，在高速以及高温的环境中仍能保持良好的润滑性能和氧化安定性，减少模具的损耗。此外，在配方中添加的单氟磷酸钠、二烷基二硫代磷酸锌、席夫碱等原料增进了拉丝液的抗菌、防锈能力，微晶纤维素则能促进拉丝液的润滑性和流动性，更好地保护线材和模具，使用本产品得到的线材表面光洁完整，不易氧化发黑，断线少。本产品在常温下可储存至少 1 年以上，换液周期延长至 10 个月以上，拉丝时不易断线，线材表面光洁无垢。

微乳半合成铜拉丝液（1）

原料配比

<table>
<tr><th colspan="2">原　料</th><th>配比（质量份）</th></tr>
<tr><td colspan="2">SN150 基础油</td><td>14</td></tr>
<tr><td colspan="2">乌洛托品</td><td>2</td></tr>
<tr><td colspan="2">二甲基硅油</td><td>4</td></tr>
<tr><td colspan="2">石油磺酸钠</td><td>3</td></tr>
<tr><td colspan="2">柠檬酸</td><td>2</td></tr>
<tr><td colspan="2">甲基苯并三氮唑</td><td>1.5</td></tr>
<tr><td colspan="2">亚磷酸二正丁酯</td><td>3</td></tr>
<tr><td colspan="2">平平加 O</td><td>1</td></tr>
<tr><td colspan="2">叔丁基过氧化氢</td><td>2</td></tr>
<tr><td colspan="2">改性氮化铝粉末</td><td>3</td></tr>
<tr><td colspan="2">水</td><td>1000</td></tr>
<tr><td rowspan="9">改性氮化铝粉末</td><td>茶多酚</td><td>0.3</td></tr>
<tr><td>柠檬酸三丁酯</td><td>0.4</td></tr>
<tr><td>过硫酸铵</td><td>1.2</td></tr>
<tr><td>三聚磷酸钠</td><td>0.2</td></tr>
<tr><td>羟丙基纤维素</td><td>2.3</td></tr>
<tr><td>十二烷基苯磺酸钠</td><td>1.2</td></tr>
<tr><td>硅烷偶联剂 KH-560</td><td>1.5</td></tr>
<tr><td>钼酸铵</td><td>2.5</td></tr>
<tr><td>吗啉</td><td>1.6</td></tr>
</table>

续表

原　料		配比（质量份）
改性氮化铝粉末	纳米氮化铝	5.0
	纳米二氧化硅	1.4
	羟甲基脲	1.4
	氢氧化镁	0.8
	水	65

制备方法 先将 SN150 基础、二甲基硅油加入水中，加热至 60～75℃，100～200r/min 下搅拌反应 10～20min，然后再加入乌洛托品、柠檬酸，200～300r/min 下搅拌 20～25min 后，再添加其他剩余原料，升温至 50～60℃，300～500r/min 下继续搅拌反应 1～2h 即得成品。

原料配伍 本品各组分质量份配比范围为：SN150 基础油 12～14，乌洛托品 1～2，二甲基硅油 3～4，石油磺酸钠 2～3，柠檬酸 1～2，甲基苯并三氮唑 1.2～1.5，亚磷酸二正丁酯 2～3，平平加 O1～2，叔丁基过氧化氢 1～2，改性氮化铝粉末 2～3，水 1000。

改性氮化铝粉末由下列质量份的原料制成：茶多酚 0.3～0.5，柠檬酸三丁酯 0.2～0.4，过硫酸铵 0.8～1.2，三聚磷酸钠 0.1～0.2，羟丙基纤维素 2.3～2.5，十二烷基苯磺酸钠 1.0～1.2，硅烷偶联剂 KH-560 1.2～1.5，钼酸铵 2.3～2.5，吗啉 1.4～1.6，纳米氮化铝 4.5～5.0，纳米二氧化硅 1.2～1.4，羟甲基脲 1.0～1.5，氢氧化镁 0.8～1.2，水 60～65。

改性氮化铝粉末的制备方法如下：将羟丙基纤维素、茶多酚加入适量水中，加热至 60～65℃，再加入过硫酸铵，搅拌反应 15～20min，然后再加入纳米二氧化硅，55～60℃下搅拌 30～40min，然后加入其他剩余原料，搅拌 20～30min，烘干，磨粉后即得成品。

产品应用 本品是一种微乳半合成铜拉丝液。

产品特性 采用本产品加工的铜具有表面光亮，模具使用寿命长，环保无油雾，具有成膜性能好，润滑效果佳，稳定性高，传热速度快，冷却效果好，易清洗的特点。使用本产品最高拉丝速度可达 18m/s。生产出的铜丝工序间防锈时间在 5 天以上，集中油池换油周期为 4 年，单机油池换油周期为 10 个月，减少了废液处理和排放，保护了环境。

微乳半合成铜拉丝液（2）

原料配比

原料	配比（质量份）		
	1#	2#	3#
基础油	25	20	15
石油磺酸钠	20	23	26
蓖麻油钾皂	6	8	12
单乙醇胺	1	1	1
三乙醇胺	5	5	5
水溶性润滑剂	10	15	18
铜缓蚀剂	0.3	0.3	0.3
消泡剂	0.1	0.1	0.1
去离子水	30.6	25.6	20.6

制备方法

（1）在 40～60℃下，将蓖麻油钾皂与石油磺酸钠按比例复合制作复合乳化剂。

（2）把基础油和复合乳化剂混合搅拌至均匀透明状态，再加入 pH 值调节剂、去离子水，搅拌至均匀透明为止。

（3）再依次加入水溶性润滑剂、铜缓蚀剂搅拌至均匀透明。

（4）加入消泡剂，搅拌至均匀透明。

原料配伍 本品各组分质量份配比范围为：基础油 10～30，复合乳化剂 25～50，pH 值调节剂 5～20，铜缓蚀剂 0.3～1，水溶性润滑剂 10～20，消泡剂 0.05～0.15，去离子水加至 100。

基础油为石蜡基矿物油，其 40℃时的黏度为 10～22mm^2/s，黏度指数为 80～105。

复合乳化剂为蓖麻油钾皂与石油磺酸钠在特定的工艺下复合而成。

pH 值调节剂为混合醇胺，即单乙醇胺、三乙醇胺、异丙醇胺、三异丙醇胺中的两种或者两种以上的混合物。

铜缓蚀剂为甲基苯并三氮唑。

水溶性润滑剂为聚醚类，聚醚为环氧乙烷、环氧丙烷的反式嵌段共聚物。

消泡剂为硅酮类的一种或几种。

产品应用 本品主要用于铜拉丝的金属加工，还能够进行不锈钢金属的拉丝。它具有优秀的润滑性和消泡性能，能够满足铜丝粗糙度和保护工厂环境的要求。

产品特性 本产品采用复合乳化剂与基础油形成微乳液，微乳液再与水溶性润滑剂复合，形成了一种对铜拉丝加工具有优异的润滑性能的微乳半合成铜拉丝液。采用该产品加工的铜具有表面光亮、模具使用寿命长、较之使用拉丝油润滑，本品具有更好的冷却性，防止刀具与工件烧结，更好的工作环境，无油雾，维护工作人员健康等方面的优点。因此，使用本产品减轻了加工油带来的操作环境污染，同时有效降低了加工成本。

微乳半合成铜拉丝液（3）

原料配比

原　料		配比（质量份）
大豆油		20
二叔丁基对甲酚		2
三硼酸钾		3
苯并三氮唑		2
丁基萘磺酸钠		2
成膜助剂		3
烯基丁二酸		1
硅烷偶联剂 KH-550		4
水		120
成膜助剂	苯醌	0.2
	苯乙烯	8
	叔丁基过氧化氢	0.1
	衣康酸酯	3
	硅烷偶联剂 KH-550	2
	1-羟乙基-2-油基咪唑啉	3

制备方法 将三硼酸钾、苯并三氮唑、丁基萘磺酸钠加入水中，加热

至 90～98℃，再加入硅烷偶联剂 KH-550、成膜助剂，搅拌反应 1～2h，再加入其他剩余物料，继续搅拌反应 2～3h 即得成品。

原料配伍　本品各组分质量份配比范围为：大豆油 20～25，二叔丁基对甲酚 1～2，三硼酸钾 3～4，苯并三氮唑 1～2，丁基萘磺酸钠 2～3，成膜助剂 2～3，烯基丁二酸 1～2，硅烷偶联剂 KH-550 3～4，水 100～120。

成膜助剂由下列质量份的原料制成：苯醌 0.1～0.2，苯乙烯 6～8，叔丁基过氧化氢 0.1～0.2，衣康酸酯 3～4，硅烷偶联剂 KH-550 1～2，1-羟乙基-2-油基咪唑啉 2～3。制备方法是：将苯乙烯与衣康酸酯混合，搅拌，加入叔丁基过氧化氢、苯醌，搅拌反应 45～60min，然后加入 1-羟乙基-2-油基咪唑啉，搅拌反应，反应温度为 70～80℃，反应 30～40min 后，加入硅烷偶联剂 KH-550，搅拌反应 1～2h 即得成品。

产品应用　本品是一种微乳半合成铜拉丝液组合物。

产品特性

（1）本产品采用大豆油为润滑成分，对环境友好，减少了拉丝环境对工人健康的危害。硅烷偶联剂 KH-550 增强了拉丝液的成膜效果，提高了拉丝速度，有利于缓蚀成分成膜，延长了防锈蚀的时间。

（2）本产品具有优良的润滑性能、储存稳定性，成本低，冷却效果好，传热速度快，使用过程中温度升幅小，不易燃，易清洗，保证了使用环境安全。采用本产品拉制的铜丝线形均匀，表面光亮，不易锈蚀。

（3）使用本产品最高拉丝速度可达 16m/s。生产出的铜丝工序间防锈时间在 5 天以上，集中油池换油周期为 3 年，单机油池换油周期为 8 个月，减少了废液处理和排放，保护了环境。

微乳化铜拉丝液

原料配比

原　　料	配比（质量份）
矿物油	15
石油磺酸钠	2
油酸	1
聚乙烯醇	6

续表

原　　料		配比（质量份）
硅烷偶联剂 KH-550		1
苯并三氮唑		1
三乙醇胺		1
硬脂酸		1
四硼酸钾		1
抗磨剂		10
水		1000
抗磨剂	抗坏血酸	0.3
	聚乙烯醇	2.3
	吗啉	1.4
	硫酸锌	0.3
	吐温 80	1.0
	硅烷偶联剂 KH-550	1.2
	纳米氮化铝	4.5
	羟甲基脲	2.0
	水	60

制备方法 将矿物油、石油磺酸钠、油酸加入水中，加热至 65～70℃；再加入聚乙烯醇、三乙醇胺，搅拌反应 30～45min；最后加入抗磨剂及其他剩余成分，800～1000r/min 下搅拌反应 60～90min 即得成品。

原料配伍 本品各组分质量份配比范围为：矿物油 15～18，石油磺酸钠 2～3，油酸 1～2，聚乙烯醇 6～8，硅烷偶联剂 KH-550 1～2，苯并三氮唑 1～2，三乙醇胺 1～2，硬脂酸 1～2，四硼酸钾 1～2，抗磨剂 10～14，水 1000。

抗磨剂由下列质量份的原料制成：抗坏血酸 0.3～0.5，聚乙烯醇 2.3～2.5，吗啉 1.4～1.6，硫酸锌 0.3～0.5，吐温 80 1.0～1.2，硅烷偶联剂 KH-550 1.2～1.5，纳米氮化铝 4.5～5.0，羟甲基脲 2.0～2.3，水 60～65。制备方法是：将聚乙烯醇、纳米氮化铝加入到水中，加热至 70～80℃，搅拌 10～15min，然后再加入其他剩余成分，搅拌 30～45min

即得成品。

产品应用　本品是一种微乳化铜拉丝液。

产品特性　本产品抗磨剂添加纳米氮化铝粉末起到促进散热的作用，增强了成膜性，延长了拉丝模的使用寿命。本产品具有优异的润滑性能，在较低的浓度下即能满足客户光亮度和尺寸精度的要求。本产品具备极佳的成膜性，热稳定性，防腐蚀性，冷却效果，同时该产品没有刺激性气味，对人体无害，加工之后也易于除去，保证了铜拉丝操作环境的清洁。使用本产品最高拉丝速度可达 19m/s。生产出的铜丝工序间防锈时间在 5 天以上；集中油池换油周期为 3 年，单机油池换油周期为 8 个月，减少了废液处理和排放，保护了环境。

性能优异的不锈钢拉丝液

原料配比

<table>
<tr><th colspan="2">原　　料</th><th>配比（质量份）</th></tr>
<tr><td colspan="2">聚α-烯烃</td><td>1</td></tr>
<tr><td colspan="2">硫代硫酸钠</td><td>2.4</td></tr>
<tr><td colspan="2">菜籽油</td><td>7</td></tr>
<tr><td colspan="2">硅烷偶联剂 KH-550</td><td>1</td></tr>
<tr><td colspan="2">滑石粉</td><td>5</td></tr>
<tr><td colspan="2">钼酸钠</td><td>1</td></tr>
<tr><td colspan="2">十二烷基聚氧乙烯醚</td><td>3</td></tr>
<tr><td colspan="2">水溶性磷酸酯</td><td>2.5</td></tr>
<tr><td colspan="2">琥珀酸二异辛酯磺酸钠</td><td>3.5</td></tr>
<tr><td colspan="2">氨水</td><td>2</td></tr>
<tr><td colspan="2">咪唑</td><td>2</td></tr>
<tr><td colspan="2">助剂</td><td>5</td></tr>
<tr><td colspan="2">去离子水</td><td>900</td></tr>
<tr><td>助剂</td><td>石墨粒</td><td>2</td></tr>
</table>

续表

原料		配比（质量份）
助剂	纳米硅藻土	2.5
	双酚A二甲基丙烯酸酯	1
	硫化棉籽油	2
	十二碳醇酯	2
	苯胺甲基三乙氧基硅烷	1
	柴胡油	1
	拉开粉	3
	去离子水	90

制备方法

（1）将菜籽油、滑石粉、十二烷基聚氧乙烯醚混合均匀，加入适量的去离子水，加热至30～35℃，搅拌30～40min，得到混合A料。

（2）将除助剂之外的剩余成分加入到反应釜中，搅拌混合均匀，缓慢加热至55～65℃，保温1～1.5h，得到混合B料。

（3）将保温的混合B料边搅拌边缓慢加入到混合A料中，充分搅拌后加入助剂，600～800r/min下搅拌反应60～80min，冷却至室温即得成品。

原料配伍 本品各组分质量份配比范围为：聚α-烯烃1～2，硫代硫酸钠2. 4～3，菜籽油7～9，硅烷偶联剂KH-550 1～2，滑石粉5～7，钼酸钠1～2，十二烷基聚氧乙烯醚3～5，水溶性磷酸酯2.5～3.5，琥珀酸二异辛酯磺酸钠3.5～4，氨水2～4，咪唑2～3，助剂5～7，去离子水900～950。

助剂由以下质量份的原料制成：石墨粒2～4，纳米硅藻土2.5～3.5，双酚A二甲基丙烯酸酯1～2，硫化棉籽油2～2.5，十二碳醇酯2～3，苯胺甲基三乙氧基硅烷1～1.5，柴胡油1～2，拉开粉3～4，去离子水90～94。制备方法是：首先将石墨粒、纳米硅藻土、柴胡油、拉开粉加入一半量的去离子水中，研磨1～2h，然后缓慢加入其他剩余成分，缓慢加热至70～80℃，在300～500r/min条件下搅拌反应30～50min，冷却至室温即得成品。

产品应用 本品是一种性能优异的不锈钢拉丝液。

产品特性 本产品配方合理，不仅具有良好润滑效果的油性物质，而且添加磨料以及表面活性剂，不仅能够在金属表面形成一层保护膜，而且具有良好的清洗性，加工之后也易于除去，保证了拉丝操作环境的清洁，添加助剂，增强了抗磨、分散、润滑、成膜性。采用本产品拉制的不锈钢丝线形均匀，表面光亮，不易锈蚀。使用本产品最高拉丝速度可达 18m/s。集中油池换油周期为 3 年，单机油池换油周期为 8 个月，减少了废液处理和排放，保护了环境。

硬质合金用长效拉丝液

原料配比

原料		配比（质量份）
环烷油		25～28
钛酸四丁酯		4～5
季戊四醇油酸酯		15～20
葡萄糖酸钠		1～2
聚乙二醇 6000 双硬脂酸酯		10～12
脂肪醇聚氧乙烯醚硫酸钠		5～6
二溴二甲基乙内酰脲		1～2
植酸		1～2
助剂		4～5
去离子水		800～1000
助剂	环氧大豆油	12
	叶蜡石	3
	聚异丁烯基丁二酰亚胺	4
	三聚磷酸钠	0.05
	聚丙烯酸钠	0.1
	硅烷偶联剂 KH-550	0.02
	氯化石蜡 42	2
	聚甘油脂肪酸酯	2
	去离子水	15

制备方法

（1）先将去离子水加热至50～60℃，加入葡萄糖酸钠、二溴二甲基乙内酰脲、植酸，充分搅拌至物料完全溶解分散，再加入聚乙二醇6000双硬脂酸酯、脂肪醇聚氧乙烯醚硫酸钠，继续搅拌20～30min，混合溶液保温备用。

（2）将环烷油、季戊四醇油酸酯混合加热至50～60℃，加入钛酸四丁酯，以1200～1500r/min的转速搅拌20～30min，然后继续一边搅拌，一边缓慢加入步骤（1）所得物料，搅拌40～50min，最后再加入其他剩余物料，搅拌20～30min，搅拌结束后溶液静置2～3h即得成品。

原料配伍 本品各组分质量份配比范围为：环烷油25～28，钛酸四丁酯4～5，季戊四醇油酸酯15～20，葡萄糖酸钠1～2，聚乙二醇6000双硬脂酸酯10～12，脂肪醇聚氧乙烯醚硫酸钠5～6，二溴二甲基乙内酰脲1～2，植酸1～2，助剂4～5，去离子水800～1000。

助剂由以下质量份的原料制成：环氧大豆油12～15，叶蜡石2～3，聚异丁烯基丁二酰亚胺 3～4，三聚磷酸钠 0.02～0.05，聚丙烯酸钠0.1～0.2，硅烷偶联剂KH-550 0.01～0.02，氯化石蜡42 1～2，聚甘油脂肪酸酯1～2，去离子水12～15。制备方法为：先将叶蜡石在750～800℃下高温煅烧2～3h，冷却后研磨成300目粉体，粉体与硅烷偶联剂KH-550混合，球磨10～15min后，与三聚磷酸钠，聚丙烯酸钠一起加入去离子水中，以500～600r/min的转速搅拌20～30min，随后对溶液进行喷雾干燥，得到的粉体与其他剩余物料混合，加热至40～50℃，继续搅拌40～50min，搅拌结束冷却至室温即得浆料。

质量指标

项　目	指标
运动黏度（50℃）	≤100mm²/s
凝点	≤-5℃
pH值	8.8
乳化液腐蚀性［(55±2)℃，全浸铜片1h］	合格
乳化液稳定性（15～35℃，1h）	无分层，无沉淀，无皂、油析出
消泡性［(55±2)℃，5min］	≤4mL

产品应用 本品主要用作硬质合金用长效拉丝液。

产品特性 本产品以环烷油、季戊四醇油酸酯混合物作为基础油，热稳定性好，高温润滑性能优良，添加的植酸、葡萄糖酸钠等原料具有螯合、缓蚀、防锈、抗菌等功能，有效地保护合金线材表面，提高清净力，延长拉丝液储存寿命，再结合聚乙二醇 6000 双硬脂酸酯、钛酸四丁酯等原料，使得本产品的抗极压性得到提高，润滑性能更为优良，能够降低硬质合金在拉丝过程中的摩擦力，减少模具及线材的损耗，提高了拉丝效率。本产品在常温下可储存至少 18 个月以上，换液周期延长至 12 个月以上，拉丝时不易断线，线材表面光洁无划痕，塔轮走线通畅。

有色金属用水基拉丝液

原料配比

原　料		配比（质量份）
向日葵油		20
季戊四醇油酸酯		28
肉豆蔻酸异丙酯		8
凹凸棒土		2
六偏磷酸钠		3
重烷基苯磺酸锂		1
二烷基二硫代磷酸氧钼		4
聚氧乙烯聚氧丙烯单丁基醚		3
月桂醇聚氧乙烯醚琥珀酸单酯		8
助剂		5
去离子水		1000
助剂	环氧大豆油	12
	叶蜡石	3
	聚异丁烯基丁二酰亚胺	4
	三聚磷酸钠	0.05
	聚丙烯酸钠	0.1
	硅烷偶联剂 KH-550	0.02
	氯化石蜡 42	2
	聚甘油脂肪酸酯	2
	去离子水	15

制备方法

（1）先将凹凸棒土与重烷基苯磺酸锂、二烷基二硫代磷酸氧钼混合，搅拌均匀后球磨 20～30min，得到的混合粉体与六偏磷酸钠、月桂醇聚氧乙烯醚琥珀酸单酯一起加入加热至 50～60℃的去离子水中，搅拌 20～30min 后再超声分散 40～50min，使混合物料完全溶解分散，溶液备用。

（2）将向日葵油、季戊四醇油酸酯混合加热至 50～60℃，加入肉豆蔻酸异丙酯，以 1200～1500r/min 的转速搅拌 20～30min，随后一边缓慢加入步骤（1）所得物料，一边继续搅拌 40～50min，最后再加入其他剩余物料，搅拌 20～30min，搅拌结束后静置 2～3h 即得成品。

原料配伍 本品各组分质量份配比范围为：向日葵油 18～20，季戊四醇油酸酯 25～28，肉豆蔻酸异丙酯 5～8，凹凸棒土 2～3，六偏磷酸钠 2～3，重烷基苯磺酸锂 1～2，二烷基二硫代磷酸氧钼 2～4，聚氧乙烯聚氧丙烯单丁基醚 2～3，月桂醇聚氧乙烯醚琥珀酸单酯 6～8，助剂 4～5，去离子水 800～1000。

助剂由以下质量份的原料制成：环氧大豆油 12～15，叶蜡石 2～3，聚异丁烯基丁二酰亚胺 3～4，三聚磷酸钠 0.02～0.05，聚丙烯酸钠 0.1～0.2，硅烷偶联剂 KH-550 0.01～0.02，氯化石蜡 42 1～2，聚甘油脂肪酸酯 1～2，去离子水 12～15。制备方法为：先将叶蜡石在 750～800℃下高温煅烧 2～3h，冷却后研磨成 300 目粉体，粉体与硅烷偶联剂 KH-550 混合，球磨 10～15min 后，与三聚磷酸钠，聚丙烯酸钠一起加入去离子水中，以 500～600r/min 的转速搅拌 20～30min，随后对溶液进行喷雾干燥，得到的粉体与其他剩余物料混合，加热至 40～50℃，继续搅拌 40～50min，搅拌结束冷却至室温即得浆料。

质量指标

项　　目	指标
运动黏度（50℃）	≤100mm^2/s
凝点	≤-5℃
pH 值	8.0
乳化液腐蚀性［(55±2）℃，全浸铜片 1h］	合格
乳化液稳定性（15～35℃，1h）	无分层，无沉淀，无皂、油析出
消泡性［(55±2）℃，5min］	≤4mL

产品应用 本品主要用作有色金属用水基拉丝液。

产品特性 为了降低拉丝过程中金属线材与模具的摩擦系数，本产品用凹凸棒土负载缓蚀剂重烷基苯磺酸锂以及油性剂二烷基二硫代磷酸氧钼，凹凸棒土独特的层链状结构特征赋予其良好的吸附性能以及良好的可塑性及黏结性，能将负载的有机物与金属表面良好接触，改善拉丝液的极压抗磨性，延缓金属表面氧化。本产品拉丝液以向日葵油、季戊四醇油酸酯混合物作为基础油，具有优良的耐热氧化安定性，再配以其他类添加剂，使得本产品拉丝液具备优良的润滑性能，拉丝过程中不易断线、缩线，有色金属表面光亮不变色，拉丝效率高。本产品在常温下可储存至少 18 个月以上，换液周期延长至 10 个月以上，拉丝时不易断线，线材表面光洁不变色，且无划痕，塔轮走线通畅。

黏度可控的环保高效拉丝液

原料配比

原　料		配比（质量份）
棕榈油		25
三油酸甘油酯		15
硬脂酸锌		2
油酸三乙醇酸酯		3
聚异丁烯		1
吐温 80		8
膨润土		2
聚二甲基硅氧烷		1
助剂		5
去离子水		1000
助剂	油酸异辛酯	12
	膨润土	3
	硬脂酰胺	5
	硅酸钠	0.1
	聚氧化乙烯	0.1
	硅烷偶联剂 KH-550	0.02

续表

原料		配比（质量份）
助剂	氯化石蜡 42	1
	丙二醇脂肪酸酯	2
	去离子水	15

制备方法

（1）先将去离子水加热至 50～60℃，加入吐温 80，充分搅拌至其完全溶解，随后再加入膨润土，搅拌至其完全分散均匀，溶液保温备用。

（2）将棕榈油、三油酸甘油酯混合，加热至 50～60℃，加入聚异丁烯，以 1200～1500r/min 的转速搅拌 20～30min，随后再加入硬脂酸锌、油酸三乙醇酸酯，继续搅拌 25～30min，最后加入步骤（1）所得物料及其他剩余成分，搅拌 40～50min 后静置 2～3h 即得成品。

原料配伍 本品各组分质量份配比范围为：棕榈油 20～25，三油酸甘油酯 15～18，硬脂酸锌 1～2，油酸三乙醇酸酯 2～3，聚异丁烯 1～2，吐温 80 6～8，膨润土 1～2，聚二甲基硅氧烷 1～2，助剂 4～5，去离子水 800～1000。

所述的助剂由以下质量份的原料制成：油酸异辛酯 10～12，膨润土 2～3，硬脂酰胺 4～5，硅酸钠 0.05～0.1，聚氧化乙烯 0.1～0.2，硅烷偶联剂 KH-550 0.01～0.02，氯化石蜡 42　1～2，丙二醇脂肪酸酯 1～2，去离子水 12～15。制备方法为：先将膨润土在 600～650℃下高温煅烧 2～3h，冷却后研磨成 300 目粉体，粉体与硅烷偶联剂 KH-550 混合，球磨 10～15min 后，与硅酸钠、聚氧化乙烯一起加入去离子水中，以 500～600r/min 的转速搅拌 20～30min，随后对溶液进行喷雾干燥，得到的粉体与其他剩余物料混合，加热至 40～50℃，继续搅拌 40～50min，搅拌结束冷却至室温即得浆料。

质量指标

项目	指标
运动黏度（50℃）	≤100mm²/s
凝点	≤-5℃
pH 值	8.0
乳化液腐蚀性［(55±2)℃，全浸铜片 1h］	合格
乳化液稳定性（15～35℃，1h）	无分层，无沉淀，无皂、油析出
消泡性［(55±2)℃，5min］	≤2mL

产品应用 本品是一种黏度可控的环保高效拉丝液。

产品特性 由于拉丝过程温度变化范围大，拉丝液的黏度会随着温度的改变而变化，温度低时黏度增加，致使塔轮易绞线，清洗性差，润滑性能降低；温度过高时，黏度降低，拉丝液与金属表面不易成膜，润滑性能也随之降低，导致线材出线温度高，影响模具的使用寿命和产品质量，因此保持适当的黏度是保持润滑性和发挥抗磨性能的关键，本产品以棕榈油和三油酸甘油酯混合物作为基础油，同时添加了聚异丁烯、膨润土等原料，能够有效地调节拉丝液黏度，使其在较宽的温度范围内仍能保持合适的黏度，从而保证了拉丝质量，再结合其他原料，使得本产品乳化性能稳定，不易起泡，能长时间储存，高温下润滑性能优良，拉丝质量高，线材光洁耐腐蚀。本产品在常温下可储存至少 1 年以上，换液周期延长至 10 个月以上，拉丝时不易断线，线材表面光洁无垢，塔轮走线通畅。

长效半乳化铜拉丝液

原料配比

原　料	配比（质量份）
环氧大豆油	20
偏苯三酸酯	25
普鲁兰多糖	2
聚氧乙烯聚氧丙烯聚戊四醇醚	2
吐温 80	5
单甘酯	3
丁基羟基茴香醚	3
二硫化钼	0.5
异噻唑啉酮	2
助剂	5
去离子水	100

续表

原　料		配比（质量份）
助剂	油酸异辛酯	12
	膨润土	3
	硬脂酰胺	5
	硅酸钠	0.1
	聚氧化乙烯	0.1
	硅烷偶联剂 KH-550	0.02
	氯化石蜡 42	1
	丙二醇脂肪酸酯	2
	去离子水	15

制备方法

（1）先将去离子水加热至 50～60℃，加入普鲁兰多糖、吐温 80、单甘酯，搅拌至其完全溶解分散，随后加入二硫化钼，充分搅拌至其完全分散，混合液保温备用。

（2）将环氧大豆油、偏苯三酸酯混合，加热至 50～60℃，加入聚氧乙烯聚氧丙烯聚戊四醇醚、丁基羟基茴香醚，混合搅拌 20～30min，再加入步骤（1）所得的物料及其他剩余物料，搅拌 40～50min，搅拌结束后，静置 2～3h 即得成品。

原料配伍　本品各组分质量份配比范围为：环氧大豆油 18～20，偏苯三酸酯 20～25，普鲁兰多糖 1～2，聚氧乙烯聚氧丙烯聚戊四醇醚 1～2，吐温 80 4～5，单甘酯 3～5，丁基羟基茴香醚 2～3，二硫化钼 0.5～1，异噻唑啉酮 1～2，助剂 4～5，去离子水 800～1000。

助剂由以下质量份的原料制成：油酸异辛酯 10～12，膨润土 2～3，硬脂酰胺 4～5，硅酸钠 0.05～0.1，聚氧化乙烯 0.1～0.2，硅烷偶联剂 KH-550　0.01～0.02，氯化石蜡 42　1～2，丙二醇脂肪酸酯 1～2，去离子水 12～15。制备方法为：先将膨润土在 600～650℃下高温煅烧 2～3h，冷却后研磨成 300 目粉体，粉体与硅烷偶联剂 KH-550 混合，球磨 10～15min 后，与硅酸钠、聚氧化乙烯一起加入去离子水中，以 500～600r/min 的转速搅拌 20～30min，随后对溶液进行喷雾干燥，得到的粉体与其他剩余物料混合，加热至 40～50℃，继续搅拌 40～50min，搅拌结束冷却至室温即得浆料。

质量指标

项　　目	指标
运动黏度（50℃）	≤100mm²/s
凝点	≤-5℃
pH 值	7.6
乳化液腐蚀性［(55±2)℃，全浸铜片 1h］	合格
乳化液稳定性（15～35℃，1h）	无分层，无沉淀，无皂、油析出
消泡性［(55±2)℃，5min］	≤4mL

产品应用 本品是一种长效半乳化铜拉丝液。

产品特性 本产品以环氧大豆油与偏苯三酸酯混合物作为基础油，这类基础油综合了合成酯类油与植物油脂的优点，具有优良的耐高温低温特性，不易挥发，低毒无害，同时为了改善乳化液的氧化安定性，延长使用寿命，在配方中添加了吐温 80、单甘酯以及异噻唑啉酮等添加剂，有效地增进了乳化液的氧化安定性，在储存及使用过程中不易出现析油、破乳以及酸败等现象，普鲁兰多糖具有一定的成膜性，能提高拉丝液与金属表面的附着性，从而降低摩擦系数，保护线材和模具；本产品环保高效，润滑性能优良，使用寿命长。本产品在常温下可储存至少 1.5 年以上，换液周期延长至 10 个月以上，拉丝时不易断线，线材表面光洁无垢。

2 拉拔液

不锈钢管拉拔润滑乳化油

原料配比

原料	配比（质量份）	
	1#	2#
氯化石蜡	5～15	10
2,6-二叔丁基对甲酚（T501）	1～5	3
二烷基二硫代磷酸锌（T202）	1～5	3
聚正丁基乙烯基醚（T601）	1～10	5
油酸	1～12	6
三乙醇胺	1～12	8
环烷酸铅	1～8	5
邻苯二甲酸二丁酯	1～6	4
LN46 机械油	1～26	12
变压器油	加至 100	加至 100

制备方法 将计算称量的 LN46 机械油、变压器油依次加入到反应釜中，加热到 40～50℃，开动搅拌器，然后将计算称量的氯化石蜡、油

酸、三乙醇胺、环烷酸铅、邻苯二甲酸丁酯、2,6-二叔丁基对甲酚、二烷基二硫代磷酸锌及聚正丁基乙烯基醚依次徐徐加入到反应釜中，每加一种原料都要单独搅拌 10～30min，当全部原料加入完毕后继续搅拌 2h，放料包装。

原料配伍 本品各组分质量份配比范围为：氯化石蜡 5～15，2,6-二叔丁基对甲酚 1～5，二烷基二硫代磷酸锌 1～5，聚正丁基乙烯基醚 1～10，油酸 1～12，三乙醇胺 1～12，环烷酸铅 1～8，邻苯二甲酸二丁酯 1～6，LN46 机械油 1～26，变压油加至 100。

产品应用 本品主要用作不锈钢管拉拔润滑乳化油。它是一种可防止拉拔金属管局部过热断管、氧化变色并可保证成品表面粗糙度、光亮度的不锈钢管拉拔润滑乳化油。

使用时，加水将本产品稀释，配制成浓度为 10%的乳化液，应用于不锈钢管拉拔，直至将毛坯材质拉拔至所需直径，无断管现象，表面粗糙度、光亮度符合国家标准要求。

产品特性

（1）本产品是以运动黏度、润滑性能、极压性能、冷却性能以及稳定性等为性能指标，采用三乙醇胺作为乳化剂，润滑、极压组合则采用具有较大吸收残留酸的耐酸化合物等。

（2）润滑膜的化学吸附及物理吸附性好，在拉拔金属管和模具之间形成均匀连续、完整的液体介质膜，表面所形成的润滑膜吸附牢固，不易在挤压拉伸过程中被挤掉，使拉拔金属管与模具之间具有很好的润滑性，保证拉拔金属管表面具有符合标准的粗糙度、光亮度，同时减少了对模具的磨损，延长了模具的使用寿命。

（3）具有很好的冷却效果，即可防止由于局部过热导致拉拔金属管与模具钢芯的烧结、熔粘或抓结而引起断管的质量问题，同时又可提高每次减径率及径向拉拔增长率，使生产效率得以提高。

（4）乳化性能稳定，即使是用硬质水稀释，对润滑冷却乳化剂的稳定性也没有任何影响。

（5）本产品是棕黄色透明均匀油状物，添加有杀菌剂，不易变质，使用 6 个月时间，无毒、无害、无恶臭气味，利于环保，不会影响操作人员的身体健康。

（6）易于从拉拔后的金属管表面上除掉，对拉拔管后道工序（热处理和退火）质量无任何不良影响。

超微细铜丝拉制用防锈乳化油

原料配比

原　　料	配比（质量份）
5#白矿油	525
菜籽油	105
太古油	105
活性物 35%～40%的石油磺酸钠	126
OP-10	96
苯并三氮唑	2
水	160

制备方法　将 5 号白矿油、菜籽油、太古油、活性物 35%～40%的石油磺酸钠、OP-10、苯并三氮唑依次加入转速 1800～2000r/min 的高剪切乳化机中搅拌均匀，然后加入水，继续搅拌 40min 左右，直到原液由浑浊变透明即配制为超微细铜丝拉制用防锈乳化油原液。

原料配伍　本品各组分质量份配比范围为：5#白矿油 450～550，菜籽油 60～110，太古油 60～110，石油磺酸钠 100～140，OP-10　80～120，苯并三氮唑 2～6，清水 120～160。

质量指标

项　　目	试验结果
5%乳化液 pH 值（酸度计检测）	8.2
含脂量/%	78
乳化性	乳化良好，无油水分离
5%乳化液腐蚀性（55℃±2℃，全浸 T3 铜片）	1 级

产品应用　本品主要用作超微细铜丝拉制用防锈乳化油。原液按 1∶(15～20)稀释后即得可直接使用的超微细铜丝拉制用防锈乳化油原液，原液按 1∶(15～20)稀释后即得可直接使用的超微细铜丝拉制用防锈乳化油。

产品特性 所述乳化油按 1∶(15～20)用水稀释后用于拉制超微细铜线（规格为 Φ0.017mm～Φ0.08mm)，其优良的清洗性能将积聚于模孔的铜粉清洗干净，防止因模孔堵塞造成断线，影响成品线的产量和质量的现象发生。其优越的防锈性能保证产品储存 3～5 个月不变色，且无毒无刺激气味，操作方便。

超细铜丝拉拔用润滑剂

原料配比

原料		配比（质量份）				
		1#	2#	3#	4#	5#
基础油	石蜡基油与环烷基油（2∶1）	5～30	10～25	5～20	12～25	5～25
乳化剂	油酸三乙醇胺与石油磺酸钠（3∶1）	10～40	15～30	10～25	8～18	10～20
偶合剂	长链异构醇	1	2	3	4	5
表面活性剂	蒸馏妥尔油 DT030、二乙醇胺 DEA、硼酸和二甘醇（5∶3∶1∶1）	1	2	3	4	5
防锈剂	苯并三氮唑	2	4	6	8	10
碱保持剂	二甘醇胺和三乙醇胺（1∶2）	5～20	10～25	10～25	8～22	10～20
消泡剂	二甲基硅油	0.1	0.1	0.1	0.1	0.1
杀菌剂	三嗪和苯并异噻唑啉酮（4∶1）	1	2	3	4	5
极压抗磨剂	烷基亚磷酸酯	1	2	3	4	4
水		30～50	30～50	30～50	30～50	30～50

制备方法 将基础油、乳化剂、表面活性剂、偶合剂、碱保持剂、消泡剂、杀菌剂以及水添加至反应釜；然后控制反应釜温度于 75℃，充分搅拌 25min；接着添加防锈剂，继续搅拌 35min；最后添加极压添加剂，搅拌桶转速控制在 800r/min，搅拌 75min；将润滑剂进行过滤、灌装、包装得到本产品润滑剂。

原料配伍 本品各组分质量份配比范围为：基础油 5～30，乳化剂 10～40，耦合剂 1～5，表面活性剂 1～5，防锈剂 1～10，极压抗磨剂

1～5，碱保持剂 5～25，杀菌剂 1～5，消泡剂 0.1，水 30～50。

铜拉丝加工中普遍采用水基润滑剂，微乳液的稳定性高，使用寿命长，而且清洗性能好，这将在很长一段时间里成为超细铜丝拉拔润滑剂的发展方向，因此本产品选为微乳型的拉丝润滑液。

以较低黏度的石蜡基油与环烷基油 2∶1 混合配制作为基础油组分，环烷基油在 20%～50%的范围内具有良好的乳化性能，一方面因为低黏度油具有良好的冷却性和清洗性，另一方面，微乳液中其他添加剂会对基础油有一定的抗氧化作用，故要选用低黏度的基础油。

表面活性剂为蒸馏妥尔油酸二乙醇酰胺，主要由蒸馏妥尔油 DT030、二乙醇胺 DEA、硼酸和二甘醇按 5∶3∶1∶1 组成。蒸馏妥尔油酸二乙醇酰胺是一种性能优良的非离子表面活性剂，特殊的生产工艺令其酰胺含量可达 90%以上，它耐硬水，适合各种软、硬水环境，具有乳化、抗腐、润滑、清洗等复合功能。妥尔油酸二乙醇酰胺不同于传统的椰子油酸酰胺，与常用的椰子油酸相比，妥尔油蒸馏液包含脂肪酸和约 30%的松香，而松香非常重要，它能够为脂肪酸应用提供加强的性能，保证润滑和清洗的配伍平衡，用作乳化剂，乳化速度快，润滑性优越，清洗效果好，对硬水的适应范围宽。

防锈剂的主要成分是苯并三氮唑，润滑油中加入防锈剂可在金属表面形成一层保护膜，防止铜线全部或部分黑化。

极压抗磨剂选用烷基亚磷酸酯应用在超细丝铜拉丝润滑液中。在拉丝加工时，器具与工件不断摩擦产生大量的热，严重地影响了器具寿命和拉丝效率。为了降低温度，提高拉丝效果，必须加入极压抗磨添加剂及其他添加剂，使器具与摩擦部分的金属表面生成极压润滑膜（金属化学膜）来提高抗磨性。

乳化剂和偶合剂的选择直接关系到润滑剂的稳定性和使用寿命，是研发中的关键所在，本产品采用油酸三乙醇胺与石油磺酸钠 3∶1 混合。由于阴离子乳化剂的抗硬水性差，容易形成铜皂，所以在配方研制中，主要以非离子乳化剂为主，被乳化油相的 HLB 值（亲水亲油平衡值）在 10～13，选择一款 HLB 值在 12 的非离子乳化剂油酸三乙醇胺，辅以少量 HLB 值为 6 的阴离子乳化剂石油磺酸钠，使体系达到平衡。为更进一步地降低界面张力，提高微乳液稳定性，加入一定的长链异构醇作为偶合剂。

在超细铜丝拉拔润滑剂中，碱保持剂的引入是必不可少的，其一方面可以提供碱值储备，增加 pH 值的稳定性，另一方面对金属起到腐蚀保护作用。通过试验，确定以二甘醇胺和三乙醇胺以 1∶2 复配作为碱保持组分。

微乳液中含有较高的水分，且组分中含有充足的营养，容易导致细菌和真菌的滋生，从而使得工作液发臭“变色”缩短其使用寿命，因此杀菌剂的引入是必不可少的。通过试验，选用三嗪和苯并异噻唑啉酮（BIT）4∶1 复配，可在较长的时间内保持优异的杀菌效果。

产品应用 本品主要用作超细铜丝拉拔用润滑剂。

产品特性 （1）本产品成分配制合理，成本适中，在金属材料的拉拔加工过程中可起到优良的抗磨、减磨作用，有效确保金属材料的表面质量和精度，尤其适合于超细丝铜的拉拔生产。

（2）铜的超细拉丝过程主要缺陷是容易被氧化，产生铜皂，该润滑剂在铜丝拉拔过程中，润滑、冷却、清洗、防锈等作用十分明显，还有一定的抗压能力，特别是铜粉的沉降效果，能有效避免铜皂的产生。

（3）添加妥尔油酸二乙醇酰胺，就可以到达非常理想的沉降效果，具有一定的抗氧化性能，杜绝了拉丝过程中断丝和缩丝现象的产生，保证了产品质量和生产效率。保障了润滑剂润滑性能、沉降性能和清洗性能的长期匹配，抑制了铜皂的产生。

（4）该润滑剂润滑性、清洗性良好，对铜丝无腐蚀、低泡沫、使用浓度低、对皮肤无刺激，完全能满足铜拉丝工艺的润滑需求。

弹簧钢钢丝拉拔用润滑剂

原料配比

原料		配比（质量份）				
		1#	2#	3#	4#	5#
硬脂酸钙		46	50	46	46	50
软化点调节剂	氢氧化钙、二氧化钛、硅酸钠、56℃半精炼石蜡（35∶3∶2∶1）	49	45	46	—	—

续表

原料		配比（质量份）				
		1#	2#	3#	4#	5#
软化点调节剂	氢氧化钙、二氧化钛、硅酸钠、56℃半精炼石蜡（37∶3∶2∶1）	—	—	—	49	45
极压剂	二烷基二硫代磷酸钼	5	—	8	5	—
	二烷基二硫代磷酸锌	—	5	—	—	—
	硫磷酸复酯胺盐 T307	—	—	—	—	5

制备方法 将硬脂酸钙、软化点调节剂、极压添加剂按比例加入混合设备中，加热至 180℃，熔融反应 1.5h，生成物经过破碎过筛，选取 0.038～2mm 的颗粒，得到粉粒状润滑剂产品。

原料配伍 本品各组分质量份配比范围为：硬脂酸钙 40～60，软化点调节剂 35～55，极压添加剂 5～8。其中，所述软化点调节剂选自氢氧化钙、二氧化钛、氧化锌、碳酸钠、硅酸钠、硼砂，石蜡中的一种或多种。

软化点调节剂作为润滑剂的主要成分，含量低于 35%，润滑剂的软化点变不明显，润滑剂黏温变化大，造成润滑失效，拉拔时润滑膜脱落；含量高于 55%，润滑剂软化点高于钢丝变形时的温度，润滑剂不软化，润滑剂不能带入模具，造成润滑失败。因此确定含量在 35%～55%，更优选含量为 45%～50%。

极压添加剂选自二烷基二硫代磷酸锌、二烷基二硫代磷酸钼（MoDTP）以及硫磷复合盐中的一种。

硫磷复合盐可以购得商品，例如硫磷双含氮衍生物 T305、硫磷酸复酯胺盐 T307、硼化硫磷酸钙 TB-311 等。

软化点调节剂是由氢氧化钙、二氧化钛、硅酸钠、56℃半精炼石蜡按(30～40)∶(2～4)∶(1～2)∶1 的质量比例混合制得。

产品应用 本品主要用作弹簧钢钢丝拉拔用润滑剂。

在不使用润滑载体的线材拉拔中的应用具体为，采用在线连续喷丸设备去除线材表面氧化铁皮后，无需任何润滑载体直接使用所述润滑剂，然后进行线材的多道次拉拔。

产品特性

（1）对弹簧钢拉拔润滑剂成分合理选配和组合时，润滑剂能够在线材表面形成均匀完整的膜，使用润滑剂的线材表面颜色一致。

（2）本产品在拉拔过程中软化点变化明显，润滑剂黏温变化中，拉拔时润滑剂带入模具，能够满足拉拔工艺的需求。

（3）本产品提高了润滑剂对钢丝表面的保护能力，拉拔后不影响后续热处理，无毒副作用，在较为恶劣的拉丝条件下可在钢丝表面形成稳定的润滑膜，稳定拉丝过程中保护钢丝表面不产生划伤。

（4）为了进一步提高润滑剂对钢丝表面的保护能力，选用了硫磷系极压剂。选极压剂的原则是不影响后续热处理，无毒副作用，在较为恶劣的拉丝条件下可短时保护钢丝表面不产生划伤。

（5）产品在 55CrSi 和 60Si2MnA 的试验结果表明，可以满足拉拔要求，生产的钢丝表面粗糙度降低，没有出现划伤。

镀黄铜钢丝拉拔加工用的水基润滑剂

原料配比

原料		配比（质量份）					
		1#	2#	3#	4#	5#	6#
油性剂	亚乙基双芥酸酰胺-环氧乙烷-环氧丙烷共聚物	17.5	—	25	17.5	17.5	—
	亚乙基双硬脂酰胺-环氧乙烷-环氧丙烷共聚物	—	10.0	—	—	—	17.5
含磷极压剂	亚磷酸二正丁酯胺盐	6.0	—	3.5	5.5	5.5	5.5
	磷酸三甲苯酯	—	8.5	—	—	—	—
矿物油	10#白油	3.0	—	—	4.0	3.0	4.0
	20#白油	—	8.0	—	—	—	—
	7#白油	—	—	3.0	—	—	—
助乳化剂	聚乙二醇（400）单油酸酯	3.5	4.5	3.0	—	—	—
	C_{12} 脂肪胺聚氧乙烯（10）醚	—	—	—	1.5	2.5	1.5
	二乙醇胺	1.0	1.5	1.0	—	—	2.0
	三乙醇胺	—	—	—	2.5	2.0	—

续表

原料		配比（质量份）					
		1#	2#	3#	4#	5#	6#
防锈剂	磷酸乙醇胺盐	2.5	2.5	3.5	2.0	1.5	—
	硼酸乙醇胺盐	—	—	—	2.5	2.0	—
	钼酸钠	—	—	—	—	—	1.0
	5-甲基苯并三氮唑	0.20	0.30	—	0.30	0.15	0.30
	苯并三氮唑	—	—	0.20	—	—	—
消泡剂	硅消泡剂	0.10	0.10	0.15	0.20	0.10	0.20
防霉剂	六氢化-1,3,5-三（羟乙基）-均三嗪	1.5	1.5	1.0	1.0	1.0	2.0
	（2-吡啶巯醇-1-氧化物）钠	—	—	0.2	—	—	—
	1,2-苯并异噻唑啉-3-酮	—	—	—	0.25	—	—
	2-正辛基-4-异噻唑啉-3-酮	—	—	—	—	0.25	—
水		加至100	加至100	加至100	加至100	加至100	加至100

制备方法 将油性剂与含磷极压剂、矿物油、助乳化剂升温至90～120℃，在不断搅拌下加入90～100℃的水，然后冷却到40℃以下，再加入防霉剂，防锈剂、消泡剂、搅拌均匀即得产品。

原料配伍 本品各组分质量份配比范围为：油性剂10～25，含磷极压剂3～10，矿物油3～8，助乳化剂3～6，防锈剂1～5，防霉剂1～3，消泡剂0.1～0.3，水加至100。

所述的油性剂为聚酰胺-环氧乙烷-环氧丙烷共聚物。

油性剂为亚乙基双芥酸酰胺-环氧乙烷-环氧丙烷共聚物或亚乙基双硬脂酰胺-环氧乙烷-环氧丙烷共聚物。

油性剂的含量优选为12.5%～22.5%。

含磷极压剂为可乳化的亚磷酸二正丁酯胺盐、磷酸三甲苯酯中的一种，其含量优选为5.0%～8.0%。

矿物油为7#白油、10#白油、20#白油中的一种，其含量优选为3.0%～5.0%。

助乳化剂为二乙醇胺、三乙醇胺、C_{12}脂肪胺聚氧乙烯（10）醚、聚乙二醇（400）单油酸酯、二甘醇、乙醇中的一种或两种的混合物，其含量优选为3.5%～5.5%。

防锈剂为5-甲基苯并三氮唑、苯并三氮唑、磷酸乙醇胺盐、磷酸三乙醇胺盐、硼酸乙醇胺盐、钼酸钠或钼酸钾中的一种或多种的混合物，其含量优选为3%～5%。

防霉剂为六氢化-1,3,5-三（羟乙基）-均三嗪、1,2-苯并异噻唑啉-3-酮、2-正辛基-4-异噻唑啉-3-酮、（2-吡啶巯醇-1-氧化物）钠中的一种或两种的混合物，其含量优选为1.0%～2.0%。

消泡剂为有机硅消泡剂，其含量优选为0.1%～0.2%。

所述的油性剂聚酰胺-环氧乙烷-环氧丙烷共聚物是采用下述制备方法得到的：在耐压反应釜中，加入聚酰胺，添加KOH或NaOH催化剂，催化剂的使用量为聚酰胺质量的0.3%～0.5%，在150～180℃，0.1～0.3MPa的压力下，加入环氧乙烷，环氧乙烷的使用量为聚酰胺质量的20%～120%，熟化反应0.5～1h，再加入环氧丙烷，环氧丙烷的使用量为聚酰胺质量的0%～155%，熟化反应0.5～1h，即得聚酰胺-环氧乙烷-环氧丙烷共聚物。

亚乙基双芥酸酰胺-环氧乙烷-环氧丙烷共聚物的制备：在耐压反应釜中，加入亚乙基双芥酸酰胺，添加KOH或NaOH催化剂，催化剂的使用量为亚乙基双芥酸酰胺质量的0.3%～0.5%，在150～180℃，0.25～0.3MPa压力下，加入环氧乙烷，环氧乙烷的使用量为亚乙基双芥酸酰胺质量的37.7%，熟化反应0.5h，再加入环氧丙烷，环氧丙烷的使用量为亚乙基双芥酸酰胺质量的49.7%，熟化反应0.5h，即得亚乙基双芥酸酰胺-环氧乙烷-环氧丙烷共聚物，熔点100～120℃。

亚乙基双硬脂酰胺-环氧乙烷-环氧丙烷共聚物的制备：在耐压反应釜中，加入亚乙基双硬脂酰胺，添加KOH或NaOH催化剂，催化剂的使用量为亚乙基双硬脂酰胺质量的0.3%～0.5%，在150～180℃，0.15～0.25MPa压力下，加入环氧乙烷，环氧乙烷的使用量为亚乙基双硬脂酰胺质量的58.7%，熟化反应0.5h，再加入环氧丙烷，环氧丙烷的使用量为亚乙基双硬脂酰胺质量的38.7%，熟化反应0.5h，即得亚乙基双硬脂酰胺-环氧乙烷-环氧丙烷共聚物。

产品应用 本品主要用作镀黄铜钢丝拉拔加工用的水基润滑剂。

产品特性

（1）本产品通过将聚酰胺与环氧乙烷及环氧丙烷进行聚合反应，生成亲水性强的共聚物，再复配成水基润滑剂，其稳定性会大大提高，且润滑性好，用于镀黄铜钢丝的拉拔，表面残留量少，从而完全适用于镀黄铜钢丝的高速拉拔。

（2）本产品润滑性能好，用于镀黄铜钢丝的拉拔加工，拉拔速度快，表面残留量少。

（3）该水基润滑剂的制备方法工艺简便。

镀锌钢丝拉拔加工用的水基润滑剂

原料配比

原料		配比（质量份）				
		1#	2#	3#	4#	5#
油性剂（脂肪酸多烯多胺缩合物）	二乙烯三胺、癸二酸、油酸缩合物	17.5	—	—	—	—
	二乙烯三胺、己二酸、油酸缩合物	—	17.5	—	—	20.5
	二乙烯三胺、己二酸、癸酸缩合物	—	—	17.5	17.5	—
含磷极压剂	亚磷酸二正丁酯	3.0	3.5	4.5	—	—
	亚磷酸十二烷基酯	—	—	—	4.5	—
	亚磷酸二丁酯	—	—	—	—	3.5
分散剂	聚丙烯酸钠	0.5	—	—	—	—
	壬基酚聚氧乙烯醚磷酸酯	—	1.0	1.0	1.0	1.0
偶合剂	乙二醇丁基醚	3.0	—	—	—	—
	聚乙二醇	—	4.5	—	—	4.5
	二缩三乙二醇	—	—	3.0	3.0	—
pH 调整剂	二乙醇胺	1.0	1.5	1.0	1.0	1.5

续表

原料		配比（质量份）				
		1#	2#	3#	4#	5#
防锈剂	5-甲基苯并三氮唑	0.20	—	0. 20	—	0. 30
	苯并三氮唑	—	0.30	—	0.20	—
	磷酸乙醇胺盐	2.5	2.5	3.5	3.5	2.5
消泡剂	硅消泡剂	0.10	0.10	0.15	0.15	0. 10
防霉剂	六氢化-1,3,5-三（羟乙基）-均二嗪	1.5	1.5	1.0	1.0	1.5
	（2-吡啶巯醇-1-氧化物）钠	—	—	0.2	0.2	—
水		加至 100	加至 100	加至 100	加至 100	加至 100

制备方法 将油性剂与含磷极压剂，或加上或不加 pH 调整剂升温至 90～120℃，在不断搅拌下加入 90～100℃的水，然后冷却到 40℃以下，再加入防霉剂、防锈剂、分散剂、偶合剂、消泡剂搅拌均匀即得产品。

原料配伍 本品各组分质量份配比范围为：油性剂 10～25，含磷极压剂 3～5，包含分散剂的助剂 5～10，防锈剂 2～5，防霉剂 1～3，消泡剂 0.1～0.3，水加至 100。

所述的油性剂为脂肪酸多烯多胺缩合物。

油性剂（脂肪酸多烯多胺缩合物）由多烯多胺与多元羧酸及单元羧酸中的一种或多种反应而成，多烯多胺是二乙烯三胺或三乙烯四胺，多元羧酸有癸二酸或己二酸，单元羧酸是油酸、癸酸、月桂酸、棕酸或硬脂酸中的一种。

油性剂的含量为 12.5%～22.5%。

含磷极压剂为亚磷酸双烷基酯。

助剂或为分散剂，或为分散剂加偶合剂，或为分散剂加 pH 调整剂，所述分散剂为聚丙烯酸钠、磺酸盐或磷酸酯，所述偶合剂为乙醇、聚乙二醇、二缩三乙二醇或乙二醇丁基醚，所述 pH 调整剂为二乙醇胺或三乙醇胺。

防锈剂为 5-甲基苯并三氮唑、苯并三氮唑、磷酸乙醇胺盐、磷酸三乙醇胺盐、硼酸乙醇胺盐、钼酸钠或钼酸钾中的一种或多种的混合物。

防锈剂优选含量为3%～5%。

防霉剂为六氢化-l,3,5-三（羟乙基）-均三嗪，1,2-苯并异噻唑啉-3-酮、2-正辛基-4-异噻唑啉-3-酮、（2-吡啶巯醇-1-氧化物）钠中的一种或两种的混合物。

防霉剂优选含量为1.0%～2.0%。

消泡剂为有机硅消泡剂，其优选含量为0.1%～0.2%。

油性剂是采用下述制备方法得到的：在装有温度计、氮气导入管、搅拌装置及带有脱水管的逆流冷却反应器中，加入定量的脂肪族多元羧酸、碱性含氮化合物以及混合二甲苯，在氮气的保护下，于160～170℃的温度下反应4～5h。在混合二甲苯的回流条件下进行脱水反应制得缩合体。再根据产物的胺值计算需加入的用于中和的脂肪酸的量，并在搅拌的条件下进行适当加热，即可制得脂肪酸酰胺类油性剂。

产品应用　本品主要用作镀锌钢丝拉拔加工用的水基润滑剂。

产品特性

（1）脂肪酸多烯多胺缩合体是一种较好的润滑剂油性添加剂，润滑性能好，性能稳定，不与锌、铁等金属生成不溶于水的金属皂，使用寿命长，使用清洁，不污染钢丝和设备，完全适用于镀锌钢丝的高速拉拔。

（2）本产品润滑性能好，用于镀锌钢丝的拉拔加工，表面残留量少，锌层损失小，使用寿命长。

（3）该水基润滑剂的制备方法工艺简便。

多用途无积炭环保型水溶性拉拔润滑剂

原料配比

原料		配比（质量份）
基础油	环烷基白油	10.0
	5#石蜡基白油	5.0
合成酯复配物	季戊四醇油酸酯	5.0
	油酸异辛酯	5.0
	三羟甲基丙烷油酸酯	10.0

续表

原　　料		配比（质量份）
防锈剂	2,4,6-三（氨基己酸基）-1,3,5-三嗪	3.0
	月桂二酸	2.0
	环羧丙基油酸	2.0
	一异丙醇胺	5.0
	三异丙醇胺	10.0
无灰抗磨极压剂	聚异丁烯丁二酸酰胺	5.0
	饱和的支链化酯类聚合物 GY-25	5.0
金属腐蚀抑制剂	*N*-*β*-（氨乙基）-*γ*-氨丙基三甲氧基硅烷	1.0
	甲基苯并三氮唑	0.2
表面活性剂	月桂酸咪唑啉型两性表面活性剂	1.0
	异构十三醇聚氧乙烯醚	2.0
	琥珀酸酯磺酸盐	3.0
	醇醚羧酸盐	1.0
助乳化剂	二丙二醇单丁醚	1.0
杀菌剂	2-甲基-4-异噻唑啉-3-酮	3.0
消泡剂	聚醚改性聚硅氧烷消泡剂	1.0
水		加至 100

制备方法 将各组分原料混合均匀即可。

原料配伍 本品各组分质量份配比范围为：基础油 5～15，合成酯复配物 5～20，防锈剂 1～20，无灰抗磨极压剂 2～10，金属腐蚀抑制剂 0.1～5，表面活性剂 2～10，助乳化剂 0.1～5，杀菌剂 0.1～3，消泡剂 0.1～1，水加至 100。

基础油是 10#白油、15#白油、26#白油、32#白油、环烷基白油、5#石蜡基白油中的一种或几种。

合成酯复配物是三羟甲基丙烷油酸酯、三羟甲基丙烷椰子油酸酯、季戊四醇油酸酯、双季戊四醇油酸酯、油酸异辛酯、油酸甲酯、偏苯三酸酯、蓖麻油酸酯中的一种或几种。

防锈剂是长碳链一元羧酸、长碳链二元羧酸、2,4,6-三（氨基己酸基）-1,3,5-三嗪、对甲苯磺酰氨基己酸、环羧丙基油酸、月桂二酸中的一种或几种与一异丙醇胺、二异丙醇胺、三异丙醇胺中的一种或几种的复合防锈剂。

无灰抗磨极压剂是饱和的支链化酯类聚合物、硬脂酸咪唑啉硼酸酯、油酸咪唑啉硼酸酯、月桂酸咪唑啉硼酸酯、聚异丁烯丁二酸亚胺、聚异丁烯丁二酸酰胺中的一种或几种。

金属腐蚀抑制剂是苯并三氮唑、甲基苯并三氮唑、甲苯并三氮唑衍生物、2-氨基-2-甲基-1-丙醇、*N*-β-（氨乙基）-γ-氨丙基三甲氧基硅烷中的一种或几种。

表面活性剂是月桂酸咪唑啉型两性表面活性剂、甜菜碱两性表面活性剂、氨基酸型两性表面活性剂、醇醚羧酸盐、烷基葡萄糖酰胺、异构十醇聚氧乙烯醚、异构十一醇聚氧乙烯醚、异构十三醇聚氧乙烯醚、琥珀酸酯磺酸盐中的一种或几种。

助乳化剂是丙二醇、乙二醇、二丙二醇单丁醚、高碳一元醇中的一种或几种。

杀菌剂是 *N*,*N*-亚甲基双吗啉、1,2-苯并异噻唑啉-3-酮、2-正辛基-4-异噻唑啉-3-酮、2-甲基-4-异噻唑啉-3-酮、2-巯基吡啶-1-氧化钠盐、3-碘代-2-丙炔基丁基甲氨酸酯中的一种或几种。

消泡剂是聚醚改性聚硅氧烷消泡剂、聚硅氧烷消泡剂、聚醚类消泡剂中的一种或几种。

产品应用 本品主要用作水溶性拉拔润滑剂。

产品特性

（1）本产品选用多种润滑性能良好的合成酯复配物、抗磨极压性能超强的高分子聚合酯无灰抗磨极压剂组伍，产品具有极强的润滑性能（5%稀释液攻丝转矩≤300N·cm）和抗磨极压性能（工件表面粗糙度 Ra≤1.0μm），加工过程中拉拔模具和拉拔材料无积炭和油污。

（2）本产品选用多种生物易降解和抗抑菌的合成酯复配物、高分子聚合酯、新型表面活性剂复配物组伍，产品具有优良的生物可降解性和抗抑菌性，排放的废液可生化处理能力强，对人体健康和环境安全影响小。

（3）产品兼容性强，可满足不锈钢、碳钢、合合钢、铝合金等多种金属管、线、棒材的拉拔工艺要求，应用范围广。

钢帘线拉拔润滑剂

原料配比

原料		配比（质量份）					
		1#	2#	3#	4#	5#	6#
油类添加剂	棕榈油、长城5号锭子油、壳牌机油［1：(1～2.5)：(1～3)］	8	10	12	13	15	16
表面活性剂	苯扎氯铵	6	7	—	—	—	—
	苯扎溴铵	—	—	8	9	—	—
	氯化苯甲烃铵	—	—	—	—	9.5	10
极压添加剂	氯化石蜡	9	—	—	—	—	—
	硫化油酸	—	10.5	—	—	—	—
	氯化石蜡、硫化油酸	—	—	—	14	—	—
	氯化石蜡、硫化油酸、磷酸酯	—	—	—	—	14.5	16
	磷酸酯	—	—	12	—	—	—
固体添加剂	云母和滑石粉	8	—	—	—	—	—
	云母和石墨	—	8.5	—	—	—	—
	二硫化钼和聚四氟乙烯	—	—	9	—	—	—
	二硫化钼、石墨和滑石粉	—	—	—	9.5	—	—
	云母、滑石粉、二硫化钼、四氟乙烯	—	—	—	—	9.75	—
	云母、滑石粉、二硫化钼、石墨和四氟乙烯	—	—	—	—	—	10
ZY-F09水溶性防锈剂		0.25	0.3	0.4	0.55		1
BX-88消泡剂		1.5	1.6	1.7	1.8	0.7	2
杀菌剂2,2-二溴-3-氰基丙酰胺		0.25	0.4			1.9	1
FF-01工业杀菌剂		—	—	0.45	0.6	—	—
杀菌剂2,2-二溴-3-氰基丙酰胺		—	—	—	—	0.7	—
防腐剂安息香酸（苯甲酸）		1	1.25	—	—	—	—
防腐剂对羟苯甲酸丁酯		—	—	—	—	1.75	2
防腐剂去水乙酸（DHA）		—	—	1.45	1.5	—	—
水		加至100	加至100	加至100	加至100	加至100	加至100

制备方法

（1）按质量配比取油类添加剂、表面活性剂、极压添加剂、固体添加剂混合，升温至140～150℃，使其充分混合。

（2）按质量配比与水混合，升温至80～90℃，使其彻底混合均匀。

（3）将步骤（1）和步骤（2）所得的混合物互相混溶，充分乳化，所得的均质液体即为成品。

原料配伍 本品各组分质量份配比范围为：油类添加剂 8～16，表面活性剂 6～10，极压添加剂 9～18，固体添加剂 8～10，水加至 100。

该润滑剂还包括防锈剂、防腐剂、消泡剂或杀菌剂中的一种或多种。

油类添加剂包括棕榈油、长城 5 号锭子油和壳牌机油，三种成分按 1∶(1～2.5)∶(1～3)的比例混合。

表面活性剂中的阳离子表面活性剂含有苯扎氯铵、苯扎溴铵或氯化苯甲烃铵。

极压添加剂包括氯化石蜡、硫化油酸、磷酸酯之中的一种或多种。

固体添加剂包括石墨、云母、滑石粉、二硫化钼、四氟乙烯之中的二种或多种。

防锈剂组分为 DHA 或对羟苯甲酸丁酯；消泡剂为金属加工液专用消泡剂 BX-88；杀菌剂为工业杀菌剂 FF-01 或 2,2-二溴-3-氰基丙酰胺。

防锈剂、防腐剂、消泡剂和杀菌剂的质量分数为：0.25%～1%防锈剂、1%～2%防腐剂、1.5%～2%消泡剂和 0.25%～1%杀菌剂。

产品应用 本品主要用作钢帘线拉拔润滑剂。

产品特性 本产品是一种非常适合各种镀铜层钢丝进行大压缩率成品拉拔的湿式润滑剂，此润滑剂拉拔速度可达 12～20m/s。此种钢帘线拉拔润滑剂具体优点体现在以下几个方面：其拉丝模耗量低，可使钢帘线镀层完好，也不易被氧化；其 pH 值在 7.2～8.5，酸碱度适中，对设备、管道无腐蚀损害；拉丝过程中无泡或少泡，不会因泡沫原因影响工作环境，不会因溢泡带走润滑剂中的有效成分而使使用寿命缩短；钢帘线表面无碳化残留物，可增强钢帘线与橡胶的黏合力；其质量、性能稳定，保质期长，易于长期存放。本产品制备得到的此种钢帘线拉拔润滑剂是非常适合各种镀铜层钢丝进行大压缩率成品拉拔的湿式润滑剂，其拉丝模耗量低，酸碱度适中，拉拔的镀铜线材存放两年不生锈，表面清洁无油泥，光泽好。它用于光面钢丝的拉拔，也取得了好的效果。

钢丝高速拉拔前用磷化剂

原料配比

原料		配比（质量份）
建槽剂	浓度 85%的磷酸	13～15
	硝酸	11～14
	氧化锌	10～13
	硝酸镍	0.3～0.6
	水	加至 100
补充剂	浓度 85%的磷酸	26～32
	硝酸	6.5～9.5
	氧化锌	10～13
	硝酸镍	0.1～0.4
	水	加至 100

制备方法　所述建槽剂和补充剂均按如下步骤制备：在不锈钢反应釜中先加入计算量 1/3 的水，然后启动搅拌器，转速为 40～60r/min，将计算量的磷酸、硝酸加入其中，连续搅拌 10～20min，再将计算量的氧化锌徐徐加入其中，连续搅拌至氧化锌充分溶解，再加入计算量的硝酸镍，搅拌至充分溶解，最后将余量的水加入其中，搅拌至均匀透明。

原料配伍　本品各组分质量份配比范围（包括建槽剂及补充剂）如下。

建槽剂的原料及质量份配比范围是：浓度 85%的磷酸 13～15，硝酸 11～14，氧化锌 10～13，硝酸镍 0.3～0.6，水加至 100。

补充剂的原料及质量份配比范围是：浓度 85%的磷酸 26～32，硝酸 6.5～9.5，氧化锌 10～13，硝酸镍 0.1～0.4，水加至 100。

建槽剂和补充剂各种原料的具体用量可根据磷化工艺参数在上述质量范围内进行选择。

产品应用　本品主要用作钢丝高速拉拔前用磷化剂。

钢丝拉拔工艺流程分成两个部分：第一部分为毛坯钢丝拉拔前磷化处理生产线，第二部分为十几台拉拔机组成的成品钢丝拉拔生产线。

磷化处理生产线是钢丝自动传输的全自动生产线，其工艺流程为：毛坯钢丝自动转卸机—除油—水洗—酸洗—水洗—磷化—水洗—皂化处理—干燥—自动卷丝机—下转钢丝拉拔机。

本产品应用于磷化工序，建槽时使用建槽剂，以后添加使用添加剂。毛坯钢丝的规格为 Φ4mm～Φ6mm，经过磷化后的毛坯在拉拔机上通过 7 道模具实现拉拔钢丝，钢丝的产成品规格为 Φ0.8mm～Φ1.6mm，拉拔机的拉拔速度为 16m/s，经拉拔后的钢丝无断裂且拉拔后的钢丝表面平滑均匀。

产品特性 本产品可应用于钢丝拉拔前的磷化工艺，在钢丝坯料上形成的磷化膜具有较高的润滑耐磨性能，可有效提高拉拔速度（可达 16m/s）、防止钢丝拉断、保证拉拔后的钢丝表面平滑均匀，大大提高了生产效率。

钢丝拉拔润滑剂

原料配比

原　　料	配比（质量份）
生石灰	300
油酸	100
凡士林	35～40
肥皂（干透）	30～35

制备方法 将各组分原料混合均匀即可。

原料配伍 本品各组分质量份配比范围为：生石灰 300，油酸 100，凡士林 35～40，肥皂（干透）30～35。

产品应用 本品主要用作钢丝拉拔润滑剂。

只需将选用的原料即生石灰、油酸、凡士林、干透的肥皂按照配方配制直接混合在一起，不用加水烘炒干燥，粉碎搅拌均匀即可使用。

产品特性 本品直接将生石灰、油酸、凡士林、干透的肥皂根据黄金分割原理配制混合在一起；不用加水烘炒干燥，粉碎搅拌均匀即可使用，所以节能、节水，省工、省时、成本低。

钢丝拉拔润滑乳

原料配比

原料		配比（质量份）			
		1#	2#	3#	4#
油性剂	棕榈油、5#机械油、基础油150N［1∶(1～2.5)∶(1～3)］	10	10	10	10
表面活性剂	苯扎氯铵	6	6	—	—
	硬脂酸正丁酯	—	—	3	—
	失水山梨醇单油酸酯	—	—	—	2
有机除锈剂	柠檬酸	3	—	—	—
	氨基苯甲酸	—	3	—	—
	苯磺酸	—	—	3	3
固体添加剂	胶体石墨和超细滑石粉	8	—	—	—
	胶体石墨和超细云母	—	6	—	—
	二硫化钼和聚四氟乙烯乳液（50%）	—	—	5	5
消泡剂 BX-88		1.5	1.5	1.5	1.5
杀菌剂溴氰基丙酰胺		0.25	0.25	0.25	0.25
防腐剂异噻唑啉酮一卡松		1	1	1	1
水		加至 100	加至 100	加至 100	加至 100

制备方法

（1）按计量比取油性剂、表面活性剂、固体添加剂，混合后升温至 80～120℃，高速搅拌的同时施加高功率超声波分散均匀。

（2）将剩余组分与水混合，升温至 70～90℃，高速搅拌的同时施加高功率超声波分散均匀。

（3）将（1）与（2）所得物料混合，升温至 50～70℃，高速搅拌的同时施加高功率超声波，深入分散均匀，所得均质乳膏即为成品。

原料配伍　本品各组分质量份配比范围为：油性剂 10～20，表面活性剂 2～10，有机除锈剂 1～3，固体添加剂 4～10，水加至 100。

该润滑乳还包括防腐剂、消泡剂、杀菌剂中的一种或多种。

基础油包括棕榈油、5#机械油、基础油 150N，三种成分按 1∶(1～2.5)∶(1～3)的比例混合。

表面活性剂含有苯扎氯铵、硬脂酸正丁酯、失水山梨醇单油酸酯。

有机除锈剂含有柠檬酸、氨基苯甲酸、苯磺酸。

固体添加剂含有胶体石墨、超细云母、超细滑石粉、二硫化钼、聚四氟乙烯乳液。

消泡剂为金属加工业专用消泡剂 BX-88；杀菌剂为溴氰基丙酰胺；防腐剂为异噻唑啉酮一卡松；其中消泡剂、杀菌剂、防腐剂的质量分数分别为 0.5%～2%、1%～2%、0.25%～1%。

产品应用 本品主要用作钢丝拉拔润滑乳。

产品特性 本产品各组分有机结合，效果显著，是一种非常适合有锈迹、不光滑钢丝、高速拉拔等多种复杂工况条件的润滑剂，能确保拉拔后钢丝表面光滑、质量好、润滑效果优异。其具体优点体现在：能用于有锈迹、表面不光滑的钢丝湿式拉拔；润滑效果好、拉丝模量低，钢丝产品表面光滑；拉拔过程少泡或无泡，避免了溢泡现象，延长了使用寿命；质量、性能稳定、保质期长，可长期使用保存。

高精度拉拔铜及铜合金棍的润滑剂

原料配比

原　　料		配比（质量份）		
		1#	2#	3#
基础油	5#工业白油	70.99	76.2425	81.495
油性剂	60%的牛油与 40%的羊油复合物	7.0	—	—
	55%的牛油与 45%的羊油复合物	—	6.0	—
	50%的牛油与 50%的羊油复合物	—	—	5.0
抗磨剂	硼化磷酸酯	5.0	4.0	3.0
抗氧剂	60%的苯三唑衍生物与 40%的 2,6-二叔丁基混合酚复合物	1.0	—	—
	55%的苯三唑衍生物与 45%的 2,6-二叔丁基混合酚复合物	—	0.75	—

续表

原料		配比（质量份）		
		1#	2#	3#
抗氧剂	50%的苯三唑衍生物与50%的2,6-二叔丁基混合酚复合物	—	—	0.5
抗泡剂	二甲基硅油	0.01	0.0075	0.005
摩擦改进剂	油酸半甘油酯	3.0	2.5	2.0
补强剂	新戊醇酯	10.0	8.5	7.0
助剂	聚异丁烯	3.0	2.0	1.0

制备方法 将各组分原料混合均匀即可。

原料配伍 本品各组分质量份配比范围为：油性剂 5.0～7.0，抗磨剂 3.0～5.0，抗氧剂 0.5～1.0，抗泡剂 0.005～0.01，摩擦改进剂 2.0～3.0，补强剂 7.0～10.0，助剂 1.0～3.0，基础油加至 100。

基础油是5#工业白油。

油性剂是质量比为60%～50%的牛油与40%～50%的羊油复合物。

抗磨剂是硼化磷酸酯。

抗氧剂是质量比为 60%～50%的苯三唑衍生物与 40%～50%的2,6-二叔丁基混合酚复合物。

抗泡剂是二甲基硅油。

摩擦改进剂是油酸半甘油酯。

补强剂是新戊醇酯。

助剂是聚异丁烯。

质量指标

项目	质量指标
水分/%	痕迹
40℃运动黏度/（mm^2/s）	4.8
闪点（开口）/℃	150
机械杂质/%	无
最大无卡咬负荷（P_B）/N	1000
倾点/℃	-10
水溶性酸或碱	无
腐蚀试验（铜片、100℃、3h）/级	1
黏度指数≥	100

产品应用　本品主要用作高精度拉拔铜及铜合金棍的润滑剂。

产品特性　本产品具有较强的渗透和扩散性，油膜强度大，抗磨性、抗剪切性、冷却性、清洗性和黏温性好，极压性强、油膜厚度稳定性和润滑性好，减少拉拔工具和拉模的磨损，有较小的流动剪切应力，降低金属的表面光洁度，提高规格精度，有一定的化学稳定性和防止出现锈斑能力。

高亮度环保不锈钢线拉拔润滑剂

原料配比

原　　料	配比（质量份）	
	1#	2#
水剂石墨	60	85
直链烷基苯磺酸钠	24	30
十二烷基硫酸钠	15	20
α-烯烃磺酸钠	12	13
脂肪醇聚氧乙烯醚硫酸钠	15	17
烷基醇酰胺	6	8
烷基糖苷	12	18

制备方法　将所有原料混合搅拌均匀，即得到高亮度环保不锈钢线拉拔润滑剂。

原料配伍　本品各组分质量份配比范围为：水剂石墨 60～85，组合物 15～40，所述的组合物，按总质量分数 100%计，包括直链烷基苯磺酸钠 24～30，十二烷基硫酸钠 15～20，*α*-烯烃磺酸钠 12～13，脂肪醇聚氧乙烯醚硫酸钠 15～17，烷基醇酰胺 6～8 和烷基糖苷 12～18。

产品应用　本品是一种高亮度环保不锈钢线拉拔润滑剂。

产品特性

（1）本产品采用直链烷基苯磺酸钠、十二烷基硫酸钠、烯烃磺酸钠、脂肪醇聚氧乙烯醚硫酸钠和烷基糖苷能够使本产品具有优越的润滑性和稳定性。

（2）本产品的烷基糖苷由可再生资源天然脂肪醇和葡萄糖合成，是一种性能较全面的新型非离子表面活性剂，兼具普通非离子和阴离子表面活性剂的特性，具有高表面活性、良好的生态安全性和相溶性，是国际公认的首选“绿色”功能性表面活性剂，其湿润力强、去污力强、配伍性强、无毒、无害、对皮肤无刺激，生物降解迅速彻底，可与任何类型表面活性剂复配。采用烷基糖苷作为活性剂，大大提高了的新型高亮度环保不锈钢线拉拔润滑剂的表面活性、相溶性和去污性，其添加量占新型高亮度环保不锈钢线拉拔润滑剂质量的 2%～8%，适当比例的活性剂能够促使新型高亮度环保不锈钢线拉拔润滑剂具有强力的去污效果。

（3）本产品避免了石墨润滑剂在拉拔过程中出现的泡沫和结团现象，提高了对金属表面的亲和力和润滑性，延长了对拉丝模具的使用寿命，拉拔生产的产品可以达到表面光亮度高、粗糙度好，不需要进行电解，减少对环境的污染，保证不锈钢线材硬度和强度的稳定均匀，同时可生产出高品位、高档次的不锈钢光亮线材，提高产品的价值及利润，并可作为后续高品位的深加工产品的母线坯材。

（4）本产品在不改变水剂石墨性能的司时，增加了润滑剂的润滑性和控油性，在拉拔线材的过程中润滑剂的亲和力非常好，始终使新型高亮度环保不锈钢线拉拔润滑剂保持液体状态，其润滑效果不会降低，在拉拔过程中不产生沉淀物而结团，并且也不会出现泡沫，从而提高了对金属表面的亲和力和润滑性，延长了拉丝模具的使用寿命，其去油污效果好，化学稳定性强。

（5）将产品和天然金刚石制造成的拉丝模组合使用，可以拉拔出高亮度低粗糙度的不锈钢线材，不锈钢线材表面粗糙度达到 $Ra \leqslant 0.25\mu m$，不需要进行电解，从而减少了对环境的污染，保证不锈钢线材硬度和强度的稳定均匀，稳定线材的力学性能，提高生产效率，成品率高达 98%以上，拉拔速度可以达到 8m/s，因而可生产出高品位、高档次的不锈钢光亮线材，提高产品的价值及利润，并可作为后续高品位的深加工产品的母线坯材。

高速拉拔小直径铝及铝合金管的润滑剂

原料配比

原　料	配比（质量份）		
	1#	2#	3#
100#全损耗系统用油	60	66.85	73.7
硫化棉籽油	8.0	6.5	5.0
氯化石蜡 42	10.0	9.0	8.0
硫代磷酸苯酯	5.0	4.0	3.0
磷酸酯	8.0	6.5	5.0
2,6-二叔丁基混合酯	1.5	1.25	1.0
双辛基二苯胺	1.5	1.15	0.8
硫磷仲基锌盐	1.0	0.75	0.5
二硫代磷酸锌酯	5.0	4.0	3.0

制备方法　将各组分原料混合均匀即可。

原料配伍　本品各组分质量份配比范围为：油性剂 5.0～8.0，抗磨剂 8.0～10.0，极压剂 3.0～5.0，摩擦改进剂 5.0～8.0，抗氧剂 1.0～1.5，金属减活剂 0.8～1.5，抗氧防腐剂 0.5～1.0，助剂 3.0～5.0，基础油加至 100。

基础油是 100#全损耗系统用油。

油性剂是硫化棉籽油。

抗磨剂是氯化石蜡 42。

极压剂是硫代磷酸苯酯。

摩擦改进剂是磷酸酯。

抗氧剂是 2,6-二叔丁基混合酯。

金属减活剂是双辛基二苯胺。

抗氧防腐剂是硫磷仲基锌盐。

助剂是二硫代磷酸锌酯。

质量指标

项　目	质量指标
水分/%	痕迹
40℃运动黏度/（mm^2/s）	108.5
闪点（开口）/℃	210
机械杂质/%	无

续表

项 目	质量指标
最大无卡咬负荷（P_B）/N	1050
倾点/℃	−5
水溶性酸或碱	无
腐蚀试验（铜片、100℃、3h）/级	1
黏度指数≥	100

产品应用 本品主要用作高速拉拔小直径铝及铝合金管的润滑剂。

产品特性 本润滑剂具有较强的黏附性、渗透性，润滑膜强度大，抗磨性和黏温性好，极压性强，油膜厚度稳定性和润滑性好，减少拉拔工具和拉模的磨损，有较小的流动剪切应力，降低金属的表面粗糙度、提高规格精度，有一定的化学稳定性和减少拉拔管材出现缺陷能力等特点。

高速拉制铜丝用乳化油

原料配比

原 料	配比（质量份）
5#白矿油	30
活性物 35%～40%的石油磺酸钠	25
聚乙二醇	4
菜油	6
斯盘-80	2.5
OP-10	5
清水	25

制备方法 将 5#白矿油、活性物 35%～40%的石油磺酸钠、聚乙二醇、菜油、斯盘-80、OP-10、依次加入转速 1800～2000r/min 的高剪切乳化机中搅拌均匀，最后加入清水，继续搅拌 40min 左右，直到原液由浑浊变透明即配制为高速拉制铜丝用乳化油原液。

原料配伍 本品各组分质量份配比范围为：5#白矿油 30～35，活性物 35%～40%的石油磺酸钠 22～26，聚乙二醇 4～8，菜油 6～10，斯盘-80 2～5，OP-10 3～7，清水 22～26。

质量指标

项　　目	试验结果
含脂量/%	78
5%乳化液 pH 值（酸度计检测）	8.2
乳化性	自乳性良好，无油水分层现象
5%乳化液腐蚀性（55℃±2℃，全浸 T3 铜片 24h）	1 级

产品应用　本品主要用作高速拉制铜丝用乳化油。原液按 1∶(10～15)稀释后即得可直接使用的高速拉制铜丝用乳化油。

产品特性　本产品用于拉制铜丝，其润滑、冷却、清洗性能良好，能满足高速度拉制要求，且性能稳定、换油周期长，无毒无刺激气味。

高速铜管拉拔润滑油

原料配比

原　　料	配比（质量份）		
	1#	2#	3#
矿物油	75	80	73.5
合成酯	12	10	15
噻二唑衍生物	0.7	0.8	1.2
铜缓蚀剂苯并三氮唑	0.3	0.2	0.3
高分子聚合物	12	9	10

制备方法　按照配比称重各物质，将称量好的矿物油加入调配釜中，搅拌升温至 60～80℃，然后加入高分子聚合物，待溶解均匀后，依次加入合成酯、噻二唑衍生物、苯并三氮唑，继续搅拌 60～90min 直至产品溶解均匀，放料、80～100 目筛网过滤、包装、入库。

原料配伍　本品各组分质量份配比范围为：矿物油 70～80，合成酯 4～15，噻二唑衍生物 0.5～3，铜缓蚀剂 0.1～1，高分子聚合物 3.5～12。

矿物油为石蜡基直链烷烃矿物油。

铜缓蚀剂为苯并三氮唑。

合成酯为多元醇油酸酯。

噻二唑衍生物为二巯基苯并噻唑的脂肪胺盐。

高分子聚合物选自聚酯、聚丁烯或聚醚中的任意一种。

产品应用 本品主要用作高速铜管拉拔润滑油。

产品特性

（1）本产品采用精制石蜡基直链矿物油以及经有机合成的多元醇合成酯作为主剂，通过添加高分子聚合物以改善铜管拉拔油的润滑性和退火清净性，以满足铜管盘拉机高速拉拔工艺的润滑要求，并利用缓蚀技术解决工艺润滑系统及其部件和铜管的抗腐蚀和防锈要求。

（2）采用高分子聚合物、合成酯等材料，具有更好的润滑性和高压力下的黏附性，可以消除铜管表面的擦伤和缺陷。

（3）更强的稳定性，持久发挥润滑极压性能，有效保护模具并延长其使用寿命。

（4）易清洗，退火后无残留，清净性好。

（5）良好的抗氧化性，避免铜管内外壁变色。

（6）不含硫、亚硝酸盐、磷等有毒有害品。

（7）满足盘拉机高速铜管拉拔的工艺要求。

高性能钙系拉拔粉

原料配比

原　料	配比（质量份）
硬脂酸	40～60
有机钼化合物	2～3
三聚氰胺络合物	1～3
有机硼类化合物	1.5～2.5
化学添加剂	适量
石灰	加至 100

制备方法 首先将硬脂酸融化，然后加入石灰、三聚氰胺络合物、有机钼化合物、有机硼类化合物及适量化学添加剂，在不断搅拌的情况下继续将温度升高到 150～200℃，待反应完全后即得成品。

原料配伍 本品各组分质量份配比范围为：硬脂酸为40～60，有机钼化合物为2～3，三聚氰胺络合物为1～3，有机硼类化合物1.5～2.5，化学添加剂适量，石灰加至100。

产品应用 本品是一种高性能钙系拉拔粉。

产品特性 本产品不溶于水，质量高，润滑效果好，拉拔钢丝拉拔粉消耗低。

厚壁轴承钢管拉拔润滑乳化油

原料配比

原　　料	配比（质量份）	
	1#	2#
油酸	1～15	8
石油磺酸钡	1～8	5
环烷酸铅	1～8	4
氯化石蜡	10～20	15
2,6-二叔丁基对甲酚（T501）	10～20	15
磷酸三乙酯	1～4	2
邻苯二甲酸二丁酯	1～4	2
二烷基二硫代磷酸锌（T202）	1～6	4
聚正丁基乙烯基醚（T601）	1～6	3
变压油	加至100	加至100

制备方法 将计算量的变压油加入反应釜中并加热到40～50℃，开动搅拌器控制转速40r/min，然后依次将计算量的石油磺酸钡、环烷酸铅、油酸、氯化石蜡、磷酸三乙酯、邻苯二甲酸二丁酯、2,6-二叔丁基对甲酚、二烷基二硫代磷酸锌、聚正丁基乙烯基醚徐徐加入到反应釜中，每加一种原料搅拌至充分溶解后再加下一种原料，全部原料溶解后再继续搅拌1h，放料包装。

原料配伍 本品各组分质量份配比范围为：油酸 1～15，石油磺酸钡1～8，环烷酸铅1～8，氯化石蜡10～20，2,6-二叔丁基对甲酚10～20，磷酸三乙酯1～4，邻苯二甲酸二丁酯1～4，二烷基二硫代磷酸锌1～6，聚正丁基乙烯基醚1～6，变压油加至100。

产品应用 本品主要用作厚壁轴承钢管拉拔润滑乳化油。

使用时，加水将本产品稀释，配制成浓度为 8%的乳化液，应用于厚壁轴承钢管拉拔，直至将毛坯材质拉拔至所需直径，无断管现象，表面粗糙度符合国家标准要求。

产品特性

（1）润滑膜的化学吸附及物理吸附性好，在拉拔金属管和模具之间形成均匀连续、完整的液体介质膜，表面所形成的润滑膜吸附牢固，不易在挤压拉伸过程中被挤掉，使拉拔金属管与模具之间具有很好的润滑性，保证拉拔金属管表面具有符合标准的粗糙度、光亮度，同时减少了对模具的磨损，延长了模具的使用寿命。

（2）具有很好的冷却效果，即可防止由于局部过热导致拉拔金属管与模具钢芯的烧结、熔黏或抓结而引起断管的质量问题，同时又可提高每次减径率及径向拉拔增长率，使生产效率得以提高。

（3）乳化性能稳定，即使是用硬质水稀释，对润滑冷却乳化剂的稳定性也没有任何影响。

（4）本产品是棕黄色透明均匀油状物，添加有杀菌剂，不易变质，使用 6 个月时间，无毒无害无恶臭气味，利于环保，不会影响操作人员的身体健康。

（5）易于从拉拔后的金属管表面上除掉，对拉拔管后道工序（热处理和退火）质量无任何不良影响。

环境友好型钢丝拉拔润滑剂

原料配比

原料		配比（质量份）		
		1#	2#	3#
基础油	三羟甲基丙烷三油酸酯	5.0	7.5	10.0
乳化剂	丁二酸二异辛酯磺酸钠	12	15.6	19.2
	烷基聚乙二醇改性醚	3.0	3.9	4.8
碱储备剂	三乙醇胺	5.0	7.5	8.0
极压抗磨剂	超碱值合成磺酸钙	3.0	4.5	6.0

续表

原　料		配比（质量份）		
		1#	2#	3#
极压抗磨剂	高活性的硫化烯烃	0.4	0.6	0.8
	水分散支链化丁二酸酯	6.0	9.0	12.0
水溶性防锈剂	触变型磺酸钙防锈剂	4.24	5.44	6.64
	水性无灰防锈剂	1.06	1.36	1.66
偶合剂	二甘醇丁醚	0.01	0.02	0.03
消泡剂	丙烯酸酯非硅型复合消泡剂	0.01	0.02	0.03
杀菌剂	101 六氢三嗪衍生物杀菌剂	0.01	0.02	0.03
蒸馏水		60.27	44.54	30.81

制备方法

（1）制备油基 A 中间产品：在基础油中加入极压抗磨剂中的水分散支链化丁二酸酯，加热至 85～95℃后，待完全溶解后搅拌 10～12min，降温至 68～70℃，依次加入乳化剂、极压抗磨剂中的超碱值合成磺酸钙和高活性的硫化烯烃、消泡剂，待完全溶解后继续搅拌 15～20min，温度保持在 70℃±2℃，加入碱储备剂保温搅拌 10～15min，待完全溶解后降温至 40～50℃保温，备用。

（2）水基 B 中间产品的制备方法：在蒸馏水中依次加入水溶性防锈剂，加热至 70～80℃后，待完全溶解后搅拌 10～15min，降温至 40～50℃保温，备用。

（3）将步骤（2）中预制好的水基 B 中间产品以 10～12L/min 的速度缓慢投入步骤（1）中预制好的油基 A 中间产品中，以 800～850r/min 速度高速搅拌使其乳化成半流体状均匀油膏，即得中间产品 C，在中间产品 C 中加入偶合剂，待其中和均匀后，加入杀菌剂，搅拌均匀即得浓缩液。

（4）使用时将步骤（3）中所得浓缩液与自来水按体积分数为 5%～7%混合，搅拌均匀即为润滑剂产品。

原料配伍　本品各组分质量份配比范围为：基础油 5.0～10，乳化剂 15～24，碱储备剂 5.0～8.0，极压抗磨剂 9.4～18.8，水溶性防锈剂 5.3～8.3，偶合剂 0.01～0.03，消泡剂 0.01～0.03，杀菌剂 0.01～0.03，蒸馏水 30.81～60.27。

基础油为三羟甲基丙烷三油酸酯，40℃运动黏度为45～54mm²/s，黏度指数大于180，碘值90～120，闪点大于270℃。

乳化剂为丁二酸二异辛酯磺酸钠和烷基聚乙二醇改性醚的混合物，两者混合比例按质量比为 4∶1，其中丁二酸二异辛酯磺酸钠的HLB值（亲水亲油平衡值）为10.8，烷基聚乙二醇改性醚的HLB值（亲水亲油平衡值）为7。实验证明，此混合乳化剂产品能提高拉拔液的清洗性能，具有支链化和不含硫的特性使拉拔润滑剂的耐菌性能、乳化性能、润湿性能、可生物降解性能更好。

碱储备剂为三乙醇胺，能有效中和因高温、污染和生物降解作用使拉丝液内产生的酸性物质，增强产品生物稳定性。

极压抗磨剂包括超碱值合成磺酸钙、高活性的硫化烯烃和水分散支链化丁二酸酯，三者的质量分数为：超碱值合成磺酸钙32%、高活性的硫化烯烃4.2%、水分散支链化丁二酸酯63.8%。所述高活性的硫化烯烃的活性硫的含量为38.5%，40℃运动黏度小于39mm²/s，低气味及较低的黏度，溶解性好，与超碱值合成磺酸钙互配使用具有增效作用，能降低乳化液的摩擦系数，减少模具的磨损，延长模具使用周期。所述水分散支链化丁二酸酯可改善钢丝表面粗糙度，提高拉丝效果，能有效提高钢丝表面Zn层的含量，并能够在极性钢丝表面形成化学吸附膜而排出水，提供强的润滑性的同时还具有助乳化和一定的防锈性能。

水溶性防锈剂是指触变型磺酸钙防锈剂和水性无灰防锈剂的混合物，两者按质量分数的混合比例为：触变型磺酸钙防锈剂80%、水性无灰防锈剂20%。其中所述触变型磺酸钙防锈剂是水溶型单剂，固体含量46%，25℃时黏度为35000mPa·s，稀释剂为水，pH值缓冲效果佳，能够提高流变性和腐蚀保护性。所述水性无灰防锈剂是有机聚羧酸，50%自由酸，50%水，相对分子质量468.6，低泡沫倾向和空气释放性，与硬水兼容，易生物降解。两者以适当比例互配，可达到极佳的长效防锈效果，同时延长油品的使用寿命。

偶合剂为二甘醇丁醚，它可以平衡各种物象的作用，获得清澈透明均匀的外观和透明度。

消泡剂为丙烯酸酯非硅型复合消泡剂，对配方中含有合成磺酸盐发泡性较强的物质具有良好的消泡和抑泡作用，使用时最好先加入油中，再加水。

杀菌剂是101六氢三嗪衍生物，不含重金属、酚、卤代物，能完全生物降解，能够有效控制拉丝液中真菌（霉菌/酵母菌）繁殖的活性化学物质，达到广谱抑菌的效果。

产品应用 本品是一种环境友好型钢丝拉拔润滑剂。

产品特性

（1）该润滑剂使用时是水溶液，冷却效果好，组成润滑剂的各成分不会与钢丝基体发生化学反应，生成影响钢丝性能的化合物，或对钢丝发生腐蚀作用，具有耐酸碱和耐硬水性；防锈性能好，不锈蚀设备和拉制件；低泡沫，消泡性能好，生物稳定性好，储存和使用中变质慢，使用寿命长；不污染环境，对人体无害，且资源丰富，成本低，废液易于处理。

（2）极压抗磨剂选用超碱值磺酸盐与硫化烯烃两种类型的极压抗磨剂的互配，具有明显的协同作用，在减少硫化极压剂加量的同时，能够大大提高配方的极压抗磨性能和经济性，水分散支链化丁二酸酯在配方中能提供优异的油膜强度，与传统的酯和脂肪类原料相比，它们具有的高黏度指数和卓越的热稳定性，使得其形成的润滑膜能承受更高的温度。

（3）具有水解稳定性好、无灰、不会使金属变色、低气味等特点，理化性能稳定，放置一定时间不分层、不变质，不形成妨碍润滑剂进入模孔的凝固性小块，保证润滑系统的畅通，同时还具有良好的润湿性能，在加工过程中，可以更有效地将拉丝润滑剂传递到复杂的金属模具界面上。

黄铜管拉拔润滑乳化油

原料配比

原　　料	配比（质量份）	
	1#	2#
油酸	6～16	10
三乙醇胺	6～16	10
石油磺酸钠	1～16	8
环烷酸锌	1～6	4
邻苯二甲酸二丁酯	1～6	3
苯并三氮唑	0.1～0.3	0.2
无水乙醇	0.5～1.0	0.8
LN30 机械油	6～26	18
煤油	加至 100	加至 100

制备方法

（1）先将计算量的苯并三氮唑用无水乙醇溶解后备用。

（2）再将机械油和煤油加入到反应釜中，加热到40～50℃，开动搅拌器控制转速80r/min，依次将计算量的油酸、三乙醇胺、石油磺酸钠、环烷酸锌、邻苯二甲酸二丁酯以及（1）步骤所得的苯并三氮唑乙醇溶液加入到反应釜中，连续搅拌1～2h。

（3）降至室温。

原料配伍 本品各组分质量份配比范围为：油酸6～16，三乙醇胺6～16，石油磺酸钠1～16，环烷酸锌1～6，邻苯二甲酸二丁酯1～6，苯并三氮唑0.1～0.3，无水乙醇0.5～1.0，机械油6～26，煤油加至100。

产品应用 本品主要用作H68黄铜管拉拔润滑乳化油。它是一种可防止拉拔金属管局部过热断管、氧化变色并可保证成品表面粗糙度的H68黄铜管拉拔润滑乳化油。

使用时，加水将本产品稀释，配制成浓度为5%～10%的乳化液，应用于H68黄铜管拉拔，直至将毛坯材质拉拔至所需直径，无断管现象，表面粗糙度符合国家标准要求。

产品特性

（1）本产品是以运动黏度、润滑性能、极压性能、冷却性能以及稳定性等为性能指标，采用三乙醇胺作为乳化剂，润滑、极压组合则采用具有较大吸收残留酸的耐酸化合物（石油磺酸钠）等。

（2）润滑膜的化学吸附及物理吸附性好，在拉拔金属管和模具之间形成均匀连续、完整的液体介质膜，表面所形成的润滑膜吸附牢固，不易在挤压拉伸过程中被挤掉，使拉拔金属管与模具之间具有很好的润滑性，保证拉拔金属管表面具有符合标准的粗糙度，同时减少了对模具的磨损，延长了模具的使用寿命。

（3）具有很好的冷却效果，既可防止由于局部过热导致拉拔金属管与模具钢芯的烧结、熔粘或抓结而引起断管的质量问题，同时又可提高每次的减径率及径向拉拔增长率，使生产效率得以提高。

（4）乳化性能稳定，即使是用硬质水稀释，对润滑冷却乳化剂的稳定性也没有任何影响。

（5）本产品是棕黄色透明均匀油状物，添加有杀菌剂，不易变质，使用6个月时间，无毒无害无恶臭气味，利于环保，不会影响操作人员的身体健康。

（6）易于从拉拔后的金属管表面上除掉，对拉拔管后道工序（热处理和退火）质量无任何不良影响。

金属线材拉拔陶化液

原料配比

原　料	配比					
	1#	2#	3#	4#	5#	6#
氟锆酸钾	20g	—	—	—	50g	35g
氟锆酸钠	—	35g	50g	20g	—	—
氟钛酸钠	40g	—	35g	—	—	30g
氟钛酸钾	—	30g	—	40g	35g	—
硅烷偶联剂	35mL	20mL	50mL	35mL	50mL	20mL
植酸	2mL	1mL	3mL	2mL	3mL	1mL
三乙醇胺	5mL	1.5mL	9mL	5mL	9mL	1.5mL
钼酸钠	0.3g	0.2g	0.4g	0.3g	0.4g	0.2g
硅酸钠	5.5g	3g	8g	5.5g	8g	3g
酒石酸钠	5g	7.5g	10g	5g	10g	7.5g
硝酸钙	10g	5g	7.5g	10g	7.5g	5g
聚氧乙烯醚类物质	5g	4g	3g	5g	3g	4g
乙醇	100mL	60mL	80mL	100mL	80mL	60mL
水	加至 1L	加至 1L	加至 1L	加至 1L	加至 1L	加至 1L

制备方法

（1）将乙醇与一部分水均匀混合，加入硅烷偶联剂，用冰醋酸、碳酸氢钠调节 pH 值至 4～8，搅拌至澄清透明状，即得混合物 A。

（2）将植酸与三乙醇胺均匀混合，在 40～50℃的条件下恒温反应 2～4h，即得混合物 B。

（3）将硅酸钠与钼酸钠均匀混合，在酸性介质、80～90℃的条件下恒温反应 2～4h，即得混合物 C。

（4）将混合物 A、混合物 B 和混合物 C 均匀混合，用冰醋酸、碳酸氢钠调节 pH 值至 4～8，在 50～60℃的条件下恒温反应 2～3h，即得混合物 D。

（5）将氟锆酸钠或氟锆酸钾、氟钛酸钠或氟钛酸钾、酒石酸钠、硝酸钙、聚氧乙烯醚类物质依次加入到混合物 D 中，用水定容，充分搅拌 2～3h 后即得所述金属线材拉拔陶化液。

原料配伍 本品各组分配比范围为：氟锆酸钠或氟锆酸钾 20～50g；氟钛酸钠或氟钛酸钾 30～40g；硅烷偶联剂 20～50mL；植酸 1～3mL；三乙醇胺 1.5～9mL；钼酸钠 0.2～0.4g；硅酸钠 3～8g；酒石酸钠 5～10g；硝酸钙 5～10g；聚氧乙烯醚类物质 3～5g；乙醇 60～100mL；水加至 1L。

所述酸性介质为盐酸。

所述聚氧乙烯醚类物质可以是壬基酚聚氧乙烯醚。

质量指标

项　目	指标
外观	浅绿色（浓缩液）
气味	无刺激气味
黏度（40℃）/（m^2/s）	2.5×10^{-5}～15×10^{-5}
pH 值（5%水溶液）	2.0～3.0
总酸度	25～35
游离酸度	6.4～10.0
膜层厚度/μm	10～15
膜层附着力	3 级
处理温度	常温
使用浓度	1%～4%（工作液）

产品应用 本品主要用作金属线材拉拔陶化液。

金属线材拉拔工艺流程为：金属线材—表面预处理（喷砂/酸洗）—水洗—陶化液处理（本陶化液）—晾干—进入后续拉拔处理。

本陶化液处理金属线材的工艺参数为：常温处理，处理时间 2min。

产品特性

（1）经本陶化液处理后，金属线材表面形成的陶瓷转化膜具有良好的润滑性能和防腐蚀性能，同时该膜层对金屑基体具有良好的附着力，该膜层较薄，为后期的金属精加工提供了良好的基础。

（2）该膜层致密均匀，极化电流密度较小，膜层颜色为彩色到深褐色。

（3）本陶化液使用时耗能小、不易出现沉渣、经济环保，而且在金属线材表面形成的陶瓷转化膜具有附着力好、膜层致密均匀、利于金属精加工的优点，可以从根本上改善现有金属线材拉拔表面预处理的不足，从而能够更好的应用于金属线材拉拔表面预处理，替代磷化拉拔处理技术。

（4）本陶化液处理金属线材的过程工艺简单，常温下就可以处理，无污染，有效解决了传统磷化液拉拔处理产生的污染以及高能耗等问题。

（5）本陶化液通过改性硅烷膜与金属基体发生螯合作用，在金属基体上形成一层网状的膜层，后通过添加氟锆酸盐以及氟钛酸盐类物质对网状膜层孔隙进行填充，增加抗腐蚀性能及膜层的润滑性能。

可焊接钢丝冷拉拔润滑剂

原料配比

原料		配比（质量份）				
		1#	2#	3#	4#	5#
石灰粉	粒度为60目	100	—	—	—	—
	粒度为80目	—	100	—	—	—
	粒度为120目	—	—	100	—	95
	粒度为200目	—	—	—	100	—
牛油		12.6	12.6	12.6	12.6	13
石蜡		0.7	0.7	0.7	0.7	0.5
肥皂		1.26	1.26	1.26	1.26	2.5

制备方法

（1）将牛油和石蜡加热熔化后混合，并在保温的条件下搅拌使其混合均匀。

（2）将肥皂熔化后将其加入到步骤（1）得到的混合物中，然后保温并搅拌使其混合均匀。

（3）将步骤（2）得到的混合物加入到石灰粉中，搅拌混合均匀即可。

原料配伍 本品各组分质量份配比范围为：石灰粉∶牛油∶石蜡∶肥皂=(90～105)∶(10～17)∶(0.5～1.5)∶(1.2～2.5)。

石灰粉的粒径为50～200目。

产品应用 本品主要用作可焊接钢丝冷拉拔工艺的润滑剂。

在可焊接钢丝冷拉拔工艺中，每吨钢丝用1.2kg的润滑剂。作为对本方案的进一步优化，在可焊接钢丝的冷拉拔工艺过程中，润滑剂可分为多次添加，每次加入的润滑剂的质量相等，其中在最后一道出线模具冷拉拔过程中不用润滑剂，以保证钢丝的导电性，但在上一道工序中必须保证钢丝表面的质量及钢丝表面要光滑，不得有摩擦的伤痕，表面约带润滑剂层。

产品特性

（1）润滑剂用于钢丝冷拉拔工艺时，保证了模具和钢丝具有足够的润滑性，同时使得到的钢丝具有较好的焊接性能。其中石灰粉的用量较多，与其他组分形成稳定的体系后涂覆在钢丝和模具的表面，而且起润滑作用的各个组分的熔点均不相同，所以即使模具和钢丝的温度升高，也不会使有效组分因挥发而失去润滑性能。其中牛油、石蜡和肥皂的密度接近，不会有沉淀现象，可以形成均一稳定的体系，使石灰粉与其混合均匀。石灰粉的粒径为50～200目，这样的石灰粉可以在牛油、石蜡和肥皂形成的混合物中均匀分散，不会对钢丝和模具表面造成擦划，同时也避免了因为粒度较小引起的颗粒团聚问题。如果石灰粉的颗粒较大容易在体系中沉淀，同时对钢丝和模具的表面造成擦划；反之颗粒较小，则容易形成团聚，不能与其他组分混合均匀，影响最终润滑剂的性能。作为对本方案的进一步优化，所述石灰粉的粒度为200目时，具有较好的润滑性和分散性，能够与其他组分混合均匀，用于钢丝冷拉拔工艺时可以得到焊接性能最好的钢丝。

（2）本产品的润滑性和导电性能较好，降低了钢丝冷拉拔工艺中的用量，同时使得到的钢丝具有较好的可焊接性能；在一定程度上降低了生产成本，其中润滑剂的用量为每吨钢丝使用1.2kg的润滑剂。

（3）本产品制备方法具有工艺简单，可操作性强，适于大规模生产的优点。

拉拔波莫合金不锈钢板的润滑剂

原料配比

原料		配比（质量份）		
		1#	2#	3#
基础油	460#的Ⅰ类基础油	32.8	44.4	56
油性剂	硫化猪油	8.0	6.5	5.0
抗磨剂	氯化石蜡 42	30.0	27.5	25.0
极压剂	磷酸三甲酚酯	5.0	4.0	3.0
抗磨助剂	硫化异丁烯	5.0	4.0	3.0
防锈剂	80%的环烷酸锌与20%的苯并三氮唑复合物	1.2	—	—
	65%的环烷酸锌与35%的苯并三氮唑复合物	—	0.85	—
	50%的环烷酸锌与50%的苯并三氮唑复合物	—	—	0.5
摩擦改进剂	烷基磷酸酯	7.0	5.5	4.0
抗氧剂	60%的双辛基二苯胺与40%的2,6-二叔丁基混合酯复合物	1.0	—	—
	55%的双辛基二苯胺与45%的2,6-二叔丁基混合酯复合物	—	0.75	—
	50%的双辛基二苯胺与50%的2,6-二叔丁基混合酯复合物	—	—	0.5
黏度指数改进剂	聚异丁烯	10.0	6.5	3.0

制备方法 将各组分原料混合均匀即可。

原料配伍 本品各组分质量份配比范围为：基础油加至 100，油性剂5.0～8.0，抗磨剂 25.0～30.0，极压剂 3.0～5.0，抗磨助剂 3.0～5.0，防锈剂 0.5～1.2，摩擦改进剂 4.0～7.0，抗氧剂 0.5～1.0，黏度指数改进剂 3.0～10.0。

基础油是 460#的Ⅰ类基础油。

油性剂是硫化猪油。

抗磨剂是氯化石蜡 42。

极压剂是磷酸三甲酚酯。

抗磨助剂是硫化异丁烯。

防锈剂是 80%～50%的环烷酸锌与 20%～50%的苯并三氮唑复合物。

摩擦改进剂是烷基亚磷酸酯。

抗氧剂是 60%～50%的双辛基二苯胺与 40%～50%的 2,6-二叔丁基混合酯复合物。

黏度指数改进剂是聚异丁烯。

质量指标

项　目	质量指标
水分/%	痕迹
40℃运动黏度/（mm^2/s）	501.5
闪点（开口）/℃	240
机械杂质/%	无
最大无卡咬负荷（P_B）/N	1100
倾点/℃	–5
水溶性酸或碱	无
腐蚀试验（铜片、100℃、3h）/级	1
黏度指数≥	90

产品应用　本品主要用作拉拔波莫合金不锈钢板的润滑剂。

产品特性　本产品具有良好的润滑性能，增加变形区内油膜强度，降低摩擦系数，保持油膜强度、抗剪切性和厚度性能稳定；黏度高，黏附性强，抗磨性、黏温性、极压性、承载能力强，冷却、减震性好，减少拉拔工具和拉模的磨损。

拉拔超细不锈钢丝使用的润滑剂

原料配比

原　料		配比（质量份）				
		1#	2#	3#	4#	5#
聚乙二醇	聚乙二醇（相对分子质量 6000）	5	—	—	—	—
	聚乙二醇（相对分子质量 5000）	—	10	—	—	—
	聚乙二醇（相对分子质量 3000）	—	—	8	—	—
	聚乙二醇（相对分子质量 2000）	—	—	—	6	—
	聚乙二醇（相对分子质量 4000）	—	—	—	—	8

续表

原料		配比（质量份）				
		1#	2#	3#	4#	5#
异丙醇		8	5	6	8	10
极压剂	硫化异丁烯	1	0.5	1	1	—
	硫化鲸鱼油	—	—	—	—	2
氧化胺	月桂基二羟乙基氧化胺	5	—	—	—	—
	十八烷基二羟乙基氧化胺	—	10	—	—	—
	椰油酰胺丙基氧化胺	—	—	15	15	—
	十八酰胺丙基氧化胺	—	—	—	—	20
聚天冬氨酸		0.5	0.5	0.5	0.5	0.5
金属防锈剂	油酸三乙醇胺	1	0.5	1	1	—
	石油磺酸钠	—	—	—	—	1
水		55	60	80	80	100

制备方法

（1）在反应釜中加水，放入配方量的聚乙二醇，升温至60～70℃，至完全溶解。

（2）继续升温并使温度保持在90～100℃，在不断搅拌的条件下，依次添加配方量的极压剂、氧化胺、金属防锈剂，搅拌均匀，自然冷却降温。

（3）降温至50～60℃，加入聚天冬氨酸、异丙醇，搅拌均匀，冷却至室温即得润滑剂产品。

原料配伍 本品各组分质量份配比范围为：聚乙二醇 5～10，异丙醇5～10，极压剂0.5～2，氧化胺5～20，聚天冬氨酸0.5，金属防锈剂0.5～1，水45～100。

聚乙二醇相对分子质量为2000～6000。

极压剂为硫化异丁烯或硫化鲸鱼油。

氧化胺为月桂基二羟乙基氧化胺、十八烷基二羟乙基氧化胺、椰油酰胺丙基氧化胺、十八酰胺丙基氧化胺的其中一种。

金属防锈剂为油酸三乙醇胺或石油磺酸钠。

质量指标

项　　目	拉拔速度/(m/min)	断线率	不锈钢丝情况	模具寿命
1#润滑剂	720	5 次/1000m	线形均匀，表面光亮	平均 15h
2#润滑剂	720	3 次/1000m	线形均匀，表面光亮	平均 15h
3#润滑剂	720	2 次/1000m	线形均匀，表面光亮	平均 18h
4#润滑剂	720	3 次/1000m	线形均匀，表面光亮	平均 16h
5#润滑剂	720	4 次/1000m	线形均匀，表面光亮	平均 15h

产品应用　本品主要用作拉拔超细不锈钢丝使用的润滑剂。

使用润滑剂时，将润滑剂按质量分数制成 20%～40%的乳液，在钢丝拉拔过程中，将乳液冲淋至连续拉丝机的拉丝模腔中即可。

产品特性

（1）使用本品能在拉拔超细不锈钢丝时保持良好的润滑性能，使超细不锈钢丝线形均匀，表面光亮，不易锈蚀。从而提高超细不锈钢丝的表面质量，降低断丝率。

（2）本品由聚乙二醇、异丙醇、极压剂、氧化胺、聚天冬氨酸、金属防锈剂配制而成。以上组成润滑剂的各成分不会与钢丝基体发生化学反应或对钢丝发生腐蚀作用，并且容易清除；不污染环境，对人体无害。

（3）聚乙二醇单体乙二醇分子中，含有强极性基团—OH 能牢固地吸附在钢丝表面并随钢丝进入拉丝模，形成吸附润滑膜，有效地把变形区的两个界面分开，从而达到减少摩擦的效果。聚乙二醇分子在润滑膜中呈层状结构，每层内分子结合力强，各层之间分子结合力弱，因此有良好的延伸性和润滑性，不仅能牢固地吸附在钢丝表面，而且能随钢丝进行延伸变形。

（4）聚乙二醇的相对分子质量在 2000～6000，使乙二醇分子的分子链长短适宜作为润滑剂使用。

（5）极压剂选用硫化异丁烯或硫化鲸鱼油，具有良好的极压性能，能有效地抵抗负荷。形成的润滑膜耐高压和高温，在拉拔超细不锈钢丝时产生的高压和高温条件下，润滑膜仍能保持其连续性和润滑性而不被破坏、不焦化。

（6）选用氧化胺、异丙醇等表面活性剂，润湿力强，使拉出的不锈钢丝线形均匀，表面光滑，不易出现伤痕。这些物质性质稳定，在使用过程中温度升幅小，易清洗。

（7）润滑剂中添加金属防锈剂油酸三乙醇胺或石油磺酸钠，可在超细钢丝表面形成一层保护膜，防止锈蚀。

拉拔钢棒的润滑剂

原料配比

原料		配比（质量份）		
		1#	2#	3#
基础油	150#全损耗系统用油	69.79	76.1425	82.495
油性剂	70%的硫化棉籽油与30%的油酸乙二酸酯复合物	12.0	—	—
	55%的硫化棉籽油与45%的油酸乙二酸酯复合物	—	9.0	—
	40%的硫化棉籽油与60%的油酸乙二酸酯复合物	—	—	6.0
摩擦改进剂	磷酸酯	5.0	4.0	3.0
极压剂	氯化石蜡52	7.0	6.0	5.0
抗磨剂	硫化异丁烯	5.0	4.0	3.0
抗氧剂	60%的*N*-苯基-*α*-萘胺与40%的2,6-二叔丁基对甲酚复合物	1.2	—	—
	55%的*N*-苯基-*α*-萘胺与45%的2,6-二叔丁基对甲酚复合物	—	0.85	—
	50%的*N*-苯基-*α*-萘胺与50%的2,6-二叔丁基对甲酚复合物	—	—	0.5
抗泡剂	二甲基硅油	0.01	0.0075	0.005

制备方法 将各组分原料混合均匀即可。

原料配伍 本品各组分质量份配比范围为：基础油加至100，油性剂

6.0～12.0，摩擦改进剂 3.0～5.0，极压剂 5.0～7.0，抗磨剂 3.0～5.0，抗氧剂 0.5～1.2，抗泡剂 0.005～0.01。

基础油是 150#全损耗系统用油。

油性剂是 70%～40%的硫化棉籽油与 30%～60%的油酸乙二酸酯复合物。

摩擦改进剂是磷酸酯。

极压剂是氯化石蜡 52。

抗磨剂是硫化异丁烯。

抗氧剂是 60%～50%的 *N*-苯基-*α*-萘胺与 40%～50%的 2,6-二叔丁基对甲酚复合物。

抗泡剂是二甲基硅油。

质量指标

项　　目	质量指标
水分/%	痕迹
40℃运动黏度/（mm^2/s）	164.6
闪点（开口）/℃	210
机械杂质/%	无
最大无卡咬负荷（P_B）/N	1100
倾点/℃	−5
水溶性酸或碱	无
腐蚀试验（铜片、100℃、3h）/级	1
黏度指数≥	90

产品应用 本品主要用作拉拔钢棒的润滑剂。

产品特性 本产品具有良好的润滑性能，可增加变形区内油膜强度，降低摩擦系数，保持油膜强度和厚度性能稳定；黏附性强，抗磨性、黏温性、冲洗性能好；极压性强，冷却性好，减少拉拔工具和拉模的磨损，有较小的流动剪切应力，降低金属的表面粗糙度和提高规格精度，便于使用和清理。

拉拔钢管的润滑剂

原料配比

原料		配比（质量份）		
		1#	2#	3#
基础油	320#的Ⅰ类基础油	72.99	77.3425	81.695
油性剂	工业猪油	8.0	7.0	6.0
抗磨剂	氯化石蜡42	8.0	6.5	5.0
极压剂	磷酸三甲酸酯	4.0	3.5	3.0
摩擦改进剂	烷基亚磷酸酯	5.0	4.0	3.0
抗氧防腐剂	硫磷丁辛基锌盐	1.0	0.9	0.8
抗氧剂	60%的丁辛基二苯胺与40%的2,6-二叔丁基对甲酚复合物	1.0	—	—
	55%的丁辛基二苯胺与45%的2,6-二叔丁基对甲酚复合物	—	0.75	—
	50%的丁辛基二苯胺与50%的2,6-二叔丁基对甲酚复合物	—	—	0.5
抗泡剂	二甲基硅油	0.01	0.0075	0.005

制备方法　将各组分原料混合均匀即可。

原料配伍　本品各组分质量份配比范围为：油性剂 6.0～8.0，抗磨剂 5.0～8.0，极压剂 3.0～4.0，摩擦改进剂 3.0～5.0，抗氧防腐剂 0.8～1.0，抗氧剂 0.5～1.0，抗泡剂 0.005～0.01，基础油加至 100。

基础油是 320#的Ⅰ类基础油。

油性剂工业猪油。

抗磨剂是氯化石蜡 42。

极压剂是磷酸三甲酸酯。

摩擦改进剂是烷基亚磷酸酯。

抗氧防腐剂是硫磷丁辛基锌盐。

抗氧剂是 60%～50%的丁辛基二苯胺与 40%～50%的 2,6-二叔丁基对甲酚复合物。

抗泡剂是二甲基硅油。

质量指标

项　　目	质量指标
水分/%	痕迹
40℃运动黏度/（mm^2/s）	32.5
闪点（开口）/℃	230
机械杂质/%	无
最大无卡咬负荷（P_B）/N	1100
倾点/℃	−5
水溶性酸或碱	无
腐蚀试验（铜片、100℃、3h）/级	1
黏度指数≥	90

产品应用　本品主要用作拉拔钢管的润滑剂。

产品特性　本产品具有良好的润滑性能，能增加变形区内油膜强度，降低摩擦系数，保持油膜强度和厚度性能稳定；黏附性强，抗磨性、黏温性能好；极压性强、冷却性好，减少拉拔工具和拉模的磨损，有较小的流动剪切应力，降低金属的表面粗糙度和提高规格精度，有适当的闪点和着火点，便于使用等特点。

拉拔低粗糙度铝及铝合金管的润滑剂

原料配比

原　　料		配比（质量份）		
		1#	2#	3#
基础油	46#全损耗系统用油	68.29	73.9925	79.695
油性剂	油酸乙二酸酯	5.0	4.0	3.0
抗磨剂	磷酸三甲酚酯	6.0	5.5	5.0
极压剂	硼化磷胺酯	5.0	4.0	3.0
金属减活剂	苯三唑衍生物	0.5	0.4	0.3
抗氧剂	60%的二壬基二苯胺与40%的2,6-二叔丁基混合酯复合物	1.2	—	—
	55%的二壬基二苯胺与45%的2,6-二叔丁基混合酯复合物	—	0.85	—

续表

原料		配比（质量份）		
		1#	2#	3#
抗氧剂	50%的二壬基二苯胺与50%的2,6-二叔丁基混合酯复合物	—	—	0.5
抗泡剂	二甲基硅油	0.01	0.0075	0.005
摩擦改进剂	磷酸酯	8.0	6.5	5.0
光亮剂	咪唑啉油酸铝	1.0	0.75	0.5
助剂	聚异丁烯	5.0	4.0	3.0

制备方法 将各组分原料混合均匀即可。

原料配伍 本品各组分质量份配比范围为：油性剂 3.0～5.0，抗磨剂 5.0～6.0，极压剂 3.0～5.0，金属减活剂 0.3～0.5，抗氧剂 0.5～1.2，抗泡剂 0.005～0.01，摩擦改进剂 5.0～8.0，光亮剂 0.5～1.0，助剂 3.0～5.0，基础油加至 100。

基础油是 46#全损耗系统用油。

油性剂是油酸乙二酸酯。

抗磨剂是磷酸三甲酚酯。

极压剂是硼化磷胺酯。

金属减活剂是苯三唑衍生物。

抗氧剂是 60%～50%的二壬基二苯胺与 40%～50%的 2,6-二叔丁基混合酯复合物。

抗泡剂是二甲基硅油。

摩擦改进剂是磷酸酯。

光亮剂是咪唑啉油酸铝。

助剂是聚异丁烯。

质量指标

项目	质量指标
水分/%	痕迹
40℃运动黏度/（mm^2/s）	48.5
闪点（开口）/℃	210
机械杂质/%	无
最大无卡咬负荷（P_B）/N	1100

续表

项　目	质量指标
倾点/℃	−5
水溶性酸或碱	无
腐蚀试验（铜片、100℃、3h）/级	1
黏度指数≥	110

产品应用 本品主要用作拉拔低粗糙度铝及铝合金管的润滑剂。

产品特性 本产品具有较强的黏附性，润滑膜强度大，抗磨性和黏温性好，极压性强、冷却性、清洗性和润滑性好，减少拉拔工具和拉模的磨损，有较小的流动剪切应力，降低金属的表面粗糙度和提高规格精度，有一定的化学稳定性和减少出现油斑等特点。

拉拔高烧结负荷钢板的润滑剂

原料配比

原　　料		配比（质量份）		
		1#	2#	3#
基础油	1000#的Ⅰ类基础油	64.48	70.085	75.69
油性剂	85%的硫化棉籽油与15%的牛油复合物	8.0	—	—
	75%的硫化棉籽油与25%的牛油复合物	—	7.0	—
	65%的硫化棉籽油与35%的牛油复合物	—	—	6.0
极压剂	硼化磷酸酯	5.0	4.0	3.0
抗磨剂	氯化石蜡52	8.0	7.0	6.0
摩擦改进助剂	苯三唑脂肪酸胺盐	1.0	0.75	0.5
抗氧剂	60%的二壬基二苯胺与40%的2,6-叔丁基混合酯复合物	1.5	—	—
	55%的二壬基二苯胺与45%的2,6-二叔丁基混合酯复合物	—	1.15	—
	50%的二壬基二苯胺与50%的2,6-二叔丁基混合酯复合物	—	—	0.8
抗泡剂	乙基硅油	0.02	0.015	0.01
摩擦改进剂	磷酸酯	8.0	6.5	5.0
黏度指数改进剂	聚甲基丙烯酸酯	4.0	3.5	3.0

制备方法　将各组分原料混合均匀即可。

原料配伍　本品各组分质量份配比范围为：油性剂 6.0～8.0，极压剂 3.0～5.0，抗磨剂 6.0～8.0，摩擦改进助剂 0.5～1.0，抗氧剂 0.8～1.5，抗泡剂 0.01～0.02，摩擦改进剂 5.0～8.0，黏度指数改进剂 3.0～4.0，基础油加至 100。

基础油是 1000#的Ⅰ类基础油。

油性剂是 85%～65%的硫化棉籽油与 15%～35%的牛油复合物。

极压剂是硼化磷酸酯。

抗磨剂是氯化石蜡 52。

摩擦改进助剂是苯三唑脂肪酸胺盐。

抗氧剂是 60%～50%的二壬基二苯胺与 40%～50%的 2,6-二叔丁基混合酯复合物。

抗泡剂是乙基硅油。

摩擦改进剂是磷酸酯。

黏度指数改进剂是聚甲基丙烯酸酯。

质量指标

项　　目	质量指标
水分/%	痕迹
40℃运动黏度/（mm^2/s）	1112
闪点（开口）/℃	230
机械杂质/%	无
最大无卡咬负荷（P_B）/N	1100
倾点/℃	−5
水溶性酸或碱	无
腐蚀试验（铜片、100℃、3h）/级	1
黏度指数≥	90

产品应用　本品主要用作拉拔高烧结负荷钢板的润滑剂。

产品特性　本产品具有良好的润滑性能，可增加变形区内油膜强度，降低摩擦系数，保持油膜强度、承载性和厚度性能稳定；黏附性、抗剪切性强，抗磨性、黏温性好；极压性强、冷却及减震好，减少拉拔工具和拉模的磨损，有较小的流动剪切应力，降低金属的表面粗糙度和提高规格精度，克服加工性不良、易粘咬、易生锈等不足的特点。

拉拔高张力钢板的润滑剂

原料配比

原料		配比（质量份）		
		1#	2#	3#
基础油	60#的Ⅰ类基础油	62.98	69.435	75.89
油性剂	硫化猪油	8.0	6.5	5.0
抗磨剂	氯化石蜡 42	10.0	9.0	8.0
极压剂	磷酸二甲酚酯	5.0	4.0	3.0
防锈剂	80%的烯基丁二酸半酯与 20%的石油磺酸钠复合物	1.5	—	—
	65%的烯基丁二酸半酯与 35%的石油磺酸钠复合物	—	1.15	—
	50%的烯基丁二酸半酯与 50%的石油磺酸钠复合物	—	—	0.8
抗氧剂	60%的 *N*-苯基-*α*-萘胺与 40%的 2,6-二叔丁基对甲酚复合物	2.0	—	—
	55%的 *N*-苯基-*α*-萘胺与 45%的 2,6-二叔丁基对甲酚复合物	—	1.5	—
	50%的 *N*-苯基-*α*-萘胺与 50%的 2,6-二叔丁基对甲酚复合物	—	—	1.0
抗泡剂	乙基硅油	0.02	0.015	0.01
金属减活剂	60%的苯三唑衍生物与 40%的噻二唑衍生物复合物	2.0	—	—
	55%的苯三唑衍生物与 45%的噻二唑衍生物复合物	—	1.5	—
	50%的苯三唑衍生物与 50%的噻二唑衍生物复合物	—	—	1.0
极压助剂	二烷基二硫代氨基甲酸钨	0.5	0.4	0. 3
摩擦改进剂	磷酸酯	8.0	6.5	5.0

制备方法 将各组分原料混合均匀即可。

原料配伍 本品各组分质量份配比范围为：油性剂 5.0～8.0，抗磨剂 8.0～10.0，极压剂 3.0～5.0，防锈剂 0.8～1.5，抗氧剂 1.0～2.0，抗泡剂 0.01～0.02，金属减活剂 1.0～2.0，极压助剂 0.3～0.5，摩擦改进剂 5.0～8.0，基础油加至 100。

基础油是 60#的 I 类基础油。

油性剂是硫化猪油。

抗磨剂是氯化石蜡 42。

极压剂是磷酸二甲酚酯。

防锈剂是 80%～50%的烯基丁二酸半酯与 20%～50%的石油磺酸钠复合物。

抗氧剂是 60%～50%的 *N*-苯基-*α*-萘胺与 40%～50%的 2,6-二叔丁基对甲酚复合物。

抗泡剂是乙基硅油。

金属减活剂是 60%～50%的苯三唑衍生物与 40%～50%的噻二唑衍生物复合物。

极压助剂是二烷基二硫代氨基甲酸钨。

摩擦改进剂是磷酸酯。

质量指标

项　目	质量指标
水分/%	痕迹
40℃运动黏度/（mm^2/s）	498.6
闪点（开口）/℃	230
机械杂质/%	无
最大无卡咬负荷（P_B）/N	1100
倾点/℃	−5
水溶性酸或碱	无
腐蚀试验（铜片、100℃、3h）/级	1
黏度指数≥	90

产品应用 本品主要用作拉拔高张力钢板的润滑剂。

产品特性 本产品具有良好的润滑性能，增加变形区内油膜强度，降低摩擦系数，保持油膜强度和厚度性能稳定；黏附性强，抗磨性、黏温性好；极压性强、冷却好，减少拉拔工具和拉模的磨损，有较小的流动剪切应力，降低金属的表面粗糙度和提高规格精度，克服加工性不良、易粘咬、易生锈的不足，有适当的闪点和着火点，便于使用等特点。

拉拔挤压黄铜毛坯的润滑剂

原料配比

原料		配比（质量份）		
		1#	2#	3#
基础油	22#工业白油	69.99	75.9925	81.995
油性剂	70%的工业猪油与30%的棕榈酸复合物	8.0	—	—
	60%的工业猪油与40%的棕榈酸复合物	—	6.5	—
	50%的工业猪油与50%的棕榈酸复合物	—	—	5.0
抗磨剂	磷酸三甲酚酯	5.0	4.0	3.0
极压剂	环烷酸铜	5.0	4.0	3.0
抗氧剂	60%的 *N*-苯基-*α*-萘胺与40%的2,6-二叔丁基对甲酚复合物	1.0	—	—
	55%的 *N*-苯基-*α*-萘胺与45%的2,6-二叔丁基对甲酚复合物	—	0.75	—
	50%的 *N*-苯基-*α*-萘胺与50%的2,6-二叔丁基对甲酚复合物	—	—	0.5
金属减活剂	苯三唑衍生物	1.0	0.75	0.5
摩擦改进剂	油酸乙二酸酯	5.0	4.0	3.0
抗泡剂	二甲基硅油	0.01	0.0075	0.005
补强剂	聚异丁烯	5.0	4.0	3.0

制备方法 将各组分原料混合均匀即可。

原料配伍 本品各组分质量份配比范围为：油性剂 5.0～8.0，抗磨剂 3.0～5.0，极压剂 3.0～5.0，抗氧剂 0.5～1.0，金属减活剂 0.5～1.0，摩擦改进剂 3.0～5.0，抗泡剂 0.005～0.01，补强剂 3.0～5.0，基础油加至 100。

基础油是 22#工业白油。

油性剂是 50%～70%的工业猪油与 50%～30%的棕榈酸复合物。

抗磨剂是磷酸三甲酚酯。

极压剂是环烷酸铜。

抗氧剂是 60%～50%的 N-苯基-α-萘胺与 40%～50%的 2,6-二叔丁基对甲酚复合物。

金属减活剂是苯三唑衍生物。

摩擦改进剂是油酸乙二酸酯。

抗泡剂是二甲基硅油。

补强剂是聚异丁烯。

质量指标

项　　目	质量指标
水分/%	痕迹
40℃运动黏度/（mm^2/s）	23.6
闪点（开口）/℃	160
机械杂质/%	无
最大无卡咬负荷（P_B）/N	1000
倾点/℃	–10
水溶性酸或碱	无
腐蚀试验（铜片、100℃、3h）/级	1
黏度指数≥	90

产品应用　本品主要用作拉拔挤压黄铜毛坯的润滑剂。

产品特性　本产品具有较强的渗透和扩散性，油膜强度大，抗磨性、抗剪切性、冷却性、清洗性和黏温性好，极压性强，油膜厚度稳定性、耐压性和润滑性好，减少拉拔工具和拉模的磨损，有较小的流动剪切应力，降低金属的表面粗糙度和规格精度，清理方便，有一定的化学稳定性，适当的闪点及着火点和防止出现锈斑能力等特点。

拉拔金属线材的水基润滑剂

原料配比

原　　料		配比（质量份）						
		1#	2#	3#	4#	5#	6#	7#
羧酸盐	蓖麻酸硫酸酯钠盐（太古油）	1	—	—	1	—	—	—
	硬脂酸钠	—	1	—	—	—	—	—

续表

原料		配比（质量份）						
		1#	2#	3#	4#	5#	6#	7#
羧酸盐	油酸钠	—	—	1	—	—	—	—
	油酸二乙醇胺	—	—	—	—	1	—	
	硬脂酸三乙醇胺	—	—	—	—	—	1	1
聚丙烯酰胺（PAM）		0.3	0.2	0.4	0.25	0.2	0.2	0.2
羟甲基纤维素（CMC）		0.1	—	—	—	0.3	—	—
羟乙基纤维素（HEC）		—	0.15	—	0.25	—	0.3	0.3
羟丙基纤维素甲醚（HPMC）		—	—	0.4	—	—	—	—
平平加		0.02	0.01	0.07	0.07	0.05	0.05	0.05
二硫代磷酸复酯胺盐	二甲基二硫代磷酸复酯二乙醇胺盐	0.01	—	0.02	—	—	0.03	—
	二乙基二硫代磷酸复酯二乙醇胺盐	—	0.01	—	0.03	0.25	—	—
二硫代磷酸胺盐	二乙基二硫代磷酸三羟甲基甲胺盐	0.02	—	—	—	0.03	—	—
	二乙基二硫代磷酸三乙醇胺盐	—	0.01	0.03	0.03	—	0.03	0.03
硼砂		0.2	0.15	0.2	0.2	0.25	0.15	0.15
水		1	1.5	2	2.5	3.5	2.5	2.5
聚丙烯酸甲酯		0.0005	0.0005	0.0005	0.0005	0.0005	0.0005	0.0005
N,*N*′-二水杨酸-1,2-二胺丙烷		0.002	0.002	0.002	0.002	0.002	0.002	0.002
亚硝酸钠		0.001	0.001	0.001	0.001	0.001	0.001	0.001

制备方法 将上述物料按比例混合，在常温下搅拌均匀。

原料配伍 本品各组分质量份配比范围为：羧酸盐 1，聚丙烯酰胺（PAM）0.2～0.4，羟甲基纤维素（CMC）0.1～0.4，平平加 0.01～0.07，二硫代磷酸复酯胺盐 0.01～0.03，二硫代磷酸胺盐 0.01～0.03，硼砂 0.05～0.2，水 1～3.5，聚丙烯酸甲酯 0.0005，*N*,*N*′-二水杨酸-1,2-二胺丙烷 0.002，亚硝酸钠 0.001。

羧酸盐包括蓖麻酸硫酸酯钠盐（太古油）及硬脂酸或油酸的钠盐、二乙醇胺盐、三乙醇胺盐。

羟甲基纤维素（CMC）可以用羟乙基纤维素（HEC）或羟丙基纤维素甲醚（HPMC）代替。

二硫代磷酸复酯胺盐包括二甲基二硫代磷酸复酯二乙醇胺盐、二乙基二硫代磷酸复酯二乙醇胺盐。

二硫代磷酸胺盐包括二乙基二硫代磷酸三羟甲基甲胺盐、二乙基二硫代磷酸三乙醇胺盐。

产品应用　本品主要用于拉拔金属线材的水基润滑剂。

水基润滑剂的使用方法是：以拉丝机水箱注入水的质量计算，取10%左右的水基润滑剂溶置于水箱中，并以润滑剂调节润滑液的折射率为 1.339、pH 值为 8～10，拉拔过程中适当补加润滑剂，以维持润滑液的折射率与 pH 值。

产品特性

（1）本产品采用二硫代磷酸复酯胺盐和/或二硫代磷酸胺盐作为极压抗磨剂在摩擦副表面极易形成分子膜。聚丙烯酰胺（PAM）的使用不仅能在线材表面形成吸附膜，而且能使拉拔过程中产生的油泥聚沉。用本产品水基润滑剂拉拔的焊丝，存放两年不生锈，表面清洁无油泥，光泽好。

（2）本产品不仅可用于二氧化碳气体保护焊丝、埋弧焊丝、作为电子元器件引出线的铜包钢丝、镀青铜胎圈钢丝等镀铜钢丝的拉拔，还可用于光面钢丝的拉拔。

拉拔磷化常温皂化剂

原料配比

原　　料	配比（质量份）		
	1#	2#	3#
氢氧化钠	10	30	20
硬脂酸	20	10	15
工业一级磷酸钠	5	10	8

续表

原　　料	配比（质量份）		
	1#	2#	3#
亚硝酸钠	10	5	8
RQ-139c 液体高碱表面活性剂	1	5	3
聚乙二醇（相对分子质量 M=400）	5	1	3
工业甘油	1	5	3
元明粉	加至 100	加至 100	加至 100

制备方法 在压入式粉体搅拌机中，先将计算称重的氢氧化钠、硬脂酸混合搅拌均匀后，再依次将计算称重的磷酸钠、亚硝酸钠、元明粉、RQ-139c 液体高碱表面活性剂、聚乙二醇、工业甘油徐徐加入粉体搅拌机中充分搅拌均匀。

原料配伍 本品各组分质量份配比范围为：氢氧化钠 10～30，硬脂酸 10～20，工业一级磷酸钠 5～10，亚硝酸钠 5～10，RQ-139c 液体高碱表面活性剂 1～5，聚乙二醇（相对分子质量 M=400）1～5，工业甘油 1～5 及元明粉加至 100。

产品应用 本品主要用作磷化皂化剂。

使用时，将本产品加水按 10%配制工作液，将磷化并水洗后的工件在常温下浸渍本工作液皂化 5～10min，干燥后转入拉拔工序。各项性能指标均符合磷化皂化要求。

产品特性 本产品无需加热，只需将磷化并水洗后的工件在常温下浸渍皂化 5～10min，即可满足磷化膜皂化要求，使用方便，可降低成本、节省能耗。

拉拔铝及铝合金管的润滑剂

原料配比

原　　料		配比（质量份）		
		1#	2#	3#
基础油	460#的Ⅰ类基础油	68.2	74.35	80.5
油性剂	工业猪油	10.0	9.0	8.0

续表

原料		配比（质量份）		
		1#	2#	3#
抗磨剂	硫磷酸含氮衍生物	7.0	5.0	3.0
极压剂	硼化磷酸酯	5.0	4.0	3.0
抗氧剂	60%的 *p*，*p'*-二异辛基二苯胺与 40%的 2,6-二叔丁基对甲酚复合物	1.0	—	—
	55%的 *p*，*p'*-二异辛基二苯胺与 45%的 2,6-二叔丁基对甲酚复合物	—	0.75	—
	50%的 *p*，*p'*-二异辛基二苯胺与 50%的 2,6-二叔丁基对甲酚复合物	—	—	0.5
摩擦改进剂	烷基亚磷酸酯	5.0	4.0	3.0
金属减活剂	苯三唑衍生物	2.0	1.5	1.0
抗氧防腐剂	二烷基二硫代磷酸硫化氧铜	1.0	0.75	0.5
抗氧助剂	硫磷丁辛基锌盐	0.8	0.65	0.5

制备方法 将各组分原料混合均匀即可。

原料配伍 本品各组分质量份配比范围为：油性剂 8.0～10.0，抗磨剂 3.0～7.0，极压剂 3.0～5.0，抗氧剂 0.5～1.0，摩擦改进剂 3.0～5.0，金属减活剂 1.0～2.0，抗氧防腐剂 0.5～1.0，抗氧助剂 0.5～0.8，基础油加至 100。

基础油是 460#的Ⅰ类基础油。

油性剂是工业猪油。

抗磨剂是硫磷酸含氮衍生物。

极压剂是硼化磷酸酯。

抗氧剂是 60%～50%的 *p*,*p'*-二异辛基二苯胺与 40%～50%的 2,6-二叔丁基对甲酚复合物。

摩擦改进剂是烷基业磷酸酯。

金属减活剂是苯三唑衍生物。

抗氧防腐剂是二烷基二硫代磷酸硫化氧铜。

抗氧助剂是硫磷丁辛基锌盐。

质量指标

项　　目	质量指标
水分/%	痕迹
40℃运动黏度/（mm^2/s）	491.5
闪点（开口）/℃	230
机械杂质/%	无
最大无卡咬负荷（P_B）/N	1100
倾点/℃	−5
水溶性酸或碱	无
腐蚀试验（铜片、100℃、3h）/级	1
黏度指数≥	90

产品应用　本品主要用作拉拔铝及铝合金管的润滑剂。

产品特性　本产品润滑膜强度大，抗磨性和黏温性好，极压性强、厚度稳定性和润滑性好，减少拉拔工具和拉模的磨损，有较小的流动剪切应力，降低金属的表面粗糙度和提高规格精度，有一定的化学稳定性和防止出现白斑能力等特点。

拉拔铝小桶盒的润滑剂

原料配比

原　　料		配比（质量份）		
		1#	2#	3#
基础油	46#全损耗系统用油	75.485	79.8375	84.19
油性剂	硫化棉籽油	5.0	4.0	3.0
抗磨剂	磷酸三甲酚酯	7.0	6.0	5.0
抗氧剂	60%的丁辛基二苯胺与40%的2,6-二叔丁基混合酯复合物	1.5	—	—
	55%的丁辛基二苯胺与45%的2,6-二叔丁基混合酯复合物	—	1.15	—

续表

原料		配比（质量份）		
		1#	2#	3#
抗氧剂	50%的丁辛基二苯胺与50%的2,6-二叔丁基混合酯复合物	—	—	0.8
金属减活剂	*N,N'*二仲丁基对苯二胺	1.0	0.75	0.5
摩擦改进剂	棕榈酸甲酯	4.0	3.5	3.0
抗泡剂	乙基硅油	0.015	0.0125	0.01
助剂	聚异丁烯	5.0	4.0	3.0
补强剂	硫磷丁辛基锌盐	1.0	0.75	0.5

制备方法 将各组分原料混合均匀即可。

原料配伍 本品各组分质量份配比范围为：油性剂 3.0～5.0，抗磨剂 5.0～7.0，抗氧剂 0.8～1.5，金属减活剂 0.5～1.0，摩擦改进剂 3.0～4.0，抗泡剂 0.01～0.015，助剂 3.0～5.0，补强剂 0.5～1.0，基础油加至 100。

基础油是 46#全损耗系统用油。

油性剂是硫化棉籽油。

抗磨剂是磷酸三甲酚酯。

抗氧剂是 60%～50%的丁辛基二苯胺与 40%～50%的 2,6-二叔丁基混合酯复合物。

金属减活剂是 *N,N'*-二仲丁基对苯二胺。

摩擦改进剂是棕榈酸甲酯。

抗泡剂是乙基硅油。

助剂是聚异丁烯。

补强剂是硫磷丁辛基锌盐。

质量指标

项目	质量指标
水分/%	痕迹
40℃运动黏度/（mm^2/s）	49.5
闪点（开口）/℃	180

续表

项目	质量指标
机械杂质/%	无
最大无卡咬负荷（P_B）/N	1100
倾点/℃	—10
水溶性酸或碱	无
腐蚀试验（铜片、100℃、3h）/级	1
黏度指数≥	100

产品应用 本品主要用作拉拔铝小桶盒的润滑剂。

产品特性 本产品具有较强的黏附性，油膜强度大，抗磨性和黏温性好，极压性强、油膜厚度稳定性和润滑性好，减少拉拔工具和拉模的磨损，有较小的流动剪切应力，降低金属的表面粗糙度和提高规格精度，有一定的化学稳定性，不腐蚀模具，易冲掉污物和脱脂，不污染环境，有防止出现白斑的能力。

拉拔镁及镁合金线、管材的润滑剂

原料配比

原料		配比（质量份）		
		1#	2#	3#
基础油	32#全损耗系统用油	81.0	65.8	72.9
油性剂	50%的牛油与50%的羊油复合物	5.0	—	—
	45%的牛油与55%的羊油复合物	—	12.0	—
	40%的牛油与60%的羊油复合物	—	—	9.0
抗磨剂	氯化石蜡42	5.0	8.0	7.0
极压剂	磷酸酯	5.0	8.0	6.0
抗氧剂	45%的2,6-二叔丁基对甲酚与55%的p,p'-二异辛基二苯胺复合物	0.8	—	—
	50%的2,6-二叔丁基对甲酚与50%的p,p'-二异辛基二苯胺复合物	—	1.19	1.093
抗泡剂	二甲基硅油	0.005	0.01	0.007
摩擦改进剂	聚异丁烯	3.195	5.0	4.0

制备方法 将各组分原料混合均匀即可。

原料配伍 本品各组分质量份配比范围为：油性剂 5.0～12.0，抗磨剂 5.0～8.0，极压剂 5.0～8.0，抗氧剂 0.8～1.2，抗泡剂 0.005～0.01，摩擦改进剂 3.0～5.0，基础油加至 100。

基础油是 32#全损耗系统用油。

油性剂是 50%～40%的牛油与 50%～60%的羊油复合物。

抗磨剂是氯化石蜡 42。

极压剂是磷酸酯。

抗氧剂是 50%～40%的 2,6-二叔丁基对甲酚与 50%～60%的 *p,p′*-二异辛基二苯胺复合物。

抗泡剂是二甲基硅油。

摩擦改进剂是聚异丁烯。

质量指标

项　　目	质量指标
水分/%	痕迹
40℃运动黏度/（mm^2/s）	34.3
闪点（开口）/℃	180
机械杂质/%	无
最大无卡咬负荷（P_B）/N	1000
倾点/℃	-10
水溶性酸或碱	无
腐蚀试验（铜片、100℃、3h）/级	1
黏度指数≥	90

产品应用 本品主要用作拉拔镁及镁合金线、管材的润滑剂。

产品特性 本产品具有良好的润滑性能，增加变形区内油膜强度，降低摩擦系数，组成和性能稳定；较强的渗透性，易扩散，抗磨性、黏温性、冲洗性能好；极压性强、冷却和润滑性好，减少拉拔工具和拉模的磨损，有较小的流动剪切应力，有一定的化学稳定性，可降低金属的表面粗糙度和提高规格精度，便于使用和清理。

拉拔镍及镍合金线、棒、管材的润滑剂

原料配比

原　　料		配比（质量份）		
		1#	2#	3#
基础油	68#全损耗系统用油	75.0	63.8	69.4
油性剂	硫化棉籽油	8.0	12.0	10.0
抗磨剂	氯化石蜡 42	8.1	10.0	9.0
极压剂	磷酸三甲酚酯	3.0	5.0	4.0
抗氧剂	50%的*N*-苯基-*α*-苯胺与 50%的 2,6-二叔丁基-*α*-二甲氨基对甲酚复合物	0.895	—	—
	45%的*N*-苯基-*α*-苯胺与 55%的 2,6-二叔丁基-*α*-二甲氨基对甲酚复合物	—	1.19	—
	40%的*N*-苯基-*α*-苯胺与 60%的 2,6-二叔丁基-*α*-二甲氨基对甲酚复合物	—	—	1.093
抗泡剂	二甲基硅油	0.005	0.01	0.007
补强剂	月桂酸磷酸酯	2.0	3.0	2.5
助剂	聚异丁烯	3.0	5.0	4.0

制备方法　将各组分原料混合均匀即可。

原料配伍　本品各组分质量份配比范围为：油性剂 8.0～12.0，抗磨剂 8.0～10.0，极压剂 3.0～5.0，抗氧剂 0.8～1.2，抗泡剂 0.005～0.01，补强剂 2.0～3.0，助剂 3.0～5.0，基础油加至 100。

基础油是 68#全损耗系统用油。

油性剂是硫化棉籽油。

抗磨剂是氯化石蜡 42。

极压剂是磷酸三甲酚酯。

抗氧剂是 50%～40%的*N*-苯基-*α*-苯胺与 50%～60%的 2,6-二叔丁基-*α*-二甲氨基对甲酚复合物。

抗泡剂是二甲基硅油。

补强剂是月桂酸磷酸酯。

助剂是聚异丁烯。

质量指标

项目	质量指标
水分/%	痕迹
40℃运动黏度/（mm^2/s）	72.8
闪点（开口）/℃	200
机械杂质/%	无
最大无卡咬负荷（P_B）/N	1000
倾点/℃	−5
水溶性酸或碱	无
腐蚀试验（铜片、100℃、3h）/级	1
黏度指数≥	90

产品应用　本品主要用作拉拔镍及镍合金线、棒、管材的润滑剂。

产品特性　本产品具有良好的润滑性能，可增加变形区内油膜强度，降低摩擦系数，组成和性能稳定；有较强的渗透性，易扩散，抗磨性、黏温性、冲洗性能好；极压性强，冷却和润滑性好，使材料和模具的接触面间接近于流体润滑状态以致摩擦产生的剪切应力下降，减少拉拔工具和拉模的磨损，有较小的流动剪切应力，可降低金属的表面粗糙度和提高规格精度。

拉拔铍及铍合金线、棒、管材的润滑剂

原料配比

原料		配比（质量份）		
		1#	2#	3#
基础油	32#工业白油	79.5	66.8	73.0
油性剂	50%的工业猪油与50%的牛油复合物	8.0	—	—
	45%的工业猪油与55%的牛油复合物	—	13.0	—
	40%的工业猪油与60%的牛油复合物	—	—	10.2

续表

原　　料		配比（质量份）		
		1#	2#	3#
抗磨剂	磷酸三甲酚酯	5.0	8.0	7.0
极压剂	油酸乙基酯	3.195	4.99	4.0
抗氧剂	40%的丁基辛基二苯胺与60%的2,6-二叔丁基对甲酚复合物	0.8		
	60%的丁基辛基二苯胺与40%的2,6-二叔丁基对甲酚复合物	—	1.2	—
	50%的丁基辛基二苯胺与50%的2,6-二叔丁基对甲酚复合物	—	—	1.0
抗泡剂	乙基硅油	0.005	0.01	0.008
补强剂	棕榈酸	3.0	5.0	4.0
助剂	硫磷伯仲基锌盐	0.5	1.0	0.792

制备方法 将各组分原料混合均匀即可。

原料配伍 本品各组分质量份配比范围为：油性剂 8.0～13.0，抗磨剂 5.0～8.0，极压剂 3.0～5.0，抗氧剂 0.8～1.2，抗泡剂 0.005～0.01，补强剂 3.0～5.0，助剂 0.5～1.0，基础油加至 100。

基础油是 32#工业白油。

油性剂是 50%～40%的工业猪油与 50%～60%的牛油复合物。

抗磨剂是磷酸三甲酚酯。

极压剂是油酸乙基酯。

抗氧剂是 50%～40%的丁基辛基二苯胺与 50%～60%的 2,6-二叔丁基对甲酚复合物。

抗泡剂是乙基硅油。

补强剂是棕榈酸。

助剂是硫磷伯仲基锌盐。

质量指标

项　　目	质量指标
水分/%	痕迹
40℃运动黏度/（mm^2/s）	34.0
闪点（开口）/℃	180

续表

项　目	质量指标
机械杂质/%	无
最大无卡咬负荷（P_B）/N	1100
倾点/℃	−10
水溶性酸或碱	无
腐蚀试验（铜片、100℃、3h）/级	1
黏度指数≥	100

产品应用 本品主要用作拉拔铍及铍合金线、棒、管材的润滑剂。

产品特性 本产品具有良好的润滑性能，能增加变形区内油膜强度，降低摩擦系数，组成和性能稳定；易扩散，抗磨性、黏温性、冲洗性能好；极压性强，冷却好，减少拉拔工具和拉模的磨损，有较小的流动剪切应力，能降低金属的表面粗糙度，提高规格精度，便于使用和清理。

拉拔铅及其合金的润滑剂

原料配比

原　料		配比（质量份）		
		1#	2#	3#
基础油	46#全损耗系统用油	83.0	65.8	74.5
油性剂	40%的棉籽油与60%的工业猪油复合物	5.0	—	—
	50%的棉籽油与50%的工业猪油复合物	—	15.0	—
	45%的棉籽油与55%的工业猪油复合物	—	—	10.0
抗磨剂	环烷酸铅	3.0	5.0	4.0
极压剂	氯化石蜡42	5.195	7.99	6.493
抗氧剂	50%的2,6-二叔丁基对甲酚与50%的*N*,*N*-二亚水杨酸丙胺复合物	0.8	—	—

续表

原　料		配比（质量份）		
		1#	2#	3#
抗氧剂	45%的 2,6-二叔丁基对甲酚与 55%的 *N*,*N*-二亚水杨酸丙胺复合物	—	1.2	—
	40%的 2,6-二叔丁基对甲酚与 60%的 *N*,*N*-二亚水杨酸丙胺复合物	—	—	1.0
抗泡剂	二甲基硅油	0.005	0.01	0.007
助剂	聚异丁烯	3.0	5.0	4.0

制备方法　将各组分原料混合均匀即可。

原料配伍　本品各组分质量份配比范围为：油性剂 5.0～15.0，抗磨剂 3.0～5.0，极压剂 5.0～8.0，抗氧剂 0.8～1.2，抗泡剂 0.005～0.01，助剂 3.0～5.0，基础油加至 100。

基础油是 46#全损耗系统用油。

油性剂是 50%～40%的棉籽油与 50%～60%的工业猪油复合物。

抗磨剂是环烷酸铅。

极压剂是氯化石蜡 42。

抗氧剂是 50%～40%的 2,6-二叔丁基对甲酚与 50%～60%的 *N*,*N*-二亚水杨酸丙胺复合物。

抗泡剂是二甲基硅油。

助剂是聚异丁烯。

质量指标

项　目	质量指标
水分/%	痕迹
40℃运动黏度/（mm^2/s）	47.3
闪点（开口）/℃	190
机械杂质/%	无
最大无卡咬负荷（P_B）/N	950
倾点/℃	−10
水溶性酸或碱	无
腐蚀试验（铜片、100℃、3h）/级	1
黏度指数≥	90

产品应用 本品主要用作拉拔铅及其合金的润滑剂。

产品特性 本产品具有较强的黏附能力，润滑膜强度大，抗磨性和黏温性好，极压性强、冷却和润滑性好，有较小的流动剪切应力，有一定的化学稳定性，有适当的闪点和着火点，便于使用和清理等。

拉拔铅锡合金镀钢板的润滑剂

原料配比

原料		配比（质量份）		
		1#	2#	3#
基础油	68#全损耗系统用油	66.19	71.9425	77.695
油性剂	硫化棉籽油	8.0	6.5	5.0
抗磨剂	氯化石蜡 42	10.0	9.0	8.0
极压剂	环烷酸铅	8.0	6.5	5.0
抗泡剂	二甲基硅油	0.01	0.0075	0.005
抗氧剂	*N*,*N*-亚水杨酸丙二胺	1.0	0.75	0.5
摩擦改进剂	磷酸酯	5.0	4.0	3.0
金属减活剂	噻二唑衍生物	1.0	0.75	0.5
抗磨助剂	二烷基二硫代氨基甲酸锡	0.8	0.55	0.3

制备方法 将各组分原料混合均匀即可。

原料配伍 本品各组分质量份配比范围为：油性剂 5.0～8.0，抗磨剂 8.0～10.0，极压剂 5.0～8.0，抗泡剂 0.005～0.01，抗氧剂 0.5～1.0，摩擦改进剂 3.0～5.0，金属减活剂 0.5～1.0，抗磨助剂 0.3～0.8，基础油加至 100。

基础油是 68#全损耗系统用油。

油性剂是硫化棉籽油。

抗磨剂是氯化石蜡 42。

极压剂是环烷酸铅。

抗泡剂是二甲基硅油。

抗氧剂是 *N*,*N*-亚水杨酸丙二胺。

摩擦改进剂是磷酸酯。

金属减活剂是噻二唑衍生物。

抗磨助剂是二烷基二硫代氨基甲酸锡。

质量指标

项　目	质量指标
水分/%	痕迹
40℃运动黏度/（mm^2/s）	73.6
闪点（开口）/℃	210
机械杂质/%	无
最大无卡咬负荷（P_B）/N	1150
倾点/℃	−5
水溶性酸或碱	无
腐蚀试验（铜片、100℃、3h）/级	1
黏度指数≥	90

产品应用　本品主要用作拉拔铅锡合金镀钢板的润滑剂。

产品特性　本产品具有良好的润滑性能，增加变形区内油膜强度，降低摩擦系数，减少镀层脱落粉黏附在钢模上，保持油膜强度和厚度性能稳定；黏附性强，抗磨性、黏温性、冲洗性能好；极压性强，冷却好，减少拉拔工具和拉模的磨损，有较小的流动剪切应力，可降低金属的表面粗糙度，提高规格精度，有适当的闪点和着火点，便于使用和清理。

拉拔铜及黄铜棒和管的润滑剂

原料配比

原　料		配比（质量份）		
		1#	2#	3#
基础油	680#的Ⅰ类基础油	69.59	74.6425	79.695
油性剂	60%的棉籽油与40%的工业猪油复合物	10.0	—	—

续表

原　料		配比（质量份）		
		1#	2#	3#
油性剂	55%的棉籽油与45%的工业猪油复合物	—	9.0	—
	50%的棉籽油与50%的工业猪油复合物	—	—	8.0
抗磨剂	酸性亚磷酸二丁酯	5.0	4.0	3.0
抗氧剂	60%的环烷酸铜与40%的2,6-二叔丁基对甲酚复合物	1.2	—	—
	55%的环烷酸铜与45%的2,6-二叔丁基对甲酚复合物	—	1.0	—
	50%的环烷酸铜与50%的2,6-二叔丁基对甲酚复合物	—	—	0.8
抗泡剂	二甲基硅油	0.01	0.0075	0.005
摩擦改进剂	邻苯二甲酸酯	8.0	6.5	5.0
金属减活剂	苯三唑衍生物	1.2	0.85	0.5
助剂	磷酸酯	5.0	4.0	3.0

制备方法 将各组分原料混合均匀即可。

原料配伍 本品各组分质量份配比范围为：油性剂8.0～10.0，抗磨剂3.0～5.0，抗氧剂0.8～1.2，抗泡剂0.005～0.01，摩擦改进剂5.0～8.0，金属减活剂0.5～1.2，助剂3.0～5.0，基础油加至100。

基础油是680#的Ⅰ类基础油。

油性剂是60%～50%的棉籽油与40%～50%的工业猪油复合物。

抗磨剂是酸性亚磷酸二丁酯。

抗氧剂是60%～50%的环烷酸铜与40%～50%的2,6-二叔丁基对甲酚复合物。

抗泡剂是二甲基硅油。

摩擦改进剂是邻苯二甲酸酯。

金属减活剂是苯三唑衍生物。

助剂是磷酸酯。

质量指标

项　目	质量指标
水分/%	痕迹
40℃运动黏度/（mm^2/s）	733.5
闪点（开口）/℃	240
机械杂质/%	无
最大无卡咬负荷（P_B）/N	1100
倾点/℃	−5
水溶性酸或碱	无
腐蚀试验（铜片、100℃、3h）/级	1
黏度指数≥	90

产品应用　本品主要用作拉拔铜及黄铜棒和管的润滑剂。

产品特性　本产品具有较强的黏附性，油膜强度大，抗磨性、抗剪切性和黏温性好，极压性强，油膜厚度稳定性、冷却性和润滑性好，减少拉拔工具和拉模的磨损，有较小的流动剪切应力，可降低金属的表面粗糙度、提高规格精度，有一定的化学稳定性和适当的闪点及着火点，保证使用与清理方便，防止出现锈斑的能力。

拉拔铜及铜合金棍的润滑剂

原料配比

原　料		配比（质量份）		
		1#	2#	3#
基础油	100#的Ⅱ类基础油	73.99	78.6925	83.395
油性剂	90%的菜籽油与10%的羊毛脂复合物	7.0	—	—
	75%的菜籽油与25%的羊毛脂复合物	—	5.5	—
	60%的菜籽油与40%的羊毛脂复合物	—	—	4.0
摩擦改进剂	烷基亚磷酸酯	5.0	4.0	3.0

续表

原　料		配比（质量份）		
		1#	2#	3#
抗氧剂	60%的苯三唑衍生物与40%的2,6-二叔丁基对甲酚复合物	1.5	—	—
	55%的苯三唑衍生物与45%的2,6-二叔丁基对甲酚复合物	—	1.15	—
	50%的苯三唑衍生物与50%的2,6-二叔丁基对甲酚复合物	—	—	0.8
抗磨剂	酸性亚磷酸胺丁二酯	5.0	1.0	3.0
金属减活剂	噻二唑衍生物	1.0	0.75	0.5
抗泡剂	乙基硅油	0.01	0.0075	0.005
助剂	环烷酸铜	0.5	0.4	0.3
补强剂	油酸乙基酯	6.0	5.5	5.0

制备方法 将各组分原料混合均匀即可。

原料配伍 本品各组分质量份配比范围为：油性剂 4.0～7.0，摩擦改进剂 3.0～5.0，抗氧剂 0.8～1.5，抗磨剂 1.0～5.0，金属减活剂 0.5～1.0，抗泡剂 0.005～0.01，助剂 0.3～0.5，补强剂 5.0～6.0，基础油加至 100。

基础油是 100#的Ⅱ类基础油。

油性剂是 60%～90%的菜籽油与 40%～10%的羊毛脂复合物。

摩擦改进剂是烷基亚磷酸酯。

抗氧剂是 60%～50%的苯三唑衍生物与 40%～50%的 2,6-二叔丁基对甲酚复合物。

抗磨剂是酸性亚磷酸胺丁二酯。

金属减活剂是噻二唑衍生物。

抗泡剂是乙基硅油。

助剂是环烷酸铜。

补强剂是油酸乙基酯。

产品应用 本品主要用作拉拔铜及铜合金棍的润滑剂。

产品特性 本产品具有较强的黏附性，油膜强度大，抗磨性、抗剪切性和黏温性好，极压性强，油膜厚度稳定性和润滑性好，减少拉拔工具和拉模的磨损，有较小的流动剪切应力，降低金属的表面粗糙度和提高规格精度，有一定的化学稳定性和防止出现锈斑的能力。

拉拔锡及其合金材的润滑剂

原料配比

原料		配比（质量份）		
		1#	2#	3#
基础油	15#全损耗系统用油	72.98	78.985	84.99
油性剂	工业猪油	10.0	7.5	5.0
抗磨剂	磷酸三甲酚酯	7.0	6.0	5.0
极压剂	二烷基二硫代氨基甲酸锡	5.0	4.0	3.0
抗氧剂	60%的*N*-苯基-*α*-萘胺与40%的2,6-二叔丁基对甲酚复合物	2.0	—	—
	55%的*N*-苯基-*α*-萘胺与45%的2,6-二叔丁基对甲酚复合物	—	1.75	—
	50%的*N*-苯基-*α*-萘胺与50%的2,6-二叔丁基对甲酚复合物	—	—	1.5
摩擦改进剂	60%的硫磷酸钼与40%的硼酸钼复合物	3.0	—	—
	55%的硫磷酸钼与45%的硼酸钼复合物	—	1.75	—
	50%的硫磷酸钼与50%的硼酸钼复合物	—	—	0.5
抗泡剂	二甲基硅油	0.02	0.015	0.01

制备方法 将各组分原料混合均匀即可。

原料配伍 本品各组分质量份配比范围为：油性剂5.0～10.0，抗磨剂5.0～7.0，极压剂3.0～5.0，抗氧剂1.5～2.0，摩擦改进剂0.5～3.0，抗泡剂0.01～0.02，基础油加至100。

基础油是15#全损耗系统用油。

油性剂是工业猪油。

抗磨剂是磷酸三甲酚酯。

极压剂是二烷基二硫代氨基甲酸锡。

抗氧剂是 60%～50%的 *N*-苯基-*α*-萘胺与 40%～50%的 2,6-二叔丁基对甲酚复合物。

摩擦改进剂是 60%～50%的硫磷酸钼与 40%～50%的硼酸钼复合物。

抗泡剂是二甲基硅油。

质量指标

项　　目	质量指标
水分/%	痕迹
40℃运动黏度/（mm^2/s）	15.5
闪点（开口）/℃	160
机械杂质/%	无
最大无卡咬负荷（P_B）/N	1000
倾点/℃	−12
水溶性酸或碱	无
腐蚀试验（铜片、100℃、3h）/级	1
黏度指数≥	90

产品应用 本品主要用作拉拔锡及其合金材的润滑剂。

产品特性 本产品具有较强的扩散和渗透性，油膜强度大，抗磨性和黏温性好，极压性强，冷却和润滑性好，减少拉拔工具和拉模的磨损，有较小的流动剪切应力，可降低金属的表面粗糙度、提高规格精度，有一定的化学稳定性，有适当的闪点和着火点，是低黏度、低含硫、低芳烃的润滑剂，便于使用和清理。

拉拔锌及锌合金线、棒材的润滑剂

原料配比

原　　料		配比（质量份）		
		1#	2#	3#
基础油	32#全损耗系统用油	76.0	69.5	78.0
油性剂	50%的工业猪油与 50%的棕榈油复合物	14.0	15.0	—
	40%的工业猪油与 60%的棕榈油复合物	—	—	10.0

续表

原　　料		配比（质量份）		
		1#	2#	3#
抗磨剂	硫化异丁烯	5.0	6.0	5.0
极压剂	烷基亚磷酸酯	3.195	5.99	4.293
抗氧剂	45%的2,6-二叔丁基混合酯与55%的双辛基二苯胺复合物	0.8	—	—
	40%的2,6-二叔丁基混合酯与60%的双辛基二苯胺复合物	—	1.5	—
	50%的2,6-二叔丁基混合酯与50%的双辛基二苯胺复合物	—	—	1.2
抗泡剂	二甲基硅油	0.005	0.01	0.007
补强剂	硫磷丁辛基锌盐	0.5	1.0	0.7
助剂	聚异丁烯	0.5	1.0	0.8

制备方法 将各组分原料混合均匀即可。

原料配伍 本品各组分质量份配比范围为：油性剂5.0～15.0，抗磨剂4.0～6.0，极压剂3.0～6.0，抗氧剂0.8～1.5，抗泡剂0.005～0.01，补强剂0.5～1.0，助剂0.5～1.0，基础油加至100。

基础油是32#全损耗系统用油。

油性剂是50%～40%的工业猪油与50%～60%的棕榈油复合物。

抗磨剂是硫化异丁烯。

极压剂是烷基亚磷酸酯。

抗氧剂是50%～40%的2,6-二叔丁基混合酯与50%～60%的双辛基二苯胺复合物。

抗泡剂是二甲基硅油。

补强剂是硫磷丁辛基锌盐。

助剂是聚异丁烯。

质量指标

项　　目	质量指标
水分/%	痕迹
40℃运动黏度/（mm^2/s）	33.3
闪点（开口）/℃	180

续表

项　　目	质量指标
机械杂质/%	无
最大无卡咬负荷（P_B）/N	950
倾点/℃	−10
水溶性酸或碱	无
腐蚀试验（铜片、100℃、3h）/级	1
黏度指数≥	90

产品应用　本品主要用作拉拔锌及锌合金线、棒材的润滑剂。

产品特性　本产品具有较强的渗透性，润滑膜强度大，抗磨性和黏温性好，极压性强，冷却和润滑性好，减少拉拔工具和拉模的磨损，有较小的流动剪切应力，可降低金属的表面粗糙度、提高规格精度，有一定的化学稳定性和防止出现白斑的能力，便于使用和清理等特点。

铝合金管材拉拔的润滑剂

原料配比

原　　料	配比（质量份）
基础油	67
聚合酯类化合物	7～9
聚醚	9～11
氯系极压剂	9～11
缓蚀剂	4.5～5.5

制备方法　将基础油、聚合酯类化合物、聚醚、氯系极压剂、缓蚀剂按上述配比放入搅拌罐中，在惰性氛围下脉冲调和而成。

原料配伍　本品各组分质量份配比范围为：基础油 67，聚合酯类化合物 7～9，聚醚 9～11，氯系极压剂 9～11，缓蚀剂 4.5～5.5。

基础油为加氢精制的中等黏度润滑油组分，经过异构脱蜡处理后，以正构烷烃为主体，以保证足够的润滑性。

聚合酯类化合物（如三羟甲基丙烷棕榈仁酸、三羟甲基丙烷油酸酯或三羟甲基丙烷三辛癸酸酯）有很高的油膜强度，润滑性极优。

聚醚以烷基醇、二元醇及三元醇为起始物，有良好的润滑性和极好的沉淀物控制性能。

氯系极压剂(由英国英力士公司生产),可保证高温区的润滑性能。

缓蚀剂（烯基丁二酸半酯或脂肪醇改性磷酸酯），防止材料腐蚀而变色。

产品应用 本品主要用作铝合金管材拉拔的润滑剂。

产品特性 本产品在使用过程中不会产生鳞刺及拉毛现象，拉拔的铝合金管材质量好。

难熔金属拉拔用耐高温润滑剂

原料配比

原料		配比（质量份）		
		1#	2#	3#
石墨		12	19	22
表面活性剂	亚甲基双萘磺酸钠	—	0.5	0.6
增稠剂	海藻酸钠	—	0.7	0.68
	聚乙烯醇	0.6	—	0.5
分散剂	羧甲基纤维素钠	0.55	0.75	0.65
黏合剂	聚乙二醇	2	2.6	3
成膜剂	苯乙烯丙烯酸乳液	6	—	—
乳化剂	偏硅酸钠	5	8	—
	吐温	0.1	—	—
防腐剂	5,5-二甲基海因	0.3	0.3	0.5
氨水		4	4.5	5
水		加至100	加至100	加至100

制备方法

（1）制备石墨粉

粉碎：将天然鳞片石墨经气流粉碎后进行湿式粉碎，湿式粉碎是采用2～30型珠磨机循环珠磨15～25h。

分级：粉碎后的石墨粉采用卧式粗分机进行离心分级，筛选出粒径小于5μm的石墨粒子再经过精分机5000～6000r/min高速离心分离，获得粒径小于1.2μm的石墨粒子；分级过程中筛选出的粒径≥5μm的石墨粒子转入到2～30型珠磨机循环珠磨，然后再依次经提纯、洗涤、压滤步骤，以此重复。

提纯：先将上述石墨浆液加入反应釜中，启动反应釜搅拌机，边搅拌边通过酸泵加入30%工业盐酸，并用水冲洗管路；连续搅拌后静置，然后用泵把反应釜中的料打入压滤机中，并水洗至pH值为7～8，分离出滤饼待用。

（2）按照配方量在上述步骤（1）处理后的石墨滤饼中加入氨水、分散剂以及部分的水，高速搅拌分散均匀，再按照配方量加入成膜剂、乳化剂、增稠剂、防腐剂、表面活性剂、黏合剂以及剩余的水，高速分散后通过气泵打入球磨机中球磨，排料后搅拌均匀即得成品。

原料配伍 本品各组分质量份配比范围为：石墨10～30，分散剂0.1～2，增稠剂0.3～5，乳化剂0.1～15，成膜剂0.5～10，氨水2～5，防腐剂0.1～1，黏合剂1～3，表面活性剂0.3～3，水加至100。

乳化剂为偏硅酸钠或吐温中的一种或两种混合。

增稠剂为海藻酸钠或聚乙烯醇中的一种或两种混合。

分散剂为羧甲基纤维素钠、羟乙基纤维素钠、甲基纤维素、羟丙基甲基纤维素、羟乙基甲基纤维素中的一种或两种混合。

成膜剂为苯乙烯丙烯酸乳液。

防腐剂为5,5-二甲基海因。

黏合剂为聚乙二醇。

表面活性剂为亚甲基二萘磺酸钠。

石墨的粒径为0.15～1.2μm。

质量指标

项目	1#	2#	3#
外观	黑色悬浊浆液沉淀与结块	黑色悬浊浆液沉淀与结块	黑色悬浊浆液沉淀与结块
气味	具有刺激性氨味	具有刺激性氨味	具有刺激性氨味
pH值	9.5～10.5	9.5～10.5	9.5～10.5
稳定性	沉淀8h浓度降低不大于3%	沉淀8h浓度降低不大于4%	沉淀8h浓度降低不大于4%
粒度	D50≤0.5μm	D50≤0.8μm	D50≤1.2μm
附着力	0级	0级	0级

注：附着力。采用划格实验的方法，利用附着力测试仪测试用上述油墨制成的印刷墨层对基材的附着性能，采用 20mm 宽的 3M 胶带粘贴在固化后的印刷墨层上，以最小角度揭下，将导电膜层黏附力分为 0～5 级。其中 0 级为附着在胶带上的润滑剂层大于 95%，1 级大于 50%，2 级少于 30%，3 级少于 20%，4 级少于 10%，5 级少于 2%。

产品应用　本品主要用作难熔金属拉拔用耐高温润滑剂。

产品特性

（1）本产品采用经气流粉碎的天然鳞片石墨再经精细的湿式粉碎工艺和化学提纯工艺，使石墨粒度 D50 在 0.15～1.2μm，可根据拉制的丝径不同制定不同的粒度分布且杂质含量更低。

（2）本产品采用高分子乳液作成膜剂，使石墨颗粒在丝表面形成一层致密的拉丝膜，用偏硅酸钠作涂膜黏结剂，高温下附着力好，不会出现爆裂和脱落，有效地提高丝与模具的润滑性、导热性和表面抗氧化性。

（3）本产品具有最佳分散状态，且高温下能长时间保持稳定，不凝聚，不沉淀，不腐败，不结皮，保持使用过程均匀一致性。

（4）本产品能使拉丝钻石模具的利用率极大提高，可以提高 30%～50%。

镍铬不锈钢丝高速拉拔润滑冷却油

原料配比

原　料	配比（质量份）			
	1#	2#	3#	4#
油酸	4～6	4	6	5
机械油（32#、10#、7#）	20～30	30	20	25
蓖麻油	8～12	8	12	10
氯化石蜡	30～40	31.9	37.8	34.85
石油磺酸钠	4～6	6	4	5
环烷酸铅	4～6	6	4	5

续表

原　　料	配比（质量份）			
	1#	2#	3#	4#
硫磷丁辛基锌盐（T202）	8～12	8	12	10
聚正丁基乙烯醚（T601）	4～6	6	4	5
杀菌剂（异噻唑啉酮）	0.1～0.2	0.1	0.2	0.15

制备方法

（1）将 20%～30%的机械油和 30%～40%的氯化石蜡依次加到反应釜中，加热至 70～80℃，以 480～500r/min 的搅拌速度开始搅拌；然后依次加入 4%～6%的石油磺酸钠、4%～6%的环烷酸铅、4%～6%的油酸、0.1%～0.2%的杀菌剂，继续搅拌 0.5～1.5h，降至常温。

（2）依次加入 8%～12%的硫磷丁辛基锌盐、4%～6%的聚正丁基乙烯醚，以 30～40r/min 的转速搅拌 1～3h。

原料配伍 本品各组分质量份配比范围为：油酸 4～6，机械油 20～30，蓖麻油 8～12，氯化石蜡 30～40，石油磺酸钠 4～6，环烷酸铅 4～6，硫磷丁辛基锌盐 8～12，聚正丁基乙烯醚 4～6，杀菌剂（异噻唑啉酮）0.1～0.2。

产品应用 本品主要用作镍铬不锈钢丝高速拉拔润滑冷却油。

产品特性

（1）本产品是以运动黏度、润滑性能、极压性能、冷却性能以及稳定性等为性能指标，采用极压组合采用超细固体稳定化合物（氯化石蜡）并添加具有较大吸收残留酸的耐酸化合物（石油磺酸钠、油酸）。

（2）润滑膜的化学吸附及物理吸附性好，在拉拔金属丝和模具之间形成均匀连续、完整的液体介质膜，表面所形成的润滑膜吸附牢固，不易在挤压拉伸过程中被挤掉，使拉拔金属丝与模具之间具有很好的润滑性，保证拉拔金属丝表面具有符合标准的粗糙度，同时减少了对模具的磨损，延长了模具的使用寿命。

（3）具有很好的冷却效果，即可防止由于局部过热导致拉拔金属丝与模具钢芯的烧结、熔粘或抓结而引起断丝的质量问题，同时又可提高每次的减径率及径向拉拔增长率，使生产效率得以提高。

（4）本产品是棕黄色均匀黏稠油状物，添加有杀菌剂，不易变质，使用 6 个月时间，无毒无害无恶臭气味，利于环保，不会影响操作人员的身体健康。

（5）易于从拉拔后的金属丝表面上除掉，对拉拔丝后道工序（热处理和退火）质量无任何不良影响。

深度拉拔铜和铜合金板的润滑剂

原料配比

原料		配比（质量份）		
		1#	2#	3#
基础油	680#的Ⅰ类基础油	67.09	74.4425	81.795
抗磨剂	磷酸三甲酚酯	8.0	6.5	5.0
油性剂	工业猪油	10.0	7.5	5.0
抗氧剂	60%的2,6-二叔丁基对甲酚与40%的二烷基二苯胺复合物	1.2	—	—
	55%的2,6-二叔丁基对甲酚与45%的二烷基二苯胺复合物	—	1.0	—
	50%的2,6-二叔丁基对甲酚与50%的二烷基二苯胺复合物	—	—	0.8
金属减活剂	苯三唑衍生物	1.0	0.9	0.8
抗泡剂	二甲基硅油	0.01	0.0075	0.005
摩擦改进剂	环烷酸铜	1.2	1.0	0.8
极压剂	磷酸酯	10.0	7.5	5.0
助剂	60%的钨酸酯与40%的钛酸酯复合物	1.5	—	—
	55%的钨酸酯与45%的钛酸酯复合物	—	1.15	—
	50%的钨酸酯与50%的钛酸酯复合物	—	—	0.8

制备方法 将各组分原料混合均匀即可。

原料配伍 本品各组分质量份配比范围为：抗磨剂 5.0～8.0，油性剂 5.0～10.0，抗氧剂 0.8～1.2，金属减活剂 0.8～1.0，抗泡剂 0.005～0.01，摩擦改进剂 0.8～1.2，极压剂 5.0～10.0，助剂 0.8～1.5，基础油加至 100。

基础油是 680#的Ⅰ类基础油。

抗磨剂是磷酸三甲酚酯。

油性剂是工业猪油。

抗氧剂是 60%～50%的 2,6-二叔丁基对甲酚与 40%～50%的二烷基二苯胺复合物。

金属减活剂是苯三唑衍生物。

抗泡剂是二甲基硅油。

摩擦改进剂是环烷酸铜。

极压剂是磷酸酯。

助剂是 60%～50%的钨酸酯与 40%～50%的钛酸酯复合物。

质量指标

项　　目	质量指标
水分/%	痕迹
40℃运动黏度/（mm^2/s）	739.3
闪点（开口）/℃	230
机械杂质/%	无
最大无卡咬负荷（P_B）/N	1150
倾点/℃	−10
水溶性酸或碱	无
腐蚀试验（铜片、100℃、3h）/级	1
黏度指数≥	90

产品应用　本品主要用作深度拉拔铜和铜合金板的润滑剂。

产品特性　本产品具有较强的黏附性，油膜强度大，抗磨性、抗剪切性、耐压性和黏温性好，极压性强，油膜厚度稳定性、压强分布均匀性和润滑性好，减少拉拔工具和拉模的磨损，有较小的流动剪切应力，可降低金属的表面粗糙度、提高规格精度，有一定的化学稳定性和适当的闪点及着火点，保证使用与清理方便，有防止出现铜锈斑的能力。

钛合金管材减壁拉拔用润滑剂

原料配比

原　　料	配比（质量份）					
	1#	2#	3#	4#	5#	6#
氯化石蜡	96	90	85	88	92	92
BN	4	10	15	12	8	8

制备方法　将各组分原料混合均匀即可。

原料配伍　本品各组分质量份配比范围为：氯化石蜡 85～96，BN 4～15，所述氯化石蜡为氯化石蜡 52。

BN 为六方氮化硼粉末。

六方氮化硼粉末的平均粒度为 0.6μm。

产品应用　本品主要用作钛合金管材减壁拉拔用润滑剂。

使用方法为：将钛合金管材清洗干净，烘干后对所述钛合金管材进行热处理，然后向热处理后的钛合金管材内、外表面分别涂抹一层润滑剂，接着将所述钛合金管材一端辗头，将游动芯头放入所述钛合金管材内进行减壁拉拔，得到减壁拉拔后的钛合金管材。

热处理的制度为：第一阶段对钛合金管材进行温度为 α－β 转变温度以下 200～250℃，保温时间为 2h 的真空热处理，之后随炉冷却；第二阶段对第一阶段真空热处理后的钛合金管材进行温度为 α－β 转变温度以下 100～150℃，保温时间为 30min 的大气热处理，随炉冷至 500℃并保温 1h 后出炉，在空气中冷却后钛合金管材内、外表面均形成一层微孔结构氧化膜。

产品特性

（1）本产品流动性适中、润滑效果优异、配方简单且生产成本低廉。

（2）本产品通用性强，通过控制润滑剂的配比，迅速改善固液混合润滑剂的流动性，针对钛管不同拉拔工艺均能实现良好润滑。

（3）本产品采用双重高温热处理工艺对管材进行氧化处理，使管材表面均布微米级孔洞，提高了润滑剂的表面润湿程度，使管材在减壁拉拔中利用流体的楔形效应建立管材带芯头拉拔过程中的自润滑平衡结构，提高了生产效率及拉拔稳定性。

（4）本产品润滑效果良好，有效降低了摩擦副之间的拉拔力，从而减小摩擦、降低模具磨损，降低了成本。

（5）采用该润滑剂及其使用方法可实现单道次大减壁变形，相对常规钛管拉拔工艺中的空拉工艺，显著提高了管材的力学性能、工艺性能和内表面质量，从而提高了管材探伤合格率。

（6）本产品在使用过程中润滑效果好，拉拔过程稳定无颤动，拉拔管材内表面光滑洁净、无折皱，这是由于六方氮化硼颗粒具有类似石墨的层状结构，有极佳的干润滑能力，而黏度为 200～300mPa·s 的流体在钛合金微孔结构表面具有最优异的浸润性，润滑剂通过模具与管壁间隙中流体产生的楔形效应，使得润滑剂中的氮化硼微米级颗粒良好地附着于钛管表面均匀的微米级孔洞中，利用在受压和升温环境中氮化硼润滑组分易脱附成膜的特点，能有效降低摩擦系数，实现拉拔摩擦过程中的稳定润滑。

钛及钛合金冷拉拔用复合预处理剂

原料配比

原　料	配比			
	1#	2#	3#	4#
氟化钾	5g	25g	20g	15g
草酸钠	10g	15g	5g	35g
草酸	30g	7g	20g	5g
水	加至 1L	加至 1L	加至 1L	加至 1L

制备方法 将各组分原料混合均匀即可。

原料配伍 本品各组分配比范围为：（它是由氟化钾、草酸钠、草酸及水混合而成的 pH 值为 2～4 的水溶液）氟化钾 5～25g，草酸钠 5～35g，草酸 5～30g，水加至 1L。

产品应用 本品主要用作钛及钛合金冷拉拔用复合预处理剂。

选用原始直径为 Φ5.50mm 的 TC4（Ti－6Al－4V）线材，经 760℃，2h 退火，并去氧化皮，采用本产品的水溶液浸涂，浸涂温度为40℃，处理时间为20min。在拉拔机上采用恒定速度拉拔，拉拔速度为100mm/s，顺利实现6个道次的拉拔，总的压缩率可达到62%，冷变形制得 Φ3.45mm 的丝材。在冷拉拔过程中，拉拔变形顺畅、不产生挥发烟气、无粘模和拉断现象，成形的丝材冶金质量和性能良好。

产品特性 本产品成本低廉，各组分相互作用，可一次性在钛或钛合金表面形成2～30μm的转化膜层，润滑效果好，在冷态拉拔过程中产生的氧化少，保证了钛及钛合金棒线材的成形效率及质量；处理工艺简单，提高了产品的生产效率、降低了产品生产成本。另外，本产品使用的复合盐挥发温度高，在钛及钛合金拉拔成形过程中，不产生挥发烟气，无污染、节能耗。本产品适合α型、β型和α+β型钛合金的冷态和温态的拉拔及轧制变形加工等。

铁镍合金丝精细拉拔润滑冷却乳化油

原料配比

原　料	配比（质量份）		
	1#	2#	3#
油酸	22	18	20
机械油（32#、10#、7#）	18	22	20
石油磺酸钠	18	22	20
太古油	12	8	10
三乙醇胺	6	4	4.75
氯化石蜡	23.7	25.85	25
杀菌剂（异噻唑啉酮）	0.3	0.15	0.25

制备方法

（1）将18%～22%的机械油和20%～30%的氯化石蜡依次加到反应釜中，以600～650r/min的转速搅拌并加热至70～80℃，继续搅拌1～2h后降温至40～50℃。

（2）依次将18%～22%的石油磺酸钠、18%～22%的油酸加入（1）步骤所得的混合液中，以200～300r/min的转速搅拌1～2h，降至常温。

（3）依次将 4%～6%的三乙醇胺、8%～12%的太古油、0.15%～0.3%的杀菌剂加入（2）步骤所得的混合液中，以 200～300r/min 的转速充分搅拌 1～2h。

原料配伍 本品各组分质量份配比范围为：油酸 18～22，机械油 18～22，石油磺酸钠 18～22，太古油 8～12，三乙醇胺 4～6，氯化石蜡 20～30，杀菌剂 0.15～0.3。

产品应用 本品主要用作铁镍合金丝精细拉拔润滑冷却乳化油。

产品特性

（1）润滑膜的化学吸附及物理吸附性好，在拉拔金属丝和模具之间形成均匀连续、完整的液体介质膜，表面所形成的润滑膜吸附牢固，不易在挤压拉伸过程中被挤掉，使拉拔金属丝与模具之间具有很好的润滑性，保证拉拔金属丝表面具有符合标准的粗糙度，同时减少了对模具的磨损，延长了模具的使用寿命。

（2）具有很好的冷却效果，即可防止由于局部过热导致拉拔金属丝与模具钢芯的烧结、熔粘或抓结而引起断丝的质量问题，同时又可提高每次的减径率及径向拉拔增长率，使生产效率得以提高。

（3）乳化性能稳定，即使是用硬质水稀释，对润滑冷却乳化剂的稳定性也没有任何影响。

（4）本产品是棕黄色透明均匀油状物，添加有杀菌剂，不易变质，使用 6 个月时间，无毒无害无恶臭气味，利于环保，不会影响操作人员的身体健康。

（5）易于从拉拔后的金属丝表面上除掉，对拉拔丝后道工序（热处理和退火）质量无任何不良影响。

铜管拉拔润滑油复合添加剂

原料配比

原料		配比（质量份）				
		1#	2#	3#	4#	5#
稀释溶剂	轻馏分矿物油	20	25	25	—	—
	壬烷	—	—	—	56	—
	十八烷	—	—	—	—	61

续表

原料		配比（质量份）				
		1#	2#	3#	4#	5#
防锈和腐蚀抑制剂	苯三唑十二酸胺盐	1	—	—	—	—
	烯基丁二酸	—	1	—	3	3
	苯三唑十八酸胺盐	—	—	1	—	—
降凝剂	聚丙烯酸酯	5	—	—	15	—
	聚 α-烯轻	—	5	—	—	12
	乙酸乙烯-丁二烯二酸酯	—	—	5	—	—
抗乳化剂	聚环氧乙烷醚	4.95	—	4.95	1	2
	聚环氧乙烷-环氧丙烷	—	4.95	—	—	—
光亮剂	十二醇	25	—	—	—	—
	十六醇	—	20	—	6	—
	十八醇	—	—	20	—	—
	十三醇	—	—	—	—	7
抗氧化剂	苯并三氮唑	0.05	—	0.05	—	2
	噻二唑	—	0.05	—	1	—
油性剂	月桂酸乙酯	20	—	—	—	—
	硬脂酸丁酯	—	24	—	—	—
	月桂酸甲酯	—	—	20	—	—
	棕榈酸甲酯	—	—	—	8	—
	棕榈酸丁酯	—	—	—	—	6
极压剂	磷酸三甲酚酯	24	—	24	—	7
	亚磷酸二正丁酯	—	20	—	10	—

制备方法 20%～70%将烷烃或轻馏分矿物油、0.5%～20%降凝剂、5%～25%光亮剂、5%～30%油性剂、6%～30%磷酸三甲酚酯或亚磷酸二正丁酯、0.01%～5%苯三唑脂肪胺盐或烯基丁二酸、0.01%～2%苯并三氮唑或噻二唑、0.01%～5%聚环氧乙烷-环氧丙烷或聚环氧乙烷醚加入带搅拌器的调和釜中，缓慢加热到100℃，保温1h，冷却后继续在室温下搅拌至所有物料完全溶解透明。

原料配伍 本品各组分质量份配比范围为：烷烃或轻馏分矿物油20～70，降凝剂0.5～20，光亮剂5～25，油性剂5～30，磷酸三甲酚酯或亚磷酸二正丁酯6～30，苯三唑脂肪胺盐或烯基丁二酸0.01～5，苯并三氮唑或噻二唑 0.01～2，聚环氧乙烷-环氧丙烷或聚环氧乙烷醚0.01～5。

烷烃的碳原子数为8～22个。

稀释溶剂为烷烃或轻馏分矿物油。

降凝剂为聚丙烯酸酯、聚α-烯烃、乙酸乙烯-丁二烯二酸酯其中的一种。

光亮剂为碳原子数为12～18的脂肪醇。

油性剂为月桂酸乙酯、硬脂酸丁酯、月桂酸甲酯、棕榈酸甲脂、棕榈酸丁酯中的一种。

极压剂为磷酸三甲酚酯或亚磷酸二正丁酯。

防锈和腐蚀抑制剂为苯三唑脂肪胺盐或烯基丁二酸。

抗乳化剂为聚环氧乙烷-环氧丙烷或聚环氧乙烷醚。

抗氧化剂为苯并三氮唑或噻二唑。

产品应用 本品主要用作铜管拉拔润滑油复合添加剂。

产品特性

（1）加工表面质量高，可保持加工表面的光滑并具有清净退火性能。

（2）采用低黏度润滑油，挥发性好，不会在工件表面残留润滑油或酯类物，可节省脱脂工艺，即保证加工后的表面不存在残留物质。

（3）具有一定的油膜强度。

铜合金丝精细拉拔润滑冷却乳化油

原料配比

原　　料	配比（质量份）		
	1#	2#	3#
机械油（32#、10#、7#）	56	60	58
油酸	12	8	10
石油磺酸钠	12	8	10
环烷酸锌	4	6	5
磷酸三乙酯	8	10	9
无水乙醇	2	1	1
邻苯二甲酸二丁酯	1	3	2
非离子表面活性剂（可以是 NP-9、NP-6、S-80 中的至少一种）	4	3.5	4.5
苯并三氮唑（BTA）	1	0.5	0.5

制备方法

（1）将 56%～60%的机械油倒入反应釜中，加热至 60℃。

（2）依次将 8%～12%的石油磺酸钠、4%～6%的环烷酸锌、8%～10%的磷酸三乙酯、1%～3%的邻苯二甲酸二丁酯、8%～12%的油酸加入（1）步骤的反应釜中，以 600～650r/min 的速度搅拌 1～2h。

（3）用 1%～2%的无水乙醇将 0.5%～1%的苯并三氮唑溶解后加入（2）步骤的混合液中，最后加入 3%～6%的非离子表面活性剂，搅拌均匀，降至常温。

原料配伍　本品各组分质量份配比范围为：机械油 56～60，油酸 8～12，石油磺酸钠 8～12，环烷酸锌 4～6，磷酸三乙酯 8～10，无水乙醇 1～2，邻苯二甲酸二丁酯 1～3，非离子表面活性剂 3～6，苯并三氮唑 0.5～1。

所述的非离子表面活性剂是 NP-9、NP-6、S-80 中的至少一种。

产品应用　本品主要用作铜合金丝精细拉拔润滑冷却乳化油。

产品特性

（1）本产品是以运动黏度、润滑性能、极压性能、冷却性能以及稳定性等为性能指标，采用在酸、碱中均有表面活性作用的非离子表面活性剂（NP-9、S-80 等）作为乳化剂，润滑、极压组合则采用超细固体稳定化合物（如磷酸三乙酯），并添加具有较大吸收残留酸的耐酸化合物（如环烷酸锌）等。

（2）润滑膜的化学吸附及物理吸附性好，在拉拔铜丝和模具之间形成均匀连续、完整的液体介质膜，表而所形成的润滑膜吸附牢固，不易在挤压拉伸过程中被挤掉，使拉拔工件与模具之间具有很好的润滑性，保证拉拔工件表面具有符合标准的粗糙度，同时减少了对模具的磨损，延长了模具的使用寿命。

（3）具有很好的冷却效果，既可防止由于局部过热而使黄铜丝、铝青铜丝与模具钢芯的烧结、熔粘或抓结而引起断丝的质量问题，同时也可提高每次的减轻率及径向拉拔增长率，使生产效率得以提高。

（4）具有适应于拉拔各种铜合金（黄铜丝、铝青铜丝等）的技术通用性，减少了生产操作的烦琐性及降低厂家的库存成本。

（5）乳化性能稳定，即使是用硬质水稀释，对润滑冷却乳化剂的稳定性也没有任何影响。

（6）本产品是棕黄色均匀半透明油状物，不易变质，连续使用 1 个月，无毒无害无恶臭气味，利于环保，不会影响操作人员的身体健康。

（7）易于从拉拔后的铜丝表面上除掉，对拉拔丝后道工序（热处理和退火）质量无任何不良影响。

无镀铜实芯焊丝拉拔用的载体润滑剂

原料配比

原料		配比（质量份）									
		1#	2#	3#	4#	5#	6#	7#	8#	9#	10#
带负电的聚四氟乙烯树脂悬浮液	平均粒径＜0.5μm，pH 值 8～10 的带负电的聚四氟乙烯树脂悬浮液	25	—	—	—	—	—	—	—	—	—
	平均粒径＜0.3μm，pH 值 8～10 的带负电的聚四氟乙烯树脂悬浮液	—	73.4	70.7	—	—	50	—	50	65	73.4

续表

原料		配比（质量份）									
		1#	2#	3#	4#	5#	6#	7#	8#	9#	10#
带负电的聚四氟乙烯树脂悬浮液	带负电的聚四氟乙烯树脂悬浮液	—	—	—	32	75	—	—	—	—	—
	平均粒径<2μm，pH 值 8～10 的带负电的聚四氟乙烯树脂悬浮液	—	—	—	—	—	—	60	—	—	—
非离子黏合剂	聚苯硫醚树脂	0.5	—	—	—	—	—	—	—	—	—
	聚乙烯醇	—	1	2	1.5	—	—	0.1	1	1	1
	三聚氰酰胺树脂	—	—	—	—	—	0.8	—	—	—	—
	醇酸树脂	—	—	—	—	1	—	—	—	—	—
阴离子表面活性剂	十二烷基硫酸钠	6	6	3	3	—	—	10	6	6	6
	十二烷基苯磺酸钠	—	—	—	—	1	—	—	—	—	—
	丁基萘磺酸钠	—	—	—	—	—	3	—	—	—	—
MoS_2		—	—	—	—	1	—	—	1	12	1
石墨		—	—	—	—	—	4	—	—	—	—
硼化物	硼酸钾	—	—	—	—	—	—	8	—	1	—
	硼酸钠	—	—	—	—	—	—	—	16	—	—
水		68.5	19.6	24.3	73.5	22	42.2	21.9	26	15	18.6

原料	配比（质量份）				
	11#	12#	13#	14#	15#
平均粒径＜0.3μm，pH 值 8～10 的带负电的聚四氟乙烯树脂悬浮液	50	73	73	73	60
聚乙烯醇	1	1	1	1	1
十二烷基硫酸钠	6	6	6	6	2

续表

原　料	配比（质量份）				
	11#	12#	13#	14#	15#
MoS_2	12	—	—	—	—
石墨	—	1	8	—	—
硼酸钾	—	—	—	1	—
硼酸钠	—	—	—	—	16
水	31	19	12	19	21

制备方法 将各组分原料混合均匀即可。

原料配伍 本品各组分质量份配比范围为：带负电的聚四氟乙烯树脂悬浮液25～75，非离子黏合剂0.1～2，阴离子表面活性剂1～10，水加至100。

还可以按质量分数加入1%～12%的 MoS_2 或1%～8%的石墨或1%～16%的硼化物，水的质量做相应的减少。

带负电的聚四氟乙烯树脂悬浮液的平均粒径＜0.2μm，pH值8～10。

非离子黏合剂可以选聚苯硫醚树脂或三聚氰酰胺树脂或聚乙烯醇或醇酸树脂。

阴离子表面活性剂可以选十二烷基苯磺酸钠或十二烷基硫酸钠或丁基萘磺酸钠。

硼化物可以选硼酸钾或硼酸钠。

产品应用 本品主要用作无镀铜实芯焊丝拉拔用的载体润滑剂。

加工过程：首先将待涂覆无镀铜实芯焊丝原材料表面彻底洁净，将本产品的一种无镀铜实芯焊丝拉拔用的载体润滑剂涂覆在无镀铜实芯焊丝原材料上，涂覆的方法可以是涂刷、浸渍、喷涂，再经干燥。

产品特性 本产品解决了焊丝在冷加工时，焊丝表面经拉丝模挤压变形产生的纵向划痕缺陷，使焊丝表面平滑、光亮。在使用焊丝时，长时间焊接，经本产品涂覆后的薄膜不剥落，避免了因划痕及润滑剂残留物在焊接过程中出现的导电嘴堵塞及送丝不畅，不会出现断弧现象。

无缝钢管拉拔润滑乳化油

原料配比

原　　料	配比（质量份）	
	1#	2#
变压器油	8～16	12
油酸	1～10	5
三乙醇胺	1～10	7
氯化石蜡	1～10	5
环烷酸锌	1～5	3
二烷基二硫代磷酸锌（T202）	1～5	4
太古油	1～10	6
磷酸三甲苯酯	1～10	4
LN46 机械油	加至 100	加至 100

制备方法　先将计算量的 LN46 机械油、变压器油加入反应釜中，并加热至 40℃左右，开动搅拌器控制转速 46～60r/min，再依次将计算量的油酸、三乙醇胺、环烷酸锌、氯化石蜡、太古油、磷酸三甲苯酯加入到反应釜中，搅拌 2～3h，最后将搅拌机转速调到 20r/min，再将计算量的二烷基二硫代磷酸锌徐徐加入反应釜中，继续搅拌 1h，停机降至室温，放料包装。

原料配伍　本品各组分质量份配比范围为：变压器油 8～16，油酸 1～10，三乙醇胺 1～10，氯化石蜡 1～10，环烷酸锌 1～5，二烷基二硫代磷酸锌 1～5，太古油 1～10，磷酸三甲苯酯 1～10，LN46 机械油加至 100。

产品应用　本品主要用作无缝钢管拉拔润滑乳化油。它是一种可防止拉拔金属管局部过热断管、氧化变色并可保证成品表面粗糙度的无缝钢管拉拔润滑乳化油。

使用时，加水将本产品稀释，配制成浓度为 6%的乳化液，应用于无缝钢管拉拔，直至将毛坯材质拉拔至所需直径，无断管现象，表面粗糙度符合国家标准要求。

产品特性

（1）润滑膜的化学吸附及物理吸附性好，在拉拔金属管和模具之间形成均匀连续、完整的液体介质膜，表面所形成的润滑膜吸附牢固，不易在挤压拉伸过程中被挤掉，使拉拔金属管与模具之间具有很好的润滑性，保证拉拔金属管表面具有符合标准的粗糙度，同时减少了对模具的磨损，延长了模具的使用寿命。

（2）具有很好的冷却效果，既可防止由于局部过热导致拉拔金属管与模具钢芯的烧结、熔粘或抓结而引起断管的质量问题，同时又可提高每次的减径率及径向拉拔增长率，使生产效率得以提高。

（3）乳化性能稳定，即使是用硬质水稀释，对润滑冷却乳化剂的稳定性也没有任何影响。

（4）本产品是棕黄色透明均匀油状物，添加有杀菌剂，不易变质，使用 6 个月时间，无毒无害无恶臭气味，利于环保，不会影响操作人员的身体健康。

（5）易于从拉拔后的金属管表面上除掉，对拉拔管后道工序（热处理和退火）质量无任何不良影响。

锡锌金属拉丝用极压乳化油

原料配比

原　料	配比（质量份）
5#白矿油	54
活性物 35%～40%的石油磺酸钠	18
太古油	10
斯盘-80	2
油酸	2.4
OP-10	2.8
清水	20

制备方法　将 5#白矿油、活性物 35%～40%的石油磺酸钠、太古油、

斯盘-80、油酸、OP-10依次加入转速1800～2000r/min的高切剪乳化机中搅拌均匀，最后加入清水，再搅拌40min左右，待液体由浑浊变透明后，即配制为锡锌金属拉丝用极压乳化油原液，原液按1∶(8～15)稀释后即得可直接使用的锡锌金属拉丝用极压乳化油。

原料配伍 本品各组分质量份配比范围为：5#白矿油48～56，活性物35%～40%的石油磺酸钠15～19，太古油8～12，斯盘-80 2～6，油酸1～5，OP-10 2～6，清水16～20。

质量指标

项目	试验结果
5%乳化液pH值	7.0
自乳化性	乳化良好，无油水分层
析皂量	无
腐蚀性（T3铜片，24h）	1级

产品应用 本品主要用作锡锌金属拉丝用极压乳化油。

产品特性 本产品的乳化油按1∶(8～15)用水稀释后用于锡锌金属的拉丝加工，可连续拉制10～13个模具，其拉制后的线材表面光亮、不起槽，并且损耗非常少，该产品性能稳定，换油周期长，无毒无刺激气味。

新型锌合金拉拔润滑油

原料配比

原料	配比（质量份）		
	1#	2#	3#
320#齿轮油	88	81	85
极压抗磨剂T321	5	3	8
防锈剂T705	2	6	3
增黏剂T612	5	10	4

制备方法

（1）选取 320#齿轮油作为基础油。

（2）在步骤（1）选取的基础油中添加极压抗磨剂 T321、防锈剂 T705 和增黏剂 T612。

（3）将步骤（2）中获得的润滑剂进行充分搅拌，然后放入保温炉中保温，取出后再进行充分的搅拌即得到锌合金拉拔专用润滑油。

原料配伍　本品由基础油和添加剂组成，所述的添加剂为极压抗磨剂、防锈剂和增黏剂。

基础油为 320#齿轮油，极压抗磨剂为极压抗磨剂 T321（硫化异丁烯），防锈剂为防锈剂 T705（二壬基萘磺酸钡），增黏剂为增黏剂 T612（乙丙共聚物）。

极压抗磨剂 T321 的添加量为 3.0%～8.0%，防锈剂 T705 的添加量为 2%～6%，增黏剂 T612 的添加量为 4.0～10%，320#齿轮油加至 100。

产品应用　本品是一种新型锌合金拉拔润滑油。

产品特性　使用该润滑剂后，锌合金拉拔产品的表面质量和抗腐蚀性能得到明显提高。产品经拉拔后不需要进行后续的酸洗、机械抛光等工序，缩短了工艺流程，降低了生产成本，生产效率明显提高。本产品为一种高效、优质的锌合金拉拔润滑油，使用该润滑油生产的锌合金线材具有表面质量高、抗氧化性能好等优点，能显著提高锌合金拉拔制品的成品率和生产效率。

信号弹弹体深冲拉拔用磷化剂

原料配比

原料		配比（质量份）
建槽剂	浓度 85%的磷酸	230～270
	硝酸	130～170
	氧化锌	130～170
	硝酸镍	5～12
	硝酸铁	0.5～2
	水	加至 1000

续表

原　　料		配比（质量份）
补充剂	浓度 85%的磷酸	390～420
	硝酸	90～120
	氧化锌	150～180
	硝酸镍	3～8
	硝酸铁	0.5～2
	水	加至 1000

制备方法 建槽剂和补充剂均按如下步骤制备：在不锈钢反应釜中先加入计算量 1/3 的水，然后启动搅拌器，转速 40～60r/min，将计算量的磷酸、硝酸加入其中，连续搅拌 10～20min，再将计算量的氧化锌徐徐加入其中，连续搅拌至氧化锌充分溶解，再加入计算量的硝酸镍、硝酸铁，搅拌至充分溶解，最后将余量的水加入其中，搅拌至均匀透明。

原料配伍 建槽剂的原料及质量份配比如下：浓度 85%的磷酸 230～270，硝酸 130～170，氧化锌 130～170，硝酸镍 5～12，硝酸铁 0.5～2，水加至 1000。

补充剂的原料及质量份配比如下：浓度 85%的磷酸 390～420，硝酸 90～120，氧化锌 150～180，硝酸镍 3～8，硝酸铁 0.5～2，水加至 1000。

建槽剂和补充剂各种原料的具体用量可根据磷化工艺参数在上述质量范围内进行选择。

产品应用 本品主要用作信号弹弹体深冲拉拔用磷化剂。

信号弹弹体从工件毛坯开始，先后经过五次不同的模具进行深冲和拉拔以达到零件的尺寸规格要求，而每次深冲拉拔前都必须进行拉拔前的槽浸型磷化处理。磷化工艺生产线处理流程如下：预脱脂—脱脂—水洗—水洗—酸洗活化—水洗—中和—水洗—表面调整—磷化—水洗—浸皂化润滑剂—烘干—下转深冲拉拔工序。本产品应用于磷化工序，建槽时使用建槽剂，以后添加使用添加剂。拉拔机的拉拔速度为 3m/s，经拉拔后的弹体表面平滑均匀无拉伤及裂纹。

产品特性 本产品可应用于信号弹弹体减壁深冲以及拉拔加工前的磷化工序，在坯料上可形成厚度大于 12μm 的磷化膜，即使在深冲拉拔时工件表面与模具之间瞬间高温高摩擦力的作用下，磷化膜层依然能保持其连续完整性，具有较高的润滑耐磨性能，可减少弹体表面拉伤及裂纹，得到平滑均匀的拉拔加工表面，提高产品合格率；可降低拉拔模具损伤速率，延长模具的使用寿命，同时可提高拉拔速度（可达 3m/s 以上），使生产效率得以提高，减少产品的生产成本。

硬铝管材拉拔润滑乳化油

原料配比

原料	配比（质量份）	
	1#	2#
油酸	8～12	10
三乙醇胺	8～12	20
环烷酸锌	1～4	2
太古油	1～6	4
非离子表面活性剂	1～6	4
二烷基二硫代磷酸锌	1～8	5
邻苯二甲酸二丁酯	1～8	5
苯并三氮唑	0.1～0.3	0.2
无水乙醇	0.5～1	0.8
机械油	10～35	20
航空煤油	加至 100	加至 100

制备方法

（1）先将计算量的苯并三氮唑溶解到无水乙醇中备用。

（2）把计算量的航空煤油和机械油放入油品专用反应釜中，开动搅拌器，控制转速 60r/min，然后依次将计算量的油酸、三乙醇胺、环烷酸锌、太古油、非离子表面活性剂、二烷基二硫代磷酸锌、邻苯二甲酸二丁酯及上述备用的苯并三氮唑乙醇溶液加入到反应釜中，每加一种原料搅拌 15～20min，当加完全部原料后继续搅拌 2h。

（3）降至常温。

原料配伍 本品各组分质量份配比范围为：油酸 8～12，三乙醇胺 8～12，环烷酸锌 1～4，太古油 1～6，非离子表面活性剂 1～6，二烷基二硫代磷酸锌 1～8，邻苯二甲酸二丁酯 1～8，苯并三氮唑 0.1～0.3，无水乙醇 0.5～1，机械油 10～35，航空煤油加至 100。

产品应用 本品主要用作 LY-12 硬铝管材拉拔润滑乳化油。

使用时，加水将本产品稀释，配制成浓度为 8%的乳化液，应用于 LY-12 硬铝管材拉拔，直至将毛坯材质拉拔至所需直径，无断管现象，表面粗糙度符合国家标准要求。

产品特性

（1）本产品是以运动黏度、润滑性能、极压性能、冷却性能以及稳定性等为性能指标，采用三乙醇胺作为乳化剂，润滑、极压组合则采用具有较大吸收残留酸的耐酸化合物等。

（2）润滑膜的化学吸附及物理吸附性好，在拉拔金属管和模具之间形成均匀连续、完整的液体介质膜，表面所形成的润滑膜吸附牢固，不易在挤压拉伸过程中被挤掉，使拉拔金属管与模具之间具有很好的润滑性，保证拉拔金属管表面具有符合标准的粗糙度，同时减少了对模具的磨损，延长了模具的使用寿命。

（3）具有很好的冷却效果，既可防止由于局部过热导致拉拔金属管与模具钢芯的烧结、熔粘或抓结而引起断管的质量问题，同时又可提高每次的减径率及径向拉拔增长率，使生产效率得以提高。

（4）乳化性能稳定，即使是用硬质水稀释，对润滑冷却乳化剂的稳定性也没有任何影响。

（5）本产品是棕黄色透明均匀油状物，添加有杀菌剂，不易变质，使用 6 个月时间，无毒无害无恶臭气味，利于环保，不会影响操作人员的身体健康。

（6）易于从拉拔后的金属管表面上除掉，对拉拔管后道工序（热处理和退火）质量无任何不良影响。

子午轮胎钢帘线拉拔润滑剂

原料配比

原　料	配比（质量份）
氯化石蜡	9
三乙醇胺皂	9
聚乙烯蜡	10
苯甲酸钠	2
脂肪醇聚氧乙烯醚	5
苯并三氮唑	4
钠皂	15
软水	46

制备方法

（1）按质量配比取氯化石蜡、三乙醇胺皂混合，升温至140～150℃，使其彻底混合均匀。

（2）按质量配比取聚乙烯蜡、苯甲酸钠、脂肪醇聚氧乙烯醚、苯并三氮唑、钠皂与软水混合，升温至80～90℃，使其彻底混合均匀。

（3）将步骤（1）和步骤（2）所得混合物相互混溶、充分乳化，再冷却过滤，所得乳白色均质液体即为成品。

原料配伍　本品各组分质量份配比范围为：聚乙烯蜡 7～15，氯化石蜡 8～10，三乙醇胺皂 7～10，苯甲酸钠 0.25～30，脂肪醇聚氧乙烯醚 3～6，苯并三氮唑 3～5，钠皂 10～20，软水加至 100。

产品应用　本品主要用作子午轮胎钢帘线拉拔润滑剂。

产品特性　本产品中各组分有机地结合在一起，协同增效，是一种用于氧化钨模上、适于氰化或非氰化镀黄铜层钢丝进行大压缩率成品拉拔的湿式润滑剂，其拉拔速度可达 12～18m/s。该润滑剂具体的特点体现在以下几个方面：其拉丝模耗量低，可使钢帘线镀层完好，不会发生露钢现象，也不易被氧化；其 pH 值在 7～8，酸碱度适中，对设备、管道无腐蚀损害；无沉渣，也不会生成胶质堵塞管道；无泡或少泡，不影响工作环境，不会因溢泡带走润滑剂中的有效成分而缩短其使用寿命；钢帘线表面无碳化残留物污染，可增强钢帘线与橡胶的黏合力；其质量、性能稳定，保质期长，易于储存。

紫铜包铝双金属棒拉拔润滑冷却油

原料配比

原料	配比（质量份）			
	1#	2#	3#	4#
机械油（32#、10#、7#）	20～30	25.3	24.5	25
油酸	8～9	8	9	8.25
磷酸三甲苯酯	20～30	20	30	25
苯并三氮唑	0.8～0.9	0.9	0.8	0.85
无水乙醇	1～2	2	1	1.5
硫磷丁锌基锌盐（T202）	20～30	30	20	25
聚正丁基乙烯醚（T601）	13.5～14.5	13.5	14.5	14.5
杀菌剂（异噻唑啉酮）	0.2～0.3	0.3	0.2	0.25

制备方法

（1）用 1%～2%的无水乙醇将 0.8%～0.9%的苯并三氮唑充分溶解后备用。

（2）将 20%～30%的机械油加入反应釜中，加热至 80～90℃，开动搅拌器，转速为 550～650r/min，并依次加入 20%～30%的磷酸三甲苯酯、8%～9%的油酸，搅拌 0.5～1.5h 后，将温度降到 40～50℃。

（3）将（1）步骤所得的苯并三氮唑乙醇溶液与 0.2%～0.3%的杀菌剂加入（2）步骤所得的混合液中，继续搅拌 0.5～1.5h，降至常温。

（4）再依次加入 20%～30%的硫磷丁锌基锌盐、13.5%～14.5%的聚正丁基乙烯醚，按 25～35r/min 的搅拌速度搅拌 0.5～1.5h。

原料配伍 本品各组分质量份配比范围为：机械油 20～30，油酸 8～9，磷酸三甲苯酯 20～30，苯并三氮唑 0.8～0.9，无水乙醇 1～2，硫磷丁锌基锌盐 20～30，聚正丁基乙烯醚 13.5～14.5，杀菌剂 0.2～0.3。

产品应用 本品主要用作紫铜包铝双金属棒拉拔润滑冷却油。

产品特性

（1）本产品是以运动黏度、润滑性能、极压性能、冷却性能以及稳定性等为性能指标，采用极压组合，采用超细固体稳定化合物（氯化石蜡）并添加具有较大吸收残留酸的耐酸化合物（石油磺酸钠）及缓蚀剂（硫磷丁锌基锌盐、苯并三氮唑）。

（2）润滑膜的化学吸附及物理吸附性好，在拉拔金属丝和模具之间形成均匀连续、完整的液体介质膜，表面所形成的润滑膜吸附牢固，不易在挤压拉伸过程中被挤掉，使拉拔金属丝与模具之间具有很好的润滑性，保证拉拔金属丝表面具有符合标准的粗糙度，同时减少了对模具的磨损，延长了模具的使用寿命。

（3）具有很好的冷却效果，既可防止由于局部过热导致拉拔金属与模具钢芯的烧结、熔粘或抓结而引起断丝的质量问题，同时又可提高每次的减径率及径向拉拔增长率，使生产效率得以提高。

（4）本产品是浅棕黄色均匀黏稠油状物，添加有杀菌剂，不易变质，使用 6 个月时间，无毒无害无恶臭气味，利于环保，不会影响操作人员的身体健康。

（5）易于从拉拔后的金属棒表面上除掉，对拉拔丝后道工序（热处理和退火）质量无任何不良影响。

3 磨削液

沉降性防锈水基磨削液（1）

原料配比

原料		配比（质量份）					
		1#	2#	3#	4#	5#	6#
沉降剂	有机硫硫醚	5	10	—	—	—	—
	有机硫硫酚和二硫化物的混合物	—	—	15	—	—	—
	有机硫二硫化物	—	—	—	10	—	—
	有机硫多硫化物	—	—	—	—	5	—
	有机硫	—	—	—	—	—	15
絮凝剂	聚合硫酸铁（PFS）	10	—	—	—	—	—
	聚合氯化铁	—	8	—	8	10	5
	聚合氯化铝和聚合硫酸铝（PAS）的混合物	—	—	5	—	—	—
润滑剂	四硼酸钾和异构醇聚氧乙烯醚的混合物	15	—	—	—	—	—
	四硼酸钾	—	25	—	8	10	2
	异构醇聚氧乙烯醚和丙三醇的混合物	—	—	30	—	—	—
	异构醇聚氧乙烯醚	—	—	—	8	10	2
	丙三醇	—	—	—	10	11	10
防锈剂	十三碳二元酸和苯甲酸的混合物	30	—	—	—	—	—

续表

原料		配比（质量份）					
		1#	2#	3#	4#	5#	6#
	十一碳二元酸和甲基苯并三氮唑的混合物	—	22	—	—	—	—
防锈剂	含氮杂环三元羧酸和氢氧化钾的混合物	—	—	25	—	—	—
	含氮杂环三元羧酸	—	—	—	2	3	2
	十一碳二元酸	—	—	—	10	12	8
	十二碳二元酸	—	—	—	10	8	12
	苯甲酸	—	—	—	1	2	2
	甲基苯并三氮唑	—	—	—	1	—	1
	氢氧化钾	—	—	—	3	4	4
杀菌剂	1-羟基-2(1H)-吡啶硫酮	2	—	—	—	—	—
	烷基异噻唑啉酮	—	1.5	—	1	1	2
	碘代烷基氨基甲酸酯	—	—	2	—	—	—
偶合剂	二乙二醇单丁醚	5	3.5	1	3	1	5
消泡剂		2	1.5	2	1	1	2
水		31	27.5	21	24	22	28

制备方法

（1）按配方称量或量取沉降剂、絮凝剂、润滑剂、防锈剂、杀菌剂、偶合剂、消泡剂和水。

（2）将防锈剂与水混合，搅拌 30min，直至成为透明均匀液体（所述防锈剂与所述水混合后加热至 50℃，再搅拌）。

（3）向步骤（2）所得透明均匀液体中加入步骤（1）所称量的润滑剂、杀菌剂、偶合剂、消泡剂、搅拌均匀，得混合物。

（4）向步骤（3）所得混合物中加入步骤（1）所称量的沉降剂和絮凝剂，搅拌均匀，过滤后即得所述沉降性水基磨削液。

原料配伍 本品各组分质量份配比范围为：沉降剂 5～15，絮凝剂 5～10，润滑剂 10～30，防锈剂 20～30，杀菌剂 1～2，偶合剂 1～5，消泡剂 1～2，水加至 100。

沉降剂为有机硫。

有机硫为硫醇、硫酚、硫醚、二硫化物、多硫化物或环状硫化物中的一种或数种的混合物。

絮凝剂选自聚合氯化铝（PAC）、聚合硫酸铝（PAS）、聚合氯化铁（PFC）以及聚合硫酸铁（PFS）或其任意混合物。

润滑剂包括四硼酸钾、异构醇聚氧乙烯醚和丙三醇中的一种或数种的混合物。

防锈剂为含氮杂环三元羧酸、十一碳二元酸、十二碳二元酸、十三碳二元酸、苯甲酸、甲基苯并三氮唑和氯氧化钾中的一种或数种的混合物。

杀菌剂为烷基异噻唑啉酮、碘代烷基氨基甲酸酯、1-羟基-2(1H)-吡啶硫酮中的一种或数种的混合物。

偶合剂为二乙二醇单丁醚。

产品应用 本品是一种沉降性防锈水基磨削液。使用时与水按体积比1∶（10～40）稀释使用。

产品特性 本产品采用有机硫作为沉降剂，有机硫与研磨产生的金属粉末反应，形成稳定的有机金属化合物，不易溶解，同时采用絮凝剂促进有机金属化合物、铁粉和油石粉的絮凝和沉降，从而在磨削液中形成沉淀并被分离去除，从而保证了磨削液的润滑性和清洗性能的长期稳定性。同时，采用偶合剂保护工件表面，防止磨削液黏附在工件表面腐蚀和锈蚀工件，对工件表面具有良好的保护作用。该磨削液沉降性好，清洗能力强，寿命持久，可循环利用。

沉降性防锈水基磨削液（2）

原料配比

原料		配比（质量份）					
		1#	2#	3#	4#	5#	6#
沉降剂	有机硫	1	4	8	—	—	1
	有机硫二硫化物	—	—	—	6	—	—
	有机硫多硫化物	—	—	—	—	1	—
	乙二醇单丁醚	2	3	2	2	2	9
	聚二氯乙基醚四甲基乙二胺	2	3	5	2	2	3

续表

原料		配比（质量份）					
		1#	2#	3#	4#	5#	6#
絮凝剂	聚合硫酸铁（PFS）	10	—	—	—	—	—
	聚合氯化铁	—	8	—	8	10	5
	聚合氯化铝和聚合硫酸铝（PAS）的混合物	—	—	5	—	—	—
润滑剂	四硼酸钾和异构醇聚氧乙烯醚的混合物	15	—	—	—	—	—
	四硼酸钾	—	25	—	8	10	2
	异构醇聚氧乙烯醚和丙三醇的混合物	—	—	30	—	—	—
	异构醇聚氧乙烯醚	—	—	—	8	10	2
	丙三醇	—	—	—	10	11	10
防锈剂	十三碳二元酸和苯甲酸的混合物	30	—	—	—	—	—
	十一碳二元酸和甲基苯并三氮唑的混合物	—	22	—	—	—	—
	含氮杂环三元羧酸和氢氧化钾的混合物	—	—	25	—	—	—
	含氮杂环三元羧酸	—	—	—	2	3	2
	十一碳二元酸	—	—	—	10	12	8
	十二碳二元酸	—	—	—	10	8	12
	苯甲酸	—	—	—	1	2	2
	甲基苯并三氮唑	—	—	—	1		1
	氢氧化钾	—	—	—	3	4	4
杀菌剂	1-羟基-2(1H)-吡啶硫酮	2	—	—	—	—	—
	烷基异噻唑啉酮	—	1.5	—	1	1	2
	碘代烷基氨基甲酸酯	—	—	2	—	—	—
偶合剂	二乙二醇单丁醚	5	3.5	1	3	1	5
消泡剂		2	1.5	1	1	1	2
水		31	27.5	21	24	22	30

制备方法

(1) 按配方称量或量取沉降剂、絮凝剂、润滑剂、防锈剂、杀菌剂、偶合剂、消泡剂和水。

(2) 将防锈剂与水混合，搅拌 30min，直至成为透明均匀液体。

(3) 向步骤 (2) 所得透明均匀液体中加入步骤 (1) 所称量的润滑剂、杀菌剂、偶合剂、消泡剂、搅拌均匀，得混合物。

(4) 向步骤 (3) 所得混合物中加入步骤 (1) 所称量的沉降剂和絮凝剂，搅拌均匀，过滤后即得所述沉降性水基磨削液。

原料配伍 本品各组分质量份配比范围为：沉降剂 5～15，絮凝剂 5～10，润滑剂 10～30，防锈剂 20～30，杀菌剂 1～2，偶合剂 1～5，消泡剂 1～2，水加至 100。

沉降剂为有机硫，乙二醇单丁醚和聚二氯乙基醚四甲基乙二胺的混合物。

有机硫为硫醇、硫酚、硫醚、二硫化物、多硫化物或环状硫化物。

絮凝剂选自聚合氯化铝、聚合硫酸铝、聚合氯化铁以及聚合硫酸铁或其任意混合物。

润滑剂包括四硼酸钾、异构醇聚氧乙烯醚和丙三醇中的一种或数种的混合物。

防锈剂为含氮杂环三元羧酸、十一碳二元酸、十二碳二元酸、十三碳二元酸、苯甲酸、甲基苯并三氮唑和氧氧化钾中的一种或数种的混合物。

杀菌剂为烷基异噻唑啉酮、碘代烷基氨基甲酸酯、1-羟基-2(1H)-吡啶硫酮中的一种或数种的混合物。

偶合剂为二乙二醇单丁醚。

产品应用 本品是一种沉降性防锈水基磨削液。使用时与水按体积比 1∶(10～40) 稀释使用。

产品特性 本产品沉降剂中含有有机硫，有机硫与研磨产生的金属粉末反应，形成稳定的有机金属化合物，部易溶解，同时采用絮凝剂促进有机金属化合物、铁粉和油石粉的絮凝和沉降，从而在磨削液中形成沉淀并被分离去除，从而保证了磨削液的润滑性和清洗性能的长期稳定性。同时，采用偶合剂保护工件表面，防止磨削液黏附在工件表面腐蚀和锈蚀工件，对工件表面具有良好的保护作用。该磨削液沉降性好，清洗能力强，寿命持久，可循环利用。

沉降性防锈水基磨削液（3）

原料配比

原料		配比（质量份）					
		1#	2#	3#	4#	5#	6#
沉降剂	有机硫硫醇	1	—	—	—	—	—
	有机硫二硫化物	—	4	—	6	1	—
	有机硫为硫醚和二硫化物的混合物	—	—	11	—	—	11
	硼酸	2	3	2	2	2	2
	水溶性高分子表面活性剂低分子量聚丙烯酸	2	—	—	—	—	—
	水溶性高分子表面活性剂为聚乙二醇和聚乙烯醇的混合物	—	3	—	—	—	—
	水溶性高分子表面活性剂为低分子量聚丙烯酸和聚醚的混合物	—	—	2	—	—	—
	水溶性高分子表面活性剂为低分子量聚丙烯酸	—	—	—	2	—	—
	水溶性高分子表面活性剂为聚乙二醇	—	—	—	—	2	—
	水溶性高分子表面活性剂为聚乙烯醇和聚醚的混合物	—	—	—	—	—	2
絮凝剂	聚合硫酸铁（PFS）	10	—	—	—	—	—
	聚合氯化铁	—	8	—	8	10	5
	聚合氯化铝和聚合硫酸铝（PAS）的混合物	—	—	5	—	—	—
润滑剂	四硼酸钾和异构醇聚氧乙烯醚的混合物	15	—	—	—	—	—
	四硼酸钾	—	25	—	8	10	2
	异构醇聚氧乙烯醚和丙三醇的混合物	—	—	30	—	—	—
	异构醇聚氧乙烯醚	—	—	—	8	10	2
	丙三醇	—	—	—	10	11	10

续表

原料		配比（质量份）					
		1#	2#	3#	4#	5#	6#
防锈剂	十三碳二元酸和苯甲酸的混合物	30	—	—	—	—	—
	十一碳二元酸和甲基苯并三氮唑的混合物	—	22	—	—	—	—
	含氮杂环三元羧酸和氢氧化钾的混合物	—	—	25	—	—	—
	含氮杂环三元羧酸	—	—	—	2	3	2
	十一碳二元酸	—	—	—	10	12	8
	十二碳二元酸	—	—	—	10	8	12
	苯甲酸	—	—	—	1	2	2
	甲基苯并三氮唑	—	—	—	1		1
	氢氧化钾	—	—	—	3	4	4
杀菌剂	1-羟基-2(1H)-吡啶硫酮	2	—	—	—	—	—
	烷基异噻唑啉酮	—	1.5	—	1	1	1
	碘代烷基氨基甲酸酯	—	—	2	—	—	—
偶合剂	二乙二醇单丁醚	5	3.5	1	3	1	5
消泡剂		2	1.5	1		1	2
水		31	27.5	21	24	22	28

制备方法

（1）按配方称量或量取沉降剂、絮凝剂、润滑剂、防锈剂、杀菌剂、偶合剂、消泡剂和水。

（2）将防锈剂与水混合，搅拌 30min，直至成为透明均匀液体。

（3）向步骤（2）所得透明均匀液体中加入步骤（1）所称量的润滑剂、杀菌剂、偶合剂、消泡剂、搅拌均匀，得混合物。

（4）向步骤（3）所得混合物中加入步骤（1）所称量的沉降剂和絮凝剂，搅拌均匀，过滤后即得所述沉降性水基磨削液。

原料配伍 本品各组分质量份配比范围为：沉降剂 5～15，絮凝剂 5～10，润滑剂 10～30，防锈剂 20～30，杀菌剂 1～2，偶合剂 1～5，消泡剂 1～2，水加至 100。

沉降剂由有机硫、硼酸和水溶性高分子表面活性剂组成。三者在所述磨削液中质量分数为：有机硫 1%～11%，硼酸 2%～7%，水溶性高分子表面活性剂 2%～7%。

有机硫为硫醇、硫酚、硫醚、二硫化物、多硫化物或环状硫化物。

水溶性高分子表面活性剂选自低分子量聚丙烯酸、聚乙二醇、聚乙烯醇和聚醚等中的一种或数种的混合物。

絮凝剂选自聚合氯化铝、聚合硫酸铝、聚合氯化铁以及聚合硫酸铁或其任意混合物。

润滑剂包括四硼酸钾、异构醇聚氧乙烯醚和丙三醇中的一种或数种的混合物。

防锈剂为含氮杂环三元羧酸、十一碳二元酸、十二碳二元酸、十三碳二元酸、苯甲酸、甲基苯并三氮唑和氢氧化钾中的一种或数种的混合物。

杀菌剂为烷基异噻唑啉酮、碘代烷基氨基甲酸酯、1-羟基-2(1H)-吡啶硫酮中的一种或数种的混合物。

偶合剂为二乙二醇单丁醚。

产品应用　本品是一种沉降性防锈水基磨削液。

产品特性　本产品沉降剂中含有机硫，有机硫与研磨产生的金属粉末反应，形成稳定的有机金属化合物，不易溶解，同时采用絮凝剂促进有机金属化合物、铁粉和油石粉的絮凝和沉降，从而在磨削液中形成沉淀并被分离去除，从而保证了磨削液的润滑性和清洗性能的长期稳定性。沉降剂中还含有硼酸和水溶性高分子表面活性剂，从而保证了磨消液的化学稳定性和综合性能。同时，采用偶合剂保护工件表面，防止磨削液黏附在工件表面腐蚀和锈蚀工件，对工件表面具有良好的保护作用。该磨削液沉降性好，清洗能力强，寿命持久，可循环利用。

反应型水基金属磨削液

原料配比

原　料	配比（质量份）
四硼酸钠	3～6
硼酸	4～7

续表

原料		配比（质量份）
溶剂		20～29
三乙醇胺		15～22
缓释功能的钠盐		10～18
缓蚀剂		5～8
水基消泡剂		0.02～0.05
防腐剂		0.2～1.2
去离子水		30～50
溶剂	聚乙二醇-400	6～8
	乙二醇	10～15
	乙二醇丁醚	4～6
缓释功能的钠盐	磷酸三钠	2～5
	钼酸钠	2～5
	苯甲酸钠	6～8

制备方法

（1）在装有回流冷凝器、搅拌器、温度计和恒压滴液漏斗的反应瓶中加入去离子水10～25份，搅拌升温至80～85℃，加入硼酸4～7份搅拌至完全溶解，溶液透明，将溶剂20～29份放入恒压滴液漏斗中，在80～85℃保温条件下向反应瓶中匀速滴加，90min滴加完毕，保温20min后，降温至45℃，出料备用。

（2）在装有回流冷凝器、搅拌器、温度计和恒压滴液漏斗的反应瓶中加入去离子水20～25份，搅拌升温至60℃，加入四硼酸钠3～6份，搅拌30min后，加入缓释功能的钠盐10～18份，60℃条件下搅拌40min后，加入油酸三乙皂5～8份，搅拌20min。

（3）在保持60℃搅拌条件下，缓慢滴入步骤（1）中的液体，30min滴完后，加入消泡剂、防腐剂，60℃搅拌条件下继续反应，60min后，降温至40℃以下，用350目滤网过滤出料，得到淡黄色透明液体即为金属磨削液成品。

原料配伍 本品各组分质量份配比范围为：四硼酸钠3～6，硼酸4～7，溶剂20～29，三乙醇胺15～22，缓释功能的钠盐10～18，缓蚀剂5～8，水基消泡剂0.02～0.05，防腐剂0.2～1.2，去离子水30～50。

溶剂包括如下各组分且各组分的质量份数分别为：聚乙二醇-400

6～8，乙二醇 10～15，乙二醇丁醚 4～6。

缓释功能的钠盐包括如下各组分且各组分的质量份数分别为：磷酸三钠 2～5，钼酸钠 2～5，苯甲酸钠 6～8。

缓蚀剂为油酸三乙皂。

水基消泡剂的型号为 DF-52，防腐剂的型号为 1227。

产品应用 本品主要用于铸铁、碳钢、合金钢及部分有色金属的大磨量及高精度磨削。

产品特性

（1）本金属磨削液无毒、无害、无污染，对人体无伤害，对金属工件表面无腐蚀，具有极优良的冷却、润滑、清洗、极压抗磨、防锈期长等辅助磨削作用，使用周期长，无腐败发臭、磨削沉降好，具有极高的物理稳定性，表面弹力小，可有效降低磨削温度，有效防止工件的热变形和砂轮的磨损，磨削后的工件自然防锈时间达到 60 天以上，适用于铸铁、碳钢、合金钢及部分有色金属的大磨量及高精度磨削。

（2）本磨削液较大程度地提高了工件的加工精度和表面粗糙度，有效清除了工件的表面污物，使用效果达到进口全合成水基磨削液的技术水平，可有效替代进口高档全合成水基磨削液，大幅度降低了磨削加工的生产成本。

分切圆盘刀加工用磨削液

原料配比

原　　料	配比（质量份）		
	1#	2#	3#
十二烷基硫酸钠	4	6	5
十二烷基苯磺酸钠	12	14	13
平平加	7	9	8
酒石酸钾钠	10	12	11
硼酸铵	6	8	7
聚乙烯醇	12	14	13
甘油	10	12	11
水	40	60	55

制备方法　将各组分原料混合均匀即可。

原料配伍　本品各组分质量份配比范围为：十二烷基硫酸钠 4～6，十二烷基苯磺酸钠 12～14，平平加 7～9，酒石酸钾钠 10～12，硼酸铵 6～8，聚乙烯醇 12～14，甘油 10～12，水 40～60。

产品应用　本品主要用作分切圆盘刀加工用磨削液。

产品特性　本产品具有较好的润滑、降温、防锈和清洗的效果，且使用周期长、环保。

钢球磨削液

原料配比

原　料	配比（质量份）
油酸	3.5
纯碱	3.5
亚硝酸钠	10
水	10
六六四清洗剂	0.5

制备方法　将油酸、纯碱、亚硝酸钠、水混合加热到 90℃，然后保温 1～1.5h，待冷却后加入六六四清洗剂搅拌均匀即可。

原料配伍　本品各组分质量份配比范围为：油酸 3.5，纯碱 3.5，亚硝酸钠 10，水 10，六六四清洗剂 0.5。

产品应用　本品主要用作钢球磨削液。

产品特性　本产品磨削、润滑效果好，腐蚀性小，对环境污染小。

高工钢砂轮磨削用磨削液

原料配比

原　料	配比（质量份）			
	1#	2#	3#	4#
水	88	83	84	85
十二烷基硫酸钠和平平加复配物	5	—	—	8

续表

原料	配比（质量份）			
	1#	2#	3#	4#
十二烷基苯磺酸钠和平平加复配物	—	7	10	—
酒石酸钾钠	2	3	2	3
硼酸铵	3	2	1	2
甘油	2	—	—	2
聚乙烯醇	—	5	3	—

制备方法 将水加入到反应釜中，在35℃的温度条件下，依次向反应釜中加入阴离子表面活性剂和非离子表面活性剂复配物、酒石酸钾钠、硼酸铵、润滑剂，搅拌约6min后冷却至室温，调节溶液的pH值为8～9左右，得到高工钢砂轮磨削用磨削液。

原料配伍 本品各组分质量份配比范围为：阴离子表面活性剂和非离子表面活性剂复配物5～10，酒石酸钾钠2～3，硼酸铵1～3，润滑剂2～5，水加至100。

阴离子表面活性剂为十二烷基硫酸钠或十二烷基苯磺酸钠。

非离子表面活性剂为平平加。

润滑剂为甘油或者聚乙烯醇。

产品应用 本品主要用作高工钢砂轮磨削用磨削液。

产品特性 本产品采用阴离子表面活性剂和非离子表面活性剂复配物作为清洗组分，能显著降低切削液的表面张力，具有很好的清洗效果，且由于采用酒石酸钾钠和硼酸铵等代替亚硝酸盐作为防锈组分，不仅防锈效果好，且环保无毒。本产品具有润滑、降温、防锈和清洗效果好，且使用周期长、环保的优势。

高工钢砂轮磨削用切削液

原料配比

原料	配比（质量份）		
	1#	2#	3#
水	76.2	68	68.4

续表

原　料		配比（质量份）		
		1#	2#	3#
矿物油	煤油	10	—	15
	柴油	—	20	—
动植物油		8	5	10
抗氧剂	多酚类抗氧剂	0.2	0.8	1.0
抗磨剂	聚乙烯醇	2	—	—
	甘油	—	5	3
防锈剂		3	1	2
金属粉末沉淀剂	*N*,*N*-二二硫代哌嗪甲酸钠	0.6	—	0.4
	黄原酸酯	—	0.2	—

制备方法 将水加入到反应釜中，然后依次向反应釜中加入矿物油、多酚类抗氧剂、抗磨剂、防锈剂、金属粉末沉淀剂，然后搅拌约10min，冷却至室温后，调节溶液的pH值为8.5左右，得到高工钢砂轮磨削切削液。

原料配伍 本品各组分质量份配比范围为：矿物油10～20，动植物油5～10，抗氧剂0.1～1，抗磨剂2～5，防锈剂1～3，金属粉末沉淀剂0.2～0.6，水加至100。

矿物油为煤油或柴油。

抗氧剂为多酚类抗氧剂。

抗磨剂为甘油或者聚乙烯醇。

金属粉末沉淀剂为*N*,*N*-二二硫代哌嗪甲酸钠或黄原酸酯。

产品应用 本品主要用作高工钢砂轮磨削用切削液。

产品特性 本产品不仅具有很好的润滑、降温、防锈和清洗效果，而且通过在配方中添加金属粉末沉淀剂可以对金属粉末进行有效的软化和沉淀，便于金属粉末的控制和收集，大大提高了金属粉末回收的产率。

高性能轴承加工用水溶性磨削液

原料配比

原　　料	配比（质量份）		
	1#	2#	3#
有机酸	10	15	20
有机胺	20	25	30
缓蚀剂	0	3	5
合成润滑剂	15	20	25
表面活性剂	0	1	5
水	25	35	50
消泡剂	—	1	3

制备方法　将各组分原料混合均匀即可。

原料配伍　本品各组分质量份配比范围为：有机酸 10～20，有机胺 20～30，缓蚀剂 0～5，合成润滑剂 15～25，表面活性剂 1～10，水 25～50，消泡剂 0～3。

有机酸是 C_6～C_{14}、直链二元酸、C_8～C_{10} 脂肪酸、C_{18} 长链脂肪酸、对叔丁基苯甲酸、对硝基苯甲酸、氨基磺酸化合物中的一种或几种。

有机胺是一乙醇胺、一异丙醇胺、二异丙醇胺、三异丙醇胺、*N,N*-二羟乙基环己胺、2-氨基-2-甲基丙醇、2-（2-氨基乙氧基）乙醇中的一种或几种。

缓蚀剂是苯并三氮唑、甲基苯并三氮唑、2-巯基苯并三唑中的一种或几种。

合成润滑剂是三羟甲基丙烷酯、季戊四醇酯、新戊基多元醇酯中的一种或几种。

表面活性剂是聚氧乙烯聚氧丙烯醚、乙二醇单丁醚、异十三醇中的一种或几种。

消泡剂是乳化硅油、甲基硅油或二甲基硅油。

产品应用　本品主要用作轴承加工用水溶性磨削液。

产品特性

（1）本产品选用性能优良的新型水溶性润滑脂、表面活性剂以及其他助剂进行复配，使产品的润滑性能和渗透性能得到大幅提升。

（2）本产品选用生物降解性能优良的原料设计配方，使产品的可降解性能得到大幅提升。

合成磨削液

原料配比

原　料	配比（质量份）
基础油	4～30
无机盐防锈剂	5～10
极压添加剂	6～20
去离子水	30～60
pH 值调节剂	2～6
稀释液	5

制备方法　将基础油打入加热调和罐中并采用上下移动的方式进行搅拌，再依次将无机盐防锈剂、极压添加剂、稀释液、去离子水、pH 值调节剂打入加热调和罐中并采用左右移动的方式进行搅拌，调和完毕后，装入检验罐，经过滤去杂质后，再将油品沉降、冷却，最后直接泵入储罐或分装。

原料配伍　本品各组分质量份配比范围为：基础油 4～30，无机盐防锈剂 5～10，极压添加剂 6～20，去离子水 30～60，pH 值调节剂 2～6，稀释液 5。

基础油是聚乙二醇或 C_{10}～C_{22} 的一元脂肪酸中的至少一种，两种以上时可以任意比例复配。

无机盐防锈剂是硼砂、磷酸氢二钠、磷酸二氢钠、磷酸钠或钼酸钠中的至少一种，两种以上时可以任意比例复配。

极压添加剂为含硫（S）、磷（P）、氯（Cl）的添加剂；

pH 值调节剂为氢氧化钠、二乙醇胺或三乙醇胺中的至少一种，两种以上时可以任意比例复配。

稀释液为葡萄糖、乙二胺、硫酸链霉素中的至少一种，两种以上时可以任意比例复配。

质量指标

分析项目		质量指标
浓缩液	外观	蓝色透明液体
5%稀释液	pH 值	8～10
	消泡性（10min）/mL	≤2
	表面张力/（mN/m）	≤40
	防锈性试验（铸铁，35℃±2℃）/h	
	单片	≥24
	叠片	≥4
	腐蚀试验（55℃±2℃，全浸）/h	
	一级灰口铸铁	≥24
	紫铜	≥4

产品应用　本品是一种合成磨削液。

产品特性　本产品具有优良的磨屑沉降性，不粘砂轮，同时具有良好的冷却、防锈和清洗性，无刺激性气味，不含亚硝酸钠，不起泡，对涂层无影响，使用寿命长，不易变质，优良的冷却润滑性、冲洗性、沉降性、渗透性，减少屑末黏结与切屑瘤形成，也适合于磨削加工，因具有优秀的防微生物附着能力而不需要额外加入杀菌剂，这意味着将大大延长集液槽中工作液的使用寿命。其 pH 值稳定，防锈性好，对工件有保护作用。

环保合成磨削液

原料配比

原　　料	配比（质量份）
油酸	2.5
三乙醇胺①	5
癸二酸	2
三乙醇胺②	4

续表

原料	配比（质量份）
苯甲酸钠	2
聚醚	4.5
聚乙二醇	5
碳酸钠	2
钼酸铵	1
甘油	4
苯并三氮唑	0.2
消泡剂	0.2
异噻唑啉酮	0.6
荧光绿	0.03
去离子水	66.97

制备方法

（1）用计算量的油酸和三乙醇胺先在反应釜中反应，在 100r/min 连续搅拌下，加热升温至 50～60℃，继续搅拌 30min，备用。

（2）将计算量的去离子水、癸二酸、三乙醇胺依次加入另一反应釜中，启动搅拌器，以 100r/min 的转速在常温下搅拌 1h。

（3）在连续搅拌下，再将计算量的苯甲酸钠、聚醚、聚乙二醇、碳酸钠、钼酸铵、甘油、苯并三氮唑、消泡剂、异噻唑啉酮、荧光绿以及步骤（1）所得的油酸三乙醇胺依次加入步骤（2）中的反应釜中，加热升温至 50～60℃，继续搅拌 1h。

（4）降至常温，得所述环保合成磨削液。

原料配伍 本品各组分质量份配比范围为：油酸 2.5，三乙醇胺①5，癸二酸 2，三乙醇胺②4，苯甲酸钠 2，聚醚 4.5，聚乙二醇 5，碳酸钠 2，钼酸铵 1，甘油 4，苯并三氮唑 0.2，消泡剂 0.2，异噻唑啉酮 0.6，荧光绿 0.03，去离子水 66.97。

产品应用 本品主要用作钢铁行业中冶金轧辊中的磨削液。

将制备得到的产品按 5%～10%浓度进行稀释配制工作液，装入轧辊磨床的切削液槽中，采用泵抽循环喷淋方式进行轧辊磨削加工。

产品特性

（1）本产品具有良好的润滑性能。本产品所含有的润滑活性物质对金属表面具有较大的亲和力，其极性分子的极性基对金属表面具有较强的化学吸附和物理吸附作用，能迅速渗透到金属和砂轮之间形成牢固的边界润滑层，达到良好的润滑效果，减少摩擦与黏结，减少磨削热和磨削力，从而降低轧辊表面的粗糙度。

（2）用本产品稀释得到的工作液，具有良好的冷却性能，能迅速降低磨削温度，减少砂轮和轧辊表面的热变形，保持砂轮硬度，提高加工精度和砂轮耐用度，延长砂轮使用周期。

（3）本产品具有更好的防锈性能，确保了对机床和轧辊的防锈防腐蚀要求。原有磨削后的轧辊表面易生锈和腐蚀，锈迹和腐蚀斑痕降低了被磨削的轧辊表面质量。本产品磨削后的轧辊不易生锈和腐蚀。长时间保持轧辊表面光亮如新，从而保证了磨削后轧辊表面的质量。

（4）本产品在长期储存和使用过程中不易腐败变质，对操作者无毒无害，对环境无污染，使用周期长，进一步降低使用成本。

环保型磨削液

原料配比

原　　料	配比（质量份）				
	1#	2#	3#	4#	5#
水	70	70	70	70	70
硼酸	8.2	6.2	—	—	4.1
聚醚	—	—	—	8.2	3.2
聚丙烯酸钠	—	—	—	—	2.4
聚氧化乙烯	5	—	—	—	—
聚丙烯酰胺	—	4	10	—	—
复合有机硼酸酯	6.6	7.6	7.6	4.5	7.4
油酸酰胺	4.8	—	4.7	1.5	—
乙醇胺	3.2	—	—	—	3.4
甘油	—	—	3	2.8	3.2
二乙醇胺	—	4.6	—	—	—
三乙醇胺	—	—	—	4.8	—
N-酰基亮氨酸钠	—	—	2	—	
蓖麻酰胺	—	5.8	—	2	2.8
苯并三氮唑	1.6	1.6	—	4.4	1.6

续表

原　料	配比（质量份）				
	1#	2#	3#	4#	5#
钼酸钠	0.4	—	2.3	1.2	—
钼酸铵	—	—	—	—	1.3
EDTA	0.2	0.2	0.4	0.6	0.6
消泡剂	适量	适量	适量	适量	适量

制备方法 将水放入反应釜内，搅拌加热升温至 60～80℃左右，每间隔 20min，依次加入水溶性高分子表面活性剂、复合有机硼酸酯、润滑清洗剂、防锈剂、抗菌剂、络合剂等助剂，降温至 30℃，调节 pH 值为 8.5～9.0，加入适量消泡剂，得到综合性能好的淡黄色透明磨削液。

原料配伍 本品各组分质量份配比范围为：水溶性高分子表面活性剂 2～10，复合有机硼酸酯 1～12，润滑清洗剂 2～20，防锈剂 0.3～3，抗菌剂 0.1～5，络合剂 0.1～0.6，消泡剂适量，水加至 100。

这种环保型磨削液的制备所用原料是优选低分子量聚丙烯酸盐、低分子量聚丙烯酰胺、聚乙二醇、聚乙烯醇、低分子量聚氧化乙烯、聚醚等水溶性高分子表面活性剂。

油酸酰胺、蓖麻酰胺、牛油烷基丙醇胺、甘油、乙醇胺等作为润滑清洗剂，

复合有机硼酸酯、*N*,*N*-二甲基乙醇胺、*N*-酰基亮氨酸盐、*N*-酰基谷氨酸盐为极压抗磨、防锈、抗菌剂，钼酸盐、苯并三氮唑为防锈剂，硼酸为抗菌剂，EDTA（乙二胺四乙酸二钠）、乙二胺四乙酸四钠为络合剂以及消泡剂等等。

所述的复合有机硼酸酯最好是由质量分数为硼酸盐 20%～40%、二甘醇 10%～30%、二乙醇胺 10%～25%、油酸 10%～25%、二元羧酸酐 5%～10%、硫脲 1%～3%等化合物反应而成。这样形成的有机硼酸酯和高分子表面活性剂配合更能发挥和保证化学性能的稳定。

产品应用 本品主要用作金属加工用化学助剂，是一种环保型磨削液。

产品特性

（1）本品以综合性能好的复合型有机硼酸酯为主要原料，再加之添加最佳量的高分子表面活性剂，进一步保护了硼酸酯的化学稳定性，可提高磨削液的综合性能，更主要的是使复合有机硼酸酯的化学稳定

性得到进一步提高，更加能发挥其综合性能，而且配方合理。

（2）本品不含有害的矿物油、亚硝酸盐、重金属、苯酚、甲醛、磷、氯等物质，对人体无害，系环境友好产品，而且 pH 值控制在 8.5～9.0，不会伤害使用者的皮肤。

（3）本品不含矿物油等易发霉的物质，而且添加了抗菌剂，所以使用周期一般为 4 个月以上，消泡性合格，防锈性：单片＞150h，叠片＞72h。

（4）本产品为无色或淡黄色透明液体，工作液清晰透明，有利于观察加工表面，可降低加工件粗糙度，而且润滑性好，可延长砂轮的使用寿命。

超硬磨料砂轮使用的磨削液

原料配比

原料		配比（质量份）		
		1#	2#	3#
结合剂	铁粉	80	70	60
	铜粉	10	10	15
	镍粉	5	—	—
	银粉	—	10	—
	锡粉	—	2	15
	锌粉	—	3	5
	四氧化三铁粉	5	5	—
	石墨粉	—	—	5
磨削液	钼酸钠	0.3	0.2	0.1
	磷酸氢二钠	4	3	2
	丙三醇	0.5	0.3	0.1
	三乙醇胺	1.2	1	0.8
	硼砂	2	1.4	0.8

续表

原料		配比（质量份）		
		1#	2#	3#
磨削液	亚硫酸钠	1	0.53	0.12
	红油	1	0.64	0.28
	水	加至 100	加至 100	加至 100

制备方法

（1）将水加热到 60～80℃。

（2）将磷酸氢二钠、硼砂、亚硫酸钠、钼酸钠加入上述水中搅拌至溶解得到溶液。

（3）将丙三醇、三乙醇胺倒入上述溶液中搅拌至全部溶解。

（4）倒入红油，全部溶解后，降温至室温得到磨削液原液。

原料配伍 该磨削液是按照磨削液原液与水质量比 1：（5～20）组成，其中所述的磨削液原液是由质量分数为 0.1%～0.3%的钼酸钠，2%～4%的磷酸氢二钠，0.1%～0.5%丙三醇，0.8%～1.2%三乙醇胺，0.8%～2%硼砂，0.12%～1%亚硫酸钠，0.28%～1%红油，其余为水配制而成。

结合剂主要成分为铁粉 60%～80%，铜粉 5%～15%，再添加以金属添加剂 5%～20%和石墨粉 3%～5%、四氧化三铁粉 5%中的一种或者两种配制成非金属添加剂，采用冷压烧结的方法制作可在线电解的金属结合剂超硬磨料砂轮。

冷压烧结制作工艺过程包括以下步骤：

（1）将超硬磨料金刚石、立方氮化硼中的一种或者两种按照常规浓度配料，与铁粉放在一起混合搅拌均匀，然后加入少量乙醇再混合。

（2）将铜粉和金属添加剂及非金属添加剂粉末一并加入进行混合。

（3）将上述粉末装入模具，加压达到 400～500MPa 后保压 5～10s，然后进行脱模。

（4）将脱模后的压制胚件放入烧结炉中进行烧结，烧结环境为还原性气氛，按照金属结合剂砂轮常规烧结制度，保证最高温度为 900～950℃，保温 1～1.5h 得到本产品的可在线电解的金属结合剂超硬磨料砂轮。

产品应用 本品主要用于硬脆材料和复合材料的精密镜面磨削及成形表面的精密加工。其适用于航空航天、军工领域等精密加工行业。按照磨削液原液与水质量比 1∶（5～20）得到本产品的可在线电解的金属结合剂超硬磨料砂轮使用的磨削液。

产品特性 磨削液中无机盐和表面活性剂等各种成分合理配比，不仅可以发挥各成分的最大作用和成分之间的协同效应，保持磨削液的最佳综合磨削性能，还能够与电解电源电参数及可在线电解的金属结合剂砂轮中结合剂中金属成分的配比相配合，实现电解成膜的速度和质量的合理控制，达到超微粉粒度砂轮的最佳修锐效果。

铝保护增强型磨削液

原料配比

原料		配比（质量份）			
		1#	2#	3#	4#
基础油	矿物油	35	—	—	—
	合成酯	—	30	—	—
	植物油：大豆油	—	—	50	—
	植物油：花生油	—	—	—	45
防锈剂	硼酸单乙醇胺、酰胺己酸三乙醇胺、十二烷二酸盐组成的混合物	18	—	—	—
	硼酸酯及油酸的混合物	—	20	—	—
	硼酸单乙醇胺	—	—	10	—
	酰胺己酸三乙醇胺	—	—	—	15
润滑剂	三羟基丙烷酯和磷酸酯组成的混合物	12	—	—	—
	氯化石蜡、磷酸酯的混合物	—	10	—	—
	氯化石蜡、三羟基丙烷酯的混合物	—	—	15	—
	三羟基丙烷酯	—	—	—	20

续表

原　料		配比（质量份）			
		1#	2#	3#	4#
消泡剂	乳化硅油	0.2	0.1	0.3	0.25
缓蚀阻垢剂	甲基苯并三氮唑	0.2	0.1	0.2	0.3
偶合剂	丙二醇丁醚	3	2	5	4.75
非离子表面活性剂	直链的壬基酚聚氧乙烯醚	8	—	10	—
	支链的壬基酚聚氧乙烯醚	—	5	—	6.5
阴离子表面活性剂	石油磺酸钠	4	3	5	4.2
水		19.6	29.8	4.5	4

制备方法 在基础油的体系中，依次加入非离子表面活性剂、阴离子表面活性剂、防锈剂、缓蚀阻垢剂、消泡剂、偶合剂、润滑剂、水，混合搅拌均匀即得铝保护增强型磨削液。

原料配伍 本品各组分质量份配比范围为：基础油 30～50，防锈剂 10～20，润滑剂 10～20，消泡剂 0.1～0.3，缓蚀阻垢剂 0.1～0.3，偶合剂 2～5，非离子表面活性剂 5～10，阴离子表面活性剂 3～5，水加至 100。

基础油为矿物油、合成酯或植物油，植物油为大豆油或花生油。

非离子表面活性剂是直链或支链的壬基酚聚氧乙烯醚，非离子表面活性剂中直链壬基酚聚氧乙烯醚或支链壬基酚聚氧乙烯醚占表面活性剂总量的 75%～91%。

防锈剂为硼酸单乙醇胺、酰胺己酸三乙醇胺、十二烷二酸盐、硼酸酯及油酸的一种或两种以上组成的混合物。

缓蚀阻垢剂为甲基苯并三氮唑。

润滑剂为氯化石蜡、三羟基丙烷酯及磷酸酯的一种或两种以上组成的混合物。

消泡剂为乳化硅油。

偶合剂为丙二醇丁醚。

阴离子表面活性剂为石油磺酸钠。

质量指标

项　　目		技术标准 SH/T 0365	实验数据
浓缩液外观（15～35℃）		棕黄色至浅褐色半透明均匀油体	棕黄色半透明均匀油体
乳化液 pH 值		7.5～9.5	9.1
乳化液安定性（15～35℃，24h）/mL	皂	0.5	无
乳化液安定性（15～35℃，24h）/mL	油	无	无
乳化液防锈性（35℃±2℃，一级铸铁片）/h	单片	24	24
	叠片	4	4
食盐允许量		无相分离	无相分离
乳化液腐蚀试验（55℃±2℃全浸）/h	钢片	24	24
	铜片	4	4
	铝片	4	4
乳化油 P_B 值/N		686（70）	686（70）
消泡性能（蒸馏水）		10min 后泡沫不超过 2mL	10min 后泡沫 1.5mL

产品应用　本品是一种铝保护增强型磨削液。

产品特性　由于在磨削液的制备工艺中，采用了特殊的铝缓蚀剂，并进行了 pH 值的控制，从而使得磨削液具有优秀的铝保护能力，尤其在敏感铝加工中表现优异，能够很好地保护敏感铝不被腐蚀，避免了工件表面发黑的现象发生，同时也保证了铝加工的强度。

铝合金磨削用冷却液

原料配比

原　　料	配比（质量份）	
	1#	2#
中性肥皂	5	8
菜籽油	15	20

续表

原　　料	配比（质量份）	
	1#	2#
甘油	3	6
蒸馏水	60	50
消泡剂	6	5
水	11	11

制备方法 将中性肥皂切成小块放入蒸馏水中，然后一并放入大烧杯中搅拌加热至沸腾，待肥皂全部溶化，细流加入菜籽油，最后加入甘油，再搅拌加热至沸腾，然后冷却放入箱内，加入水及消泡剂，制成本产品所述的冷却液。

原料配伍 本品各组分质量份配比范围为：中性肥皂 5～8，菜籽油 15～20，甘油 3～6，蒸馏水 50～60，消泡剂 5～8，水 11～15。

产品应用 本品主要用作铝合金磨削用冷却液。

产品特性 本产品与一般的乳化液比较，具有阻止铝合金与磨粒之间的化学亲和能力。普通乳化液即使在加大压力强冷却的情况下，也只具备冷却作用。而本冷却液是一种扩散性极好的磨削液，它可以降低切削温度，防止零件“烧伤”形成润滑膜，减少摩擦和摩擦力，减少黏附，提高铝合金的磨削比，修整砂轮所需的时间缩短了 10 倍，延长了砂轮的寿命，磨削后零件的表面粗糙度均在一定范围内，一次磨削吃刀深度从 0.05mm 提高到 0.3mm，生产效率高，易于实施，改善了铝合金零件的磨削加工。

磨削液（1）

原料配比

原　　料	配比（质量份）		
	1#	2#	3#
基液（420#磨削液）	87.77	87.78	88.78
亚硝酸钠	11	9	9

续表

原　料	配比（质量份）		
	1#	2#	3#
硝酸钠	0.25	0.4	0.32
磷酸氢二钠	0.5	2.0	1.25
四硼酸钠	0.1	0.2	0.15
丙三醇	0.28	0.32	0.3
磷酸三丁酯	0.1	0.3	0.2

制备方法

（1）将所需质量的不易溶解的磷酸氢二钠放入一定质量的热水或温水中，并用玻璃棒不断搅动，使其充分溶解。

（2）用水将基液按照使用要求以及所需质量稀释（所加水的质量要把之前溶解磷酸氢二钠所用水的质量考虑在内）。

（3）将刚刚溶解的磷酸氢二钠溶液加入到基液中，并不断搅动，使其混合均匀。

（4）将较易溶解的亚硝酸钠、硝酸钠、四硼酸钠、丙三醇、磷酸三丁酯按照所需的质量比例逐个加入到基液中，不断搅动使其充分均匀溶解，制得所需磨削液。

原料配伍 本品各组分质量份配比范围为：基液 87～89，亚硝酸钠 9～11，硝酸钠 0.25～0.4，磷酸氢二钠 0.5～2.0，四硼酸钠 0.1～0.2，丙三醇 0.28～0.32，磷酸三丁酯 0.1～0.3。

其中，基液为常规水溶性化学合成磨削液。它包括市售 420#磨削液、M-2 磨削液、QM 强力磨削液等诸种之一。

420#磨削液的主要化学成分为甘油、三乙醇胺、苯甲酸钠、亚硝酸钠等。M-2 磨削液的主要化学成分为油酸丁二酸一醇酰胺、葵二酸一乙醇胺、苯甲酸钠。

产品应用 本品主要用作青铜结合剂超硬磨料砂轮高速在线电解修锐磨削的磨削液。

产品特性

（1）本产品针对青铜结合剂金刚石砂轮，优化选择了亚硝酸钠、硝酸钠、磷酸氢二钠、四硼酸钠、丙三醇、磷酸三丁酯作为所配制磨削液的主要成分。其中亚硝酸钠和硝酸钠作为磨削液的主要电解质，增强磨削液的导电能力，同时它们与磷酸氢二钠一同作为无机盐对破坏工件表面的气膜很有效，能提高磨削液的冷却性；亚硝酸钠和四硼酸钠还能使铁产生严密的钝化膜而阻止氧或其他活性离子对机床的锈蚀，有很好的防锈性能；丙三醇作为表面活性剂，它可以降低水的表面张力，提高润滑性能，有效地减小水基溶液的润湿角，从而提高磨削液的渗透和清洗能力；磷酸三丁酯作为极压添加剂，它可以增强磨削液的极压性，在金属表面形成化学润滑膜，保证边界极压润滑，以使磨削液迅速进入高温磨削区，从而提高磨削液的润滑性能。

（2）本产品在电解过程中，在电源的驱动下，作为阳极的砂轮结合剂——铜，会失去电子变成铜离子进入磨削液中，然后跟阳极周围的氢氧根离子结合生成氢氧化铜（蓝色），氢氧化铜会失去水而生成氧化铜（黑色），所以金属阳极表面生成的氧化膜应该是氢氧化铜和氧化铜的混合物；阴极的反应主要是氢离子得到电子生成氢气逸出；处于在线电解作用中的砂轮，随着砂轮结合剂的不断电解，磨粒会始终保持一定的出刃高度，避免砂轮磨削过程中的堵塞和黏附，从而降低磨削力，延长砂轮的使用寿命，改善工件的加工质量，同时，砂轮表面生成的氧化膜会减少磨削加工过程中砂轮与工件之间的摩擦，吸收一定的振动，从而降低工件的表面粗糙度，提高工件的表面质量。

（3）本产品具有良好的电解成膜能力，电解电流下降快，稳定电流小，能在砂轮表面生成较厚，黏附性强，硬度大，致密性好的氧化膜，用其对陶瓷进行高速磨削时，磨削力仅为普通磨削时的2/3～3/4，工件表面粗糙度仅为普通磨削时的3/4～4/5，技术效果很显著。

磨削液（2）

原料配比

原　　料	配比（质量份）
多元酸	0.5～15

续表

原　　料	配比（质量份）
氮氧化物	0.5～30
硼酸酯	0.5～15
聚醚	0.5～20
硅酸钠	0.5～4.0
软水剂	0.5～12
水	加至 100

制备方法　常压下，在容器内先加入多元酸，再依次加入聚醚、氮氧化物，加热至 100～120℃，搅拌全溶后，加入水搅拌，再加入硅酸钠、软水剂，搅拌全部互溶后停止搅拌，采样检测，进入包装程序。

原料配伍　本品各组分质量份配比范围为：多元酸 0.5～15，氮氧化物 0.5～30，硼酸酯 0.5～15，聚醚 0.5～20，硅酸钠 0.5～4.0，软水剂 0.5～12，水加至 100。

质量指标

项　目	技术标准	检测结果	检测方法
外观	透明均相液	淡黄色无分层液体	目测
密度	1.10～1.16	1.12	GB/T 4472
pH 值	8.5～10	8.5	GB/T 6368
腐蚀性能铸铁/h	8	合格	GB/T 12612
防锈性能铸铁/h	24	合格	GB/T 12612
极压性能 P_B 值＞	40	45.8	GB/T 12582

产品应用　本品主要用作金属机械加工冷却用磨削液。

产品特性　本产品具有润滑、防锈、极压、防腐、清洗、冷却等功能，无毒、无异味、无刺激，对环境友好，使用安全方便。

汽车离合器膜片专用水基磨削液

原料配比

原　　料	配比（质量份）	
	1#	2#
植酸	1.8～2.2	2
苯甲酸钠	5～7	6
醇胺	7～9	8
碳酸钠	3.5～4.5	4
硫代硫酸钠	0.8～1.2	1
聚乙二醇	11～13	12
油酸三乙醇胺	2.5～3.5	3
十二烷基苯磺酸钠	1.8～2.2	2
消泡剂	1.8～2.2	2
异噻唑啉酮	0.4～0.6	0.5
去离子水	58～61	59.5

制备方法

（1）先将计算量的去离子水、植酸、苯甲酸钠、三乙醇胺依次加入到反应釜中，启动搅拌器，以转速为 200r/min 在常温下搅拌 1h。

（2）再将计算量的碳酸钠、硫代硫酸钠、聚乙二醇、油酸三乙醇胺、十二烷基苯磺酸钠、消泡剂、异噻唑啉酮依次加入反应釜中，并加热到 50～60℃，继续搅拌 2h。

（3）待温度降至常温后即可抽样检查和放料包装。

原料配伍　本品各组分质量份配比范围为：植酸 1.8～2.2，苯甲酸钠 5～7，醇胺 7～9，碳酸钠 3.5～4.5，硫代硫酸钠 0.8～1.2，聚乙二醇 11～13，油酸三乙醇胺 2.5～3.5，十二烷基苯磺酸钠 1.8～2.2，消泡剂 1.8～2.2，异噻唑啉酮 0.4～0.6，去离子水 58～61。

产品应用 本品主要用作汽车离合器膜片专用水基磨削液。

使用方法：使用时将产品按5%～8%配制工作液，装入机床磨削液盛槽中，采用泵抽循环喷淋方式进行磨削加工。本产品应用于汽车离合器膜片的磨削加工，可最大限度地降低磨削温度和磨削用力，提高磨削加工效率、工件的磨削精度和表面质量，并能延长砂轮的使用寿命。

产品特性

（1）本产品具有润滑性能好的表面活性物质，其极性基团对65Mn钢具有较大的亲和力，同时极性分子的极性基具有较强的化学吸附和物理吸附作用，能在膜片表面上形成既牢固又坚固的吸附膜，并且耐高温耐挤压，达到优良的润滑效果。

（2）本产品含有具有清洗作用的阴离子表面活性剂，其溶解度随着温度升高而增大，可及时清洗在磨削加工过程中产生的大量金属屑和磨料颗粒，保证产品的表面质量。

（3）本产品含有的活性剂可迅速地渗入砂轮微孔磨削接触面，减轻了黏附，加强了冷却效果，提高了磨削液的冷却性能。

（4）本产品含有的水溶性防锈剂具有较强的吸附作用，可吸附在金属表面上形成连续紧密完整的防锈膜，起到防锈作用。

（5）本产品含有的消泡剂，可以消除表面活性剂在磨削过程中所产生的泡沫，避免因泡沫的存在又直接影响散热效率，进一步提高了冷却效果。

（6）本产品在长期贮存或使用过程中不易变质，尤其在夏季使用其保质期长，对操作者无毒无害，对环境无污染。

汽车连杆用水基防锈磨削冷却液

原料配比

原料	配比（质量份）			
	1#	2#	3#	4#
去离子水	36.43	30.8	34.12	30.95
硼砂	10	11	12	13
钼酸钠	4	3	3	2.5

续表

原料		配比（质量份）			
		1#	2#	3#	4#
磷酸三钠		3	2.5	3.5	4
柠檬酸钠		2	1.5	1	2.5
苯甲酸钠		3	2.5	1.5	1
防锈络合物		30	35	32	32
复合极压抗磨润滑剂		10	12	10	10
杀菌防腐剂		1.5	1.6	1.8	2
水性有机硅高效消泡剂		0.07	0.1	0.08	0.05
防锈络合物	去离子水	10	10	10	10
	三乙醇胺	26.7	26.7	26.7	26.7
	二乙醇胺	16.7	16.7	16.7	16.7
	山梨醇	33.3	33.3	33.3	33.3
	聚乙二醇	10	10	10	10
	苯并三氮唑	3.3	3.3	3.3	3.3
复合极压抗磨润滑剂	去离子水	20	20	20	20
	三乙醇胺	40	40	40	40
	硼酸	20	20	20	20
	癸二酸	20	20	20	20

制备方法

（1）在反应釜中加入去离子水，再加入硼砂，升温至80～90℃，搅拌下加入钼酸钠、磷酸三钠、柠檬酸钠、苯甲酸钠，搅拌至物料完全溶解，然后降温至60～70℃。

（2）搅拌下分别加入防锈络合物、复合极压抗磨润滑剂，然后降温至40～50℃，再加入杀菌防腐剂、水性有机硅高效消泡剂，搅拌反应40～60min，最后用网筛过滤除掉机械杂质，得到汽车连杆用水基防锈磨削冷却液。所述的过滤是选用180目不锈钢过滤网筛进行常压过滤去除物料中的各种金属粉末、泥砂、纤维等机械杂质，过滤后的水基防锈磨削冷却液机械杂质含量不大于0.02%。

原料配伍　本品各组分质量份配比范围为：去离子水27～48，防锈络合物 28～35，复合极压抗磨润滑剂 8～12，硼砂 8～14，柠檬酸钠 1～3，磷酸三钠 2～4，钼酸钠 2～4，苯甲酸钠 1～3，杀菌防腐剂 1～2，水性有机硅高效消泡剂 0.05～0.1。

防锈络合物由以下方法制备得到：在反应釜中加入 10%去离子水、26.7%三乙醇胺、16.7%二乙醇胺并加热至 60℃，然后顺序加入 33.3%山梨醇、10%聚乙二醇、3.3%苯并三氮唑，混合搅拌至完全溶解透明，即得到防锈络合物；所述的百分比为各成分占防锈络合物原料总质量的百分比。

复合极压抗磨润滑剂由以下方法制备得到：在反应釜中加入 20%去离子水、40%三乙醇胺并加热升温至 80℃，然后分别逐个加入 20%硼酸、20%癸二酸，不断搅拌反应至物料完全溶解透明为止，即得到复合极压抗磨润滑剂。

杀菌防腐剂是商品涂料保（防腐剂 KSG108S）。

水性有机硅高效消泡剂是进口的 L2-5674 水性有机硅高效消泡剂。

去离子水采用反渗透系统的净水处理设备制取。

防锈络合物包括山梨醇、三乙醇胺、二乙醇胺、聚乙二醇、苯并三氮唑、去离子水。

复合极压抗磨润滑剂包括硼酸、癸二酸、三乙醇胺、去离子水。

防锈剂包括硼砂、钼酸钠、磷酸三钠、柠檬酸钠、苯甲酸钠。

质量指标

检验项目		标准要求	检验结果	检验方法
外观（15～35℃）		淡黄色无分层、无沉淀呈均匀半透明液体	淡黄色无分层、无沉淀呈均匀半透明液体	目测
pH 值（5%水溶液，25℃）		8～8.5	8.0	GB/T 6144
消泡性/(mL/10min)		≤2	合格	GB/T 6144
防锈性一级铸铁单片 24h 35±2℃，RM95%叠片 4h		≤1 级	合格	GB/T 6144
腐蚀试验（55℃±2℃）	一级铸铁 24h	0 级	合格	GB/T 6144
	紫铜 4h	≤1 级	合格	
	硬铝 4h	0 级	合格	
储存安定性		一年以上无分层、相变及胶状等	合格	GB/T 6144
最大无卡咬负荷（P_B）/N		≥500	550	GB/T 3142

续表

检验项目	标准要求	检验结果	检验方法
对机床油漆的适应性	无起泡、发黏、开裂、脱落等不良影响	合格	GB/T 6144

产品应用 本品主要用作汽车连杆用水基防锈磨削冷却液。它适用于内燃机关键配件汽车连杆总成产品在生产制造过程中作机床磨削加工工艺处理液，也适用于其他精密机械零部件、五金制品、空调压缩机滚动活塞等的钢、铸铁及铜合金制品的一般机床磨削加工，并根据机加工防锈技术工艺要求,用自来水将水基防锈磨削冷却液调配成3%～6%不同浓度（体积浓度）的工作液使用。

产品特性

（1）本产品具有极佳的防锈、冷却、润滑、清洗效能，工件加工后在工序间停留 7 天以上无锈蚀，防锈能力强，工作液可连续使用 3 个月以上不易变质发臭，使用周期长，不含重金属等有毒有害物质，对环境和操作者健康有利，产品在生产制造过程中对砂轮结合剂无锈蚀作用，对机床和工件不腐蚀不粘砂轮、不起泡沫、不燃烧，工作液透明无异味便于观察产品加工外观，能满足汽车连杆总成产品在生产制造过程中的各种机床磨削加工工艺技术要求，有效地克服了国内外类似产品防锈效果不理想，工作液使用寿命短，容易变质发臭，对操作人员皮肤有损伤等问题。

（2）内燃机汽车发动机关键配件的连杆产品在生产制造过程中应用本产品水基防锈磨削冷却液具有良好的防锈、冷却、润滑、清洗功能，可根据机加工技术要求，用自来水将水基防锈磨削冷却液调配成3%～6%不同浓度的工作液使用，能完全满足汽车连杆总成产品在生产制造过程中的各种机床磨削加工工艺及防锈技术要求。

（3）本产品不含亚硝酸盐和重金属等有毒有害物质，不污染环境且不损害操作者身体健康。工作液在磨削加工过程中对机床和工件不腐蚀，对砂轮结合剂无侵蚀作用，不粘砂轮、不起泡沫、不燃烧、无异味，外观透明便于观察产品加工外观，工件加工后停留在工序间 7 天以上无锈蚀，防锈能力强，工作液可连续循环使用 3 个月以上，不变质发臭，具有优异的抗微生物繁殖能力和化学稳定性。

（4）本产品所用的原材料易得，生产过程工艺简单，所合成的水基防锈磨削冷却液可储存两年时间不变质，经济实用，效果良好。

全合成磨削液

原料配比

原料	配比（质量份）		
	1#	2#	3#
二乙二醇	100	100	100
JFC	20	—	—
聚醚	100	100	100
硼砂	20	20	20
有机钼	2	2	—
水	496	556	556
二聚酸	20	20	20
辛酸	30	—	40
三乙醇胺	200	—	150
二乙醇胺	—	200	50
有机硅消泡剂	1.25	1.25	1.25
磷酸三丁酯	12.5	12.5	12.5

制备方法

（1）将水、分散剂和表面活性剂和聚醚放入反应釜中，加热、搅拌至完全溶解。

（2）将防锈组分放入水中，充分溶解完全后加入到上述反应釜中，搅拌均匀。

（3）将防锈组分中的机羧酸调和均匀，待呈现亮红棕色后加入到上述反应釜中，搅拌均匀。

（4）最后加入消泡剂和抑泡剂搅拌均匀，即得到淡黄色全合成磨削液产品。

原料配伍 本品各组分质量份配比范围为：二乙二醇 90～110、JFC 0～20、聚醚 90～110、硼砂 18～22、有机钼 0～2、水 490～560、二聚酸 18～22、辛酸 0～40、三乙醇胺 0～200、二乙醇胺 0～200、有机硅消泡剂 1～2、磷酸三丁酯 10～14。

极压剂和润滑剂为聚醚、有机羧酸、磷酸酯中的一种或一种以上；分散剂和表面活性剂为 JFC、AEO9、聚乙二醇、二乙二醇中的一种或一种以上；防锈组分为有机羧酸、三乙醇胺、二乙醇胺、有机钼、硼砂中的一种或一种以上；消泡剂和抑泡剂为有机硅、磷酸酯中的一种或一种以上。

产品应用 本品主要用作机械加工行业磨床的磨削液。

产品特性 极压润滑性好、防锈周期长、泡沫小、腐败期长、对身体无伤害、对环境无污染。

水基磨削液

原料配比

原料		配比（质量份）		
		1#	2#	3#
润滑剂	脂肪醇	5	—	2
	聚乙二醇	7	5	—
	油酸酰胺	—	3	—
	硫系极压润滑剂	—	—	7
乳化剂	脂肪醇聚氧乙烯醚磷酸盐	8	—	—
	月桂酸单甘油酯硫酸钠	—	5	—
	十二烷基苯磺酸钠	—	1	—
	聚丙烯酸钠	—	—	2
	硬脂酸三乙醇胺酯	—	—	4
pH 调整剂	三乙胺	5	—	—
	聚乙烯亚胺	—	2	—
	六亚甲基四胺	—	—	10
防锈剂	巯基苯并噻唑	3	—	—
	壬基萘磺酸钡	—	6	4
杀菌剂	山梨醇钾	0.1	—	—
	尼泊金酯	—	0.3	—
	异噻唑啉酮	—	—	0.2
消泡剂	聚醚改性硅油	0.2	—	—

续表

原料		配比（质量份）		
		1#	2#	3#
消泡剂	聚醚	—	0.1	—
	二甲基硅油	—	—	0.1
去离子水		加至 100	加至 100	加至 100

制备方法

（1）将水、乳化剂、pH 调整剂加入到反应釜中充分搅匀。

（2）将润滑剂加入到反应釜中充分乳化搅拌均匀，反应温度为 25～70℃。

（3）将防锈剂加入到反应釜中混合均匀，且将水基磨削液的 pH 值控制在 8～10。

原料配伍 本品各组分质量份配比范围为：润滑剂 6～12，乳化剂 4～8，防锈剂 1～6，pH 调整剂 2～18 及去离子水加至 100。

该水基磨削液还可包括杀菌剂和消泡剂。当该水基磨削液包括杀菌剂和消泡剂时，在该水基磨削液中润滑剂的质量分数为 2%～12%，乳化剂的质量分数为 2%～8%，防锈剂的质量分数为 1%～10%，pH 调整剂的质量分数为 0.5%～20%，杀菌剂的质量分数为 0.05%～0.5%，消泡剂的质量分数为 0.1%～0.5%，去离子水的质量分数为 50%～80%。优选地，该润滑剂的质量分数为 6%～12%，该乳化剂的质量分数为 4%～8%，该防锈剂的质量分数为 1%～5%，该 pH 调整剂的质量分数为 3%～18%，该杀菌剂的质量分数为 0.1%～0.5%，该消泡剂的质量分数为 0.1%～0.5%，该去离子水的质量分数为 60%～80%。

润滑剂选自羧酸、酰胺、脂肪酸酯、醇类、脂肪酸盐及硫系和氯系极压润滑剂中的至少一种。

该羧酸选自硬脂酸、软脂酸中的至少一种。该酰胺选自油酸酰胺。所述醇类选自脂肪醇、丙三醇、聚乙二醇中的至少一种。该脂肪酸盐选自脂肪酸金属皂。优选地，润滑剂选自脂肪酸酰胺、脂肪醇、聚乙二醇、丙三醇中的至少一种。该润滑剂能及时带走摩擦产生的热量及研磨碎屑，提高清洗能力。

乳化剂选自醚类、酯类及盐类中的至少一种。该醚类选自烷基酚聚氧乙烯醚、聚氧乙烯基醇醚中的至少一种，该酯类选自硬脂酸三乙醇胺酯，该盐选自十二烷基苯磺酸钠、十二烷基磺酸钠、石油磺酸钠、月桂酸单甘油酯硫酸钠、脂肪醇聚氧乙烯醚磷酸盐、聚丙烯酸钠中的至少一种。优选地，该乳化剂选自十二烷基苯磺酸钠、十二烷基磺酸钠及马来酸和丙烯酸共聚物中的至少一种。

防锈剂选自为钡盐、杂环有机物及有机酸中的至少一种。该钡盐选自石油磺酸钡、壬基萘磺酸钡中的至少一种，该杂环有机物选自甲基苯并三氮唑、巯基苯并噻唑中的至少一种，该有机酸选自十二烯基丁二酸。优选地，该防锈剂选自甲基苯并三氮唑。该防锈剂与乳化剂复配能防止铝制品本身产生腐蚀现象，具有优良的工序间防锈性。

pH 调整剂选自无机碱、有机碱中的至少一种。该无机碱选自氢氧化钠、氢氧化钾中的至少一种，该有机碱选自二乙醇胺、三乙醇胺、六亚甲基四胺、异丙醇胺、三乙胺及聚乙烯亚胺中的至少一种。优选地，该 pH 调整剂选自三乙醇胺及聚乙烯亚胺中的至少一种。

杀菌剂选自盐类、尼泊金酯及异噻唑啉酮中的至少一种。该盐类选自十二烷基二甲基苄基氯化铵、苯甲酸钠及山梨醇钾中的至少一种。优选地，该杀菌剂选自十二烷基二甲基苄基氯化铵及苯甲酸钠中的至少一种。该杀菌剂主要起到防霉防菌的作用。

消泡剂选自硅油、聚醚及高碳醇中的至少一种。该硅油选自二甲基硅油、聚醚改性硅油中的至少一种。优选地，该消泡剂为二甲基硅油。该消泡剂能消除反应体系中中泡沫，防止大量气泡分散在空气中。

该水优选去离子水。

产品应用 本品主要用作对铝制品表面进行研磨抛光的水基磨削液。使用本产品包括以下步骤：将磨削液与水按 1∶（1～10）稀释后，与磨料为 P400～P2400 砂纸、抛光轮等研磨垫配合使用。

产品特性

（1）本产品中由润滑剂、乳化剂及防锈剂构成的复合配方系统能有效地在铝合金表面形成一种油膜，隔绝空气与铝表面接触以防止铝合金表面被腐蚀，具有优良的工序间防锈性。

（2）本产品选用比较温和的 pH 调整剂，该 pH 调整剂在研磨过程中可产生化学作用力（抛光力包括机械作用力及化学作用力），同时又不会腐蚀铝合金，具有研磨抛光工序效率高的特点。

（3）本产品配制工艺简单、操作方便，在后续的清洗工艺中清洗简单、无残留。

水溶性磨削液

原料配比

有机合成防锈剂

原料	配比（质量份）		
	1#	2#	3#
正辛酸	15	—	—
十二烯基丁二酸	—	20	—
十二烯基丁二酸半酯	—	—	10
单乙醇胺	20	—	—
三乙醇胺	—	20	20

水溶性磨削液

原料		配比（质量份）			
		4#	5#	6#	7#
油性剂	聚乙二醇 600	10	15	10	10
	油酸	5	—	—	—
无机盐防锈剂	硼砂	2	2	—	—
	磷酸氢二钠	2	2	2	2
	钼酸钠	2	2	2	2
有机合成防锈剂	1#有机合成防锈剂	10	7	1.5	1.5
	2#有机合成防锈剂	10	3	10	—
	3#有机合成防锈剂	—	10	—	10
非离子型表面活性剂	壬基酚聚氧乙烯（7）醚（NP-7）	5	5	5	5
	辛基酚聚氧乙烯（4）醚	5	—	—	—
	壬基酚聚氧乙烯（10）醚	—	5	5	5
pH 值调节剂	三乙醇胺	5	5	3	3
去离子水		44	39	48	48

制备方法

（1）制备组分有机合成防锈剂：将正辛酸、十二烯基丁二酸或十二烯基丁二酸半酯与单乙醇胺或三乙醇胺混合，在 60～80℃温度条件下，搅拌 1～2h，至溶解均匀，形成透明的液体，得到有机合成防锈剂。

（2）将（1）得到的有机合成防锈剂和其他组分按比例混合，于 50～70℃温度条件下，搅拌 0.5～1.5h，至溶解均匀，形成透明的液体，即得本产品组合物。

原料配伍 本品各组分质量份配比范围为：油性剂 5～25，无机盐防锈剂 2～10，有机合成防锈剂 15～30，非离子型表面活性剂 5～15，pH 值调节剂 2～6，去离子水 30～60。

油性剂是聚乙二醇或 C_{10}～C_{22} 的一元脂肪酸中的至少一种，两种以上时可以任意比例配比。本产品是一种水溶性磨削液，其进一步特征还在于：所述组分油性剂为 C_{12}～C_{18} 的一元脂肪酸与聚乙二醇的混合物，推荐使用月桂酸、椰子油酸、肉豆蔻酸、硬脂酸、软脂酸、油酸或棕榈油脂肪酸。加入的聚乙二醇优选聚乙二醇 600，可与未反应完全的油酸生成聚二醇油酸酯，加大磨削液的防锈能力及水溶性。聚乙二醇 600 具有较大的密度，会在金属表面扩散成一层薄膜，起缓蚀剂的作用。

无机盐防锈剂是硼砂、磷酸氢二钠、磷酸二氢钠、磷酸钠或钼酸钠中的一种或一种以上。钼酸盐能在金属表面形成 $FeMoO_4$-Fe_2O_3 钝化膜，是性能良好的防锈剂，且几乎没有毒性和对环境的危害性。硼砂、磷酸氢二钠、磷酸二氢钠或磷酸钠与钼酸钠进行复配，能提高单剂的防锈性能。

有机合成防锈剂是辛酸盐、十二烯基丁二酸盐或十二烯基丁二酸半酯盐中的至少一种，两种以上时可以任意比例配比；有机合成防锈剂为正辛酸、十二烯基丁二酸或十二烯基丁二酸半酯与单乙醇胺或三乙醇胺反应生成的盐。通过合成有机防锈剂，并进行复配，能较大程度提高磨削液的防锈性能，并且使其具有良好的水溶性。本产品的进一步特征在于：所述有机合成防锈剂中酸与醇胺的比例为 1∶（1～2）（质量比）。

非离子型表面活性剂是脂肪醇聚氧乙烯醚、壬基酚聚氧乙烯醚或辛基酚聚氧乙烯醚的非离子表面活性剂。

pH 值调节剂为氢氧化钠、二乙醇胺或三乙醇胺中的至少一种，优选三乙醇胺。

产品应用 本品是一种水溶性磨削液组合物。

产品特性 本产品为水溶性液体，在磨削加工过程中不会影响可见度，操作方便，清洗容易，能够满足水基磨削液的技术要求，有良好的抗磨减摩性能和良好的防锈性能。本产品可使用在钢、铁及硬度高的合金钢上，能有效降低砂轮与切屑，砂轮与工件表面的摩擦，以达到有效延长刀具和砂轮的使用寿命的目的，且对环境污染很小，是一种较理想的环境友好的磨削液。

水溶性全合成金属磨削液

原料配比

原料	配比（质量份）					
	1#	2#	3#	4#	5#	6#
去离子水	20	20	20	20	20	20
苯并三氮唑羧酸烷酯	0.5	0.5	2	2	4	4
油酸烷醇胺酯	10	10	—	10	—	—
植酸	10	—	10	10	—	10
有机三元聚羧酸	—	10	10	—	10	—
醇醚磷酸酯	10	10	—	10	—	—
三乙醇胺	20	20	30	30	30	20
苯并三氮唑	0.5	0.5	—	—	2	—
脂肪酸钠皂	1	—	—	—	2	5
十二烷基硫酸钠	—	—	—	—	1	—
硫酸化蓖麻油	10	10	—	—	10	10
脂肪醇聚氧乙烯醚	5	5	10	10	2	—
烷醇酰胺	—	—	2	5	—	5
磷酸酯	2	—	4	—	2	—
乙醇	5	5	—	—	5	—
丙三醇	—	2	6	—	—	5
聚乙二醇	—	—	—	1	4	5
聚醚	—	—	2	—	2	3
磷酸	1	1	—	—	1	—

续表

原　料	配比（质量份）					
	1#	2#	3#	4#	5#	6#
磷酸氢铵	1	1	—	—	1	—
氢氧化钠	2	—	2	—	2	—
氢氧化钾	—	2	—	1	—	2
聚醚-硅氧烷共聚物	2	—	1	—	—	1
高碳醇脂肪酸酯复合物	—	2	—	1	2	—

制备方法

（1）将适量的去离子水放入反应釜内，加入有机酸、有机胺及其他 pH 调节剂，搅拌加热升温至 70～80℃，反应至形成透明澄清溶液 A。

（2）将合成的长碳链苯并三氮唑羧酸烷酯、增溶剂、渗透剂、清洗剂与剩余防锈剂混合，搅拌形成溶液 B。

（3）在保持搅拌加热（70～80℃）的条件下将溶液 B 缓慢加入溶液 A 中，加完后继续加热搅拌至体系澄清，降温至 30℃，加入适量消泡剂，得到的即为水溶性全合成金属磨削液浓缩原液。

原料配伍　本品各组分质量份配比范围为：防锈剂 5～40，清洗剂 1～20，润滑缓蚀剂 0.1～10，渗透剂 1～20，增溶剂 1～20，pH 调节剂 10～40，消泡剂 0.5～5，余量去离子水。其中，所述水溶性全合成金属磨削液的 pH 值为 7～11，优选 8～10。

所述润滑缓蚀剂为长链苯并三氮唑羧酸烷酯中的一种以上。

所述长链苯并三氮唑羧酸烷酯的制备方法如下：

（1）在三口瓶中加入 0.01～0.2mol 苯并三氮唑羧酸、10～150mL $SOCl_2$ 及 1～15mL DMF，加热回流 1～5h。

（2）冷却，加入 15～250mL 石油醚，析出苯并三氮唑羧酰氯，过滤。

（3）在另一三口瓶中加入 2～40g 氢氧化钠、15～300mL 的水和 0.01～0.2mol 烷基醇，将其置于冰水中，在搅拌条件下将苯并三氮唑羧酰氯分批次加入反应液中，反应 5～10h。

（4）将反应液倒入 25～500mL 水中，析出固体即为苯并三氮唑羧酸烷酯，过滤。

烷基醇选自月桂醇、十二醇、异构十二醇、肉豆蔻醇、十五醇、鲸蜡醇、十七醇、硬脂醇中的一种以上，优选为月桂醇和/或硬脂醇。

防锈剂选自碳酸钠、碳酸铵、磷酸钠、磷酸氢二钠、二聚磷酸钠、六偏磷酸钠、硅酸钠、硼酸钠、铬酸钠、铬酸钾、重铬酸钠、重铬酸钾、钼酸钠、钨酸钠、高锰酸钾、乙酸钠、苯甲酸钠、葡萄糖酸钠、苯乙醇胺、乌洛托品、氨水、乙醇胺、二乙醇胺、三乙醇胺、异丙醇胺、十六烷胺、油酸烷醇胺酯、油酸烷醇酰胺、脂肪酸钠、脂肪酸胺酯、植酸、癸二酸、十一碳二元酸、十二碳二元酸、有机三元聚羧酸、聚环氧琥珀酸、失水山梨醇单油酸酯、季戊四醇酯、醇醚磷酸酯、硫代磷酸酯、苯并三氮唑、苯并三氮唑钠、甲基苯并三氮唑、甲基苯并三氮唑钠、丁基苯并三氮唑、丁基苯并三氮唑钠、巯基苯并噻唑、巯基苯并咪唑、氨基三氮唑、羟基喹啉、吲哚、吗啉、*N*,*N*-二环己基丙烯酰胺、咪唑啉、氨基磺酸、木质素磺酸钠、甲基硅酸钠、乙烯基硅酸钠、γ-胺丙基硅酸钠、聚醚有机二硅酸钠、聚天冬氨酸中的一种以上，优选油酸烷醇胺酯、植酸、癸二酸、有机三元聚羧酸、醇醚磷酸酯、苯并三氮唑中的一种以上。

清洗剂选自碳酸钠、磷酸钠、磷酸氢二钠、磷酸二氢钠、柠檬酸、EDTA 及其钠盐、甲酸、氨基酸、羟基乙酸、草酸、氨基磺酸、羟基乙酸、脂肪酸钠皂、蓖麻油钠皂、油酸三乙醇胺皂、松香皂、十二烷基磺酸钠、十二烷基苯磺酸、十二烷基苯磺酸钠、石油磺酸钠、十二烷基硫酸钠、硫酸化蓖麻油、硫酸化花生油、硫酸化牛脂、十二烷基三甲基氯化铵、十二烷基二甲基甜菜碱、醇醚羧酸盐、烷基酚醚羧酸盐、磷酸酯盐、脂肪醇聚氧乙烯醚、烷基酚聚氧乙烯醚、脂肪酸聚氧乙烯酯、烷醇酰胺中的一种以上，优选脂肪酸钠皂、十二烷基硫酸钠、硫酸化蓖麻油、脂肪醇聚氧乙烯醚、烷醇酰胺中的一种以上。

渗透剂选自硫酸化蓖麻油、烷基磺酸钠、烷基苯磺酸钠、烷基硫酸酯钠、仲烷基磺酸钠、仲烷基硫酸酯钠、α-烯基磺酸钠、烷基萘磺酸钠、琥珀酸烷基酯磺酸钠、*N*-甲基油酰氨基乙基磺酸钠、氨基磺酸钠、脂肪醇聚氧乙烯醚、烷基酚聚氧乙烯醚、聚醚、磷酸酯、小分子醇、小分子酮或小分子醚中的一种以上，优选磷酸酯、小分子醇、聚醚中的一种以上。所述小分子醇、小分子酮或小分子醚不超过 8 个碳原子。

增溶剂选自甲醇、乙醇、丙醇、正丁醇、乙二醇、丙二醇、丙三醇、丙酮、环丙酮、乙二醇醚、丙二醇醚、聚乙二醇、邻苯二甲酸二丁酯、失水山梨醇脂肪酸酯、聚氧乙烯山梨醇脂肪酸酯、蔗糖脂肪酸酯、月桂酸甘油酯、棕榈酸季戊四醇酯、甲基葡萄糖苷十二烷基酯、*N*-十二烷基葡萄糖基月桂酰胺、烷基糖苷、聚氧乙烯硬脂酸木糖醇酯、聚醚、纤维素类中的一种以上，优选为乙醇、丙三醇、聚乙二醇、聚醚中的一种以上。

pH 调节剂选自硫酸、盐酸、硝酸、磷酸、氯乙酸、丙二酸、氢氧化钠、氢氧化钾、氨水、乙醇胺、二乙醇胺、三乙醇胺、异丙醇胺、氨基丙醇、二异丙醇胺、乙二胺、氢氧化四甲基铵、氢氧化四乙基铵、氢氧化四丙基铵、胆碱、哌啶、哌嗪、多亚乙基亚胺、碳酸钠、碳酸钾、磷酸钠、磷酸钾、磷酸氢二钠、磷酸氢铵中的一种以上，优选为三乙醇胺、磷酸、磷酸氢铵、氢氧化钠、氢氧化钾中的一种以上。

消泡剂选自乳化硅油、二甲基硅油、油酸铬、植物油、聚硅氧烷、聚醚、聚醚-硅氧烷共聚物、乙醇、高碳醇、高碳醇脂肪酸酯复合物、苯乙醇油酸酯、苯乙酸月桂醇酯、磷酸三丁酯、聚氧乙烯聚氧丙烯季戊四醇醚、聚氧乙烯聚氧丙醇胺醚、聚氧丙烯甘油醚、聚氧丙烯中的一种以上，优选为聚醚、聚醚-硅氧烷共聚物、高碳醇脂肪酸酯复合物中的一种以上。

产品应用 本品主要用作金属磨削液，使用时采用去离子水或自来水稀释成质量分数为5%～20%的稀释工作液，pH 值控制在7.5～9.5。

产品特性

（1）为了提升润滑性能，并对金属表面提供缓蚀和吸附性能，本产品自行合成了长链含氮杂环有机酯——苯并三氮唑羧酸烷酯（C_{12}～C_{18}）作为润滑缓蚀剂。利用苯并三氮唑端进行金属（包括钢、铜、铝、铸铁等）表面的吸附缓蚀，利用长链烷基端形成流体润滑膜实现润滑性能，而且苯并三氮唑吸附端的存在使长链烷基端形成的润滑膜在金属表面吸附得更为牢固，从而使苯并三氮唑羧酸烷酯的润滑性能具有更好的稳定性和耐磨性。

（2）本产品使用包含多类型组分的复合防锈剂，对钢、铜、铝、铸铁等金属均有很好的防锈性能，能广泛地应用于黑色金属与有色金属的磨削加工中。

（3）本产品复配了渗透剂、清洗剂、增溶剂和消泡剂，加工过程中具有优良的润滑、清洗功能，不起泡，铁屑沉降性好，加工后的工件表面粗糙度低，无有机物残留，放置长时间不返锈，可以很好地满足高精密机床的加工要求。

（4）本产品为含水量低的金属加工液浓缩原液，体系相容稳定性好，放置寿命长，使用时采用去离子水或自来水稀释，工艺简单、价格低廉，且不腐不臭，使用寿命长。

水悬浮磨削液

原料配比

原　料	配比（质量份）		
	1#	2#	3#
十二烷基苯磺酸钠	3	—	4
十二烷基硫酸盐	—	12	4
碳化硅粉	25	—	20
金刚石粉	—	45	15
水	72	43	54
聚乙二醇	—	—	3

制备方法 以水为基质，在表面活性剂存在条件下，使细度在 1200 目以上的碳化硅粉或/和金刚石粉分散均匀，形成水悬浮磨削液。

原料配伍 本品各组分质量份配比范围为：表面活性剂 1～15，细度≥1200 目的碳化硅粉或/和金刚石粉 20～50，水加至 100。

表面活性剂优选阴离子表面活性剂，如羧酸盐或烷基硫酸酯盐或烷基磷酸酯盐或烷基磺酸盐等。

本水悬浮液的黏度主要由表面活性剂的添加量来调节，但在必要时也可加入 1%～5%的增稠剂，还可滴加几滴消泡剂以抑制表面活性剂所产生的泡沫。

产品应用 本品主要用作硬质材料精密切割用的水悬浮磨切削液。

产品特性 本品以水为基质，黏度可调，这就意味着切削速度可变，不仅提高了切割效率，而且适用范围广泛。本品适用于钨合金、钛合金等硬质材料的切割、抛光，亦适用于硅、石英、碳化硅、锗、水晶、蓝宝石、磷化铟、砷化镓等晶体的线切割、抛光。当硬材料颗粒细度≥5000 目时，便是抛光液。

硬质合金加工专用全合成磨削液

原料配比

原料		配比（质量份）			
		1#	2#	3#	4#
极压润滑剂	摩尔比为 1∶1 的油酸和聚甘油	13	—	—	—
	摩尔比为 2∶1 的蓖麻油酸和二异丙醇胺	—	10	—	—
	摩尔比为 4∶1 的硬脂酸和聚醚四醇	—	—	15	—
	摩尔比为 2∶1∶1 的硬脂酸、油酸和二异丙醇胺	—	—	—	14
表面活性剂	脂肪醇聚氧乙烯聚氧丙烯醚	20	—	—	—
	脂肪醇聚氧乙烯醚	—	—	25	10
	妥尔油酰胺	—	15	—	15
pH 稳定剂	三异丙醇胺	10	—	—	12
	单异丙醇胺	—	5	—	—
	二异丙醇胺	—	—	15	—
偶合剂	二甘醇	4	—	—	—
	聚醚	—	3	—	3
	甘油	—	—	5	2
防锈剂	DDDA	6	5	8	—
高效专用组分	摩尔比为 1∶0.01 的异亚丙基甘油和 NaOH	4	—	—	6
	摩尔比为 1∶0.005 的异亚丙基甘油和 NaOH	—	3	—	—
	摩尔比为 1∶0.02 的异亚丙基甘油和 NaOH	—	—	5	—
水		43	59	27	59

制备方法

（1）将高效专用组分、极压润滑剂与水在 30～80℃下，混合搅拌 10min～1h 得混合物组分 A。

（2）将 pH 稳定剂、防锈剂与水在 30～80℃下，混合搅拌 10min～1h 得混合物组分 B。

（3）将表面活性剂、偶合剂在常温常压下混合搅拌均匀得混合物组分 C。

（4）将 A、B、C 三组混合物组分加入反应釜中，在 30～80℃下搅拌混合 10min～1h 得产品。

原料配伍 本品各组分质量份配比范围为：极压润滑剂 10～15，表面活性剂 15～25，pH 稳定剂 5～15，偶合剂 3～5，防锈剂 5～8，高效专用组分 3～6，水 27～59。

极压润滑剂为有机酸与有机胺/有机醇在常温常压下搅拌反应至溶液澄清所制得的产物。

高效专用组分为异亚丙基甘油与（2,2-二甲基-1,3-二氧环戊烷-4-基）-乙酸甲酯的混合物。所述的高效专用组分是由摩尔比为 1：（0.005～0.02）的异亚丙基甘油和 NaOH，在 90～130℃下，搅拌反应 0.5～2.5h，自来水冲洗过滤两次后，80℃减压蒸馏 20min 得到的蒸馏底物。

有机酸为硬脂酸、棕榈酸、油酸、亚油酸、蓖麻油酸中的一种或两种以上的混合物。

有机胺为单异丙醇胺、二异丙醇胺、三异丙醇胺中的一种或两种以上的混合物。

有机醇为聚乙二醇、聚甘油、聚醚四醇中的一种或两种以上的混合物。

表面活性剂为脂肪醇聚氧乙烯醚、妥尔油酰胺、斯盘—60、脂肪醇聚氧乙烯聚氧丙烯醚中的一种或两种以上的混合物。

pH 稳定剂为单异丙醇胺、二异丙醇胺、三异丙醇胺中的一种或两种以上的混合物。

偶合剂为聚醚、二甘醇、甘油、丙二醇、乙二醇中的一种或两种以上的混合物。

防锈剂为日本宇都的 DDDA。

产品应用 本品主要用作硬质合金加工专用全合成磨削液。

产品特性

（1）本产品中所采用的高效专用组分异亚丙基甘油与（2,2-二甲基-1,3-二氧环戊烷-4-基）-乙酸甲酯的混合物具有优异的抗氧化性、润滑性和燃烧值，可作为辅助的润滑剂、杀菌剂和抗氧化剂，增强体系的润滑性能，延长体系的使用寿命。该混合物还具有优异的流动性和渗透性，使体系具有更优良的清洗效果。

（2）本产品使用长碳链的有机酸与有机胺或高聚的有机醇反应制得的酰胺或酯，替代乙醇胺，作为极压润滑剂，增强了体系润滑性，稳定维持体系的酸碱度，不伤害人体健康、无环境污染，而且能有效抑制钴的浸出。此外，由于本产品具有较高的分子量，因而能很好地黏附在工件与磨具之间，即使瞬间温度达到1000℃，也不会分解变质或燃烧，依然能很好地起润滑与抗磨的作用。

（3）本产品所使用的pH稳定剂能将磨削液的pH值控制在8.3～9.2，有效抑制体系中细菌的滋生，延长加工液的使用寿命，而且即使磨削液浓度低于 3%也可正常使用，大幅度降低液槽换液频率，厂家的生产效率大幅度提高。

（4）本产品所使用的表面活性剂、偶合剂与高效专用组分复配，使磨削液的清洗性能大幅度提高，工件只需用清水冲洗就可完全清洗干净，不残留任何的油迹和污迹；而且该磨削液不用额外添加任何消泡剂或抑泡剂，基本不产生气泡，能很好地保证该磨削液的冷却性能，同时降低其使用成本，减少环境污染。

（5）本产品所使用的防锈剂，属于长碳链二元羧酸，能很好地覆盖在合金表面，防止工件氧化锈蚀，高温时可与工件表面产生化学反应生成防锈效果更好的有机金属化合物，大幅度延长工件的防锈期限，使生产安排更合理，降低生产成本。

（6）本产品的所有组分均具有环保性，不含亚硝酸盐、碳酸钠、矿物油等组分，对环境污染少，而且不会对使用者身体健康造成损害，属于绿色环保的全合成磨削液。

用于冶金轧辊的合成磨削液

原料配比

原　　料	配比（质量份）
油酸	2.5
三乙醇胺	9
去离子水	66.97
癸二酸	2
苯甲酸钠	2

续表

原　料	配比（质量份）
聚醚	4.5
聚乙二醇	5
碳酸钠	2
钼酸铵	1
甘油	4
苯并三氮唑	0.2
消泡剂	0.2
异噻唑啉酮	0.6
荧光绿	0.03

制备方法

（1）将油酸和三乙醇胺先在反应釜中反应，在100r/min连续搅拌下，加热升温至50～60℃，继续搅拌30min，备用。

（2）将去离子水、癸二酸、三乙醇胺依次加入另一反应釜中，启动搅拌器，以100r/min在常温下搅拌1h。

（3）在连续搅拌下，再将苯甲酸钠、聚醚、聚乙二醇、碳酸钠、钼酸铵、甘油、苯并三氮唑、消泡剂、异噻唑啉酮、荧光绿以及步骤（1）所得的油酸三乙醇胺依次加入步骤（2）中的反应釜中，加热升温至50～60℃，继续搅拌1h。

（4）降至常温，得到合成磨削液。

原料配伍　本品各组分质量份配比范围为：油酸2～3，三乙醇胺4～9，癸二酸1.5～2.5，苯甲酸钠1～3，聚醚3～5，聚乙二醇4～6，碳酸钠1～3，钼酸铵0.5～2，甘油3～5，苯并三氮唑0.1～0.2，消泡剂0.1～0.2，异噻哔啉酮0.5～0.8，荧光绿0.02～0.05，去离子水64～68。

产品应用　本品主要用于冶金轧辊的合成磨削液。

将制备得到的产品按5%～10%浓度进行稀释配制工作液，装入轧辊磨床的切削液槽中，采用泵抽循环喷淋方式进行轧辊磨削加工。

产品特性

（1）本产品具有很好的润滑性能，它所含有的润滑活性物质对金属表面具有较大的亲和力，其极性分子的极性基对金属表面具有较强的化学吸附和物理吸附作用，能迅速渗透到金属和砂轮之间形成牢固的边界润滑层，达到很好的润滑效果，减少摩擦与黏结，减少磨削热和磨削力，从而降低轧辊表面的粗糙度。

（2）用本产品稀释得到的工作液具有很好的冷却性能，能迅速降低磨削温度，减少砂轮和轧辊表面的热变形，保持砂轮硬度，提高加工精度和砂轮耐用度，延长砂轮的使用周期。

（3）本产品具有很好的防锈性能，确保了对机床和轧辊的防锈防腐蚀要求。原有磨削后的轧辊表面易生锈和腐蚀，锈迹和腐蚀斑痕降低了被磨削的轧辊表面质量。本产品磨削后的轧辊不易生锈和腐蚀，长时间保持轧辊表面光亮如新，从而保证了磨削后轧辊表面的质量。

（4）本产品在长期贮存和使用过程中不易腐败变质，对操作者无毒无害，对环境无污染，使用周期长，进一步降低使用成本。

圆盘刀加工用磨削液

原料配比

原　料	配比（质量份）		
	1#	2#	3#
氢氧化钠	0.4	0.3	0.5
棕榈酸	9	8	10
单异丙醇胺	6	4	7
三异丙醇胺	9	7	12
聚醚四醇	4	3	5
聚乙二醇双硬脂酸酯	10	9	12
蓖麻油酸丁酯硫酸钠	11	10	12
聚氧乙烯失水山梨醇脂肪酸酯	4	2	5
蓖麻油酸	7	6	9
三乙醇胺	8	7	9
三异丙醇胺	12	10	15
二甘醇	14	13	15
聚乙二醇	6	5	8
丙二醇	18	16	20
十二烷基苯磺酸钠	11	9	12
亚硫酸钠	16	15	18

续表

原　料	配比（质量份）		
	1#	2#	3#
异亚丙基甘油	7	6	10
单异丙醇胺	15	14	16
水	70	60	80

制备方法 将各组分原料混合均匀即可。

原料配伍 本品各组分配比范围为：氢氧化钠 0.3～0.5，棕榈酸 8～10，单异丙醇胺 4～7，三异丙醇胺 7～12，聚醚四醇 3～5，聚乙二醇双硬脂酸酯 9～12，蓖麻油酸丁酯硫酸钠 10～12，聚氧乙烯失水山梨醇脂肪酸酯 2～5，蓖麻油酸 6～9，三乙醇胺 7～9，三异丙醇胺 10～15，二甘醇 13～15，聚乙二醇 5～8，丙二醇 16～20，十二烷基苯磺酸钠 9～12，亚硫酸钠 15～18，异亚丙基甘油 6～10，单异丙醇胺 14～16，水 60～80。

产品应用 本品主要用作圆盘刀加工用磨削液。

产品特性 本产品具有优异的润滑性、冷却性、防锈性及清洗性。

在线电解修整磨削用的水基磨削液

原料配比

原　料	配　比				
	1#	2#	3#	4#	5#
去离子水	100g	100g	100g	100g	100g
钼酸钠	0.25g	0.30g	0.40g	0.45g	0.55g
碳酸钠	0.10g	0.25g	0.40g	0.50g	0.20g
硅酸钠	0.50g	0.45g	0.35g	0.30g	0.40g
硼砂	0.15g	0.10g	0.20g	0.30g	0.25g
苯甲酸钠	0.30g	0.40g	0.60g	0.75g	1g
氯化钠	0.015g	0.02g	0.015g	0.03g	0.04g
硼酸酯	1mL	0.90mL	0.80mL	0.80mL	0.70mL

制备方法 用烧杯量取去离子水，倒入玻璃容器中，加热使其温度保持在 29～31℃，依次称取钼酸钠、碳酸钠、硅酸钠、硼砂、苯甲酸钠

和氯化钠，在不断搅拌的情况下，依次加入到水中，搅拌直至全部溶解，然后再加入硼酸酯，搅拌混合均匀得到在线电解修整磨削用的水基磨削液。

原料配伍 本品各组分配比范围为：钼酸钠 0.2～0.6g，碳酸钠 0.1～0.5g，硅酸钠 0.3～0.8g，硼砂 0.1～0.4g，苯甲酸钠 0.2～1.2g，氯化钠 0.01～0.1g，硼酸酯 0.7～1.2mL，水 100g。

产品应用 本品主要用作线电解修整磨削用的水基磨削液。

产品特性 本产品克服了现阶段该类磨削液中含有亚硝酸钠、铬酸根离子等有害成分，不含有易污染和对人体有害的物质，能够满足环境特性要求；能够满足各种条件下 ELID 磨削要求，生成的钝化膜的厚度在 10～120μm 范围内可调，砂轮修锐达到平衡的时间在 20～50min 范围内可调，而且生成的钝化膜附着力强，电绝缘性好（平衡电流一般保持在 0.4～1.0A 的范围内），具有较好的致密性和一定的弹性；其配制方法简单，成本低，防锈性、冷却性和润滑性能好，溶液性质稳定。

轧辊环保型磨削液

原料配比

原　料	配比（质量份）				
	1#	2#	3#	4#	5#
葡萄糖酸钠	8	5	5	6	5
非离子乳化剂	8	5	5	6	6.9
水性极压润滑剂	15	10	10	12	20
硼酸	3	2	2	3	3
甘油	3	5	6	10	5
二乙醇胺	10	10	10	10	12
二羧酸盐基复合物防锈剂	15	10	10	20	20
单丁醚	7	5	5	6	5
抗硬水剂	0.8	0.5	0.7	1	1
消泡剂	0.08	0.05	0.08	0.1	0.1
蒸馏水	30.12	52.55	46.22	25.9	22

续表

原　　料		配比（质量份）				
		1#	2#	3#	4#	5#
水性极压润滑剂	三乙醇胺	10	7	13	11	11
	二聚酸	3	2	5	4	4
	高分子自乳化酯	4	6	2	3	3
	蒸馏水	20	14	26	22	22

制备方法

（1）制备水性极压润滑剂：按质量份将三乙醇胺、二聚酸和高分子自乳化酯混合后加热至55～65℃并搅拌反应至透明状态，加入设定质量份的蒸馏水溶解，得到水性极压润滑剂。

（2）按质量份将二乙醇胺和硼酸混合搅拌并加热到100～120℃，保温1h以上，降温至60℃以下，加入设定质量份葡萄糖酸钠、非离子乳化剂、水性极压润滑剂、甘油、二羧酸盐基复合物防锈剂、单丁醚、抗硬水剂、消泡剂和蒸馏水，搅拌至均匀透明。

原料配伍　本品各组分质量份配比范围为：葡萄糖酸钠5～10，非离子乳化剂5～10，水性极压润滑剂10～20，硼酸2～5，甘油3～10，二乙醇胺10～30，二羧酸盐基复合物防锈剂10～30，单丁醚5～10，抗硬水剂0.5～1，消泡剂0.05～0.1，蒸馏水0～52.55。

水性极压润滑剂原料按质量份包括：三乙醇胺7～13，二聚酸2～5，高分子自乳化酯2～6，蒸馏水为三乙醇胺的两倍。

非离子乳化剂采用常用的机加工液用的非离子乳化剂，可以采用烷基酚与环氧乙烷的缩合物TX-10；二羧酸盐基复合物防锈剂作为机加工液常用的防锈剂，可以采用二羧酸三乙醇胺盐基复合物；抗硬水剂可以采用乙二胺四乙酸、乙二胺四乙酸盐中的一种或一种以上的混合物，为机加工液常用组分，也可以包括其他机加工液常用的抗硬水剂；消泡剂可以采用机加工液常用的乳化硅油和磷酸酯中的一种或二者的混合物，也可以包括其他机加工液常用的消泡剂。

产品应用　本品主要用作机械加工用轧辊环保型磨削液。

使用方法：将将磨削液与水按体积比1∶（10～40）稀释使用。

产品特性

（1）本产品采用环保型葡萄糖酸钠作为抗黏附添加剂将润滑成分

分散，抗黏附添加剂在砂轮表面优先吸附，从而防止了润滑组分以及磨屑在砂轮表面的黏附；环保型特殊极压润滑剂保证了磨削液的润滑性能和清洗性能的长期稳定；采用环保型单丁醚作为偶合剂，降低凝絮作用，减少了磨削液在管路中的凝絮；二羧酸盐基复合物防锈剂作为防锈剂，具有环保和防锈功能，磨削加工时能够保证轧辊的表面质量，保持供液管路通畅，具有环境友好的特性，符合对磨削液无毒、无腐蚀、稳定性好和透明度好的要求；制作和使用过程简单。

（2）本产品具有优异的润滑性能、防锈性能及沉降性能，使用时各项指标均优于现有技术中磨削液的相关标准，集中油池换油周期为2.5～3年，单机油池换油周期超过11个月，减少了排放；同时，在换油周期内轧辊磨削加工没有出现因磨屑黏附在砂轮表面导致的轧辊划伤的情况；保持供液管路通畅。

长效型超浓缩高速磨削液

原料配比

原　料	配比（质量份）
三乙醇胺	35～45
聚乙二醇	5～10
油酸	10～15
磷酸钠	0.2～0.5
乙醇	3～5
四硼酸钠	2～3
水	加至100

制备方法 将上述配方中各物料按配方比例称量计量后，分别加入适量水或乙醇单独溶解，溶解后的各组分混合加入合成反应器中，加热搅拌，在160～200℃温度下发生合成反应，反应中持续保温2h后，过滤即得磨削液成品。

原料配伍 本品各组分质量份配比范围为：三乙醇胺35～45，聚乙二醇5～10，油酸10～15，磷酸钠0.2～0.5，乙醇3～5，四硼酸钠2～3，水加至100。

产品应用 本品主要在高速、强力、超硬金属材料磨削加工中使用。

产品特性 该磨削液属高浓度型，使用时在保证防锈性能条件下，原液：水=1：（140～200），是常规产品浓度的10倍，这可减少仓储容积和长途运输费用。该产品使用寿命长，4～5年内不变质、不发臭，防锈性能无降低现象；同时也减少了废液处理次数，降低了污水处理成本。

轴承钢磨削液

原料配比

原　　料	配比（质量份）	
	1#	2#
聚乙二醇	1～10	5
三乙醇胺	1～9	4
工业甘油	1～10	5
蓖麻油三乙醇胺	1～4	2
硼酸	1～15	7
亚硝酸钠	1～16	8
三聚磷酸钾	1～4	3
氢氧化钾	1～12	6
苯甲酸钠	1～3	2
硫代硫酸钠	1～2	1
异噻唑啉酮	0.3～1.3	0.8
水	加至100	加至100

制备方法 将计算称量的水加入到油品反应釜中，开动搅拌器，控制转速80r/min，然后将计算称量的氢氧化钾、三聚磷酸钾、苯甲酸钠、亚硝酸钠、硫代硫酸钠、硼酸等固体依次徐徐加入到反应釜中，边加边搅拌，直到呈完全透明状，再将计算称量的聚乙二醇、三乙醇胺、工业甘油、蓖麻油三乙醇胺、异噻唑啉酮依次徐徐加入到反应釜中，边加边搅拌，直到得到浅棕色透明液体，放料包装。

原料配伍 本品各组分质量份配比范围为：聚乙二醇 1～10，三乙醇胺1～9，工业甘油1～10，蓖麻油三乙醇胺1～4，硼酸1～15，亚硝酸钠1～16，三聚磷酸钾1～4，氢氧化钾1～12，苯甲酸钠1～3，硫代硫酸钠 1～2，异噻唑啉酮 0.3～1.3，水加至 100。

产品应用　本品主要用作轴承钢磨削液。

使用时将本产品按 4%～6%配制工作液，装入机床磨削液盛槽中，采用泵抽循环喷淋方式进行磨削加工。其应用于轴承钢的磨削加工，可最大限度地降低磨削温度和磨削用力，提高磨削加工效率、工件的磨削精度和表面质量，并能延长砂轮的使用寿命。

产品特性

（1）本产品具有润滑性能好的表面活性物质，其极性基团对轴承钢具有较大的亲和力，同时极性分子的极性基具有较强的化学吸附和物理吸附作用，能在轴承钢表面上形成既牢固又坚固的吸附膜，并且耐高温耐挤压，具有优良的润滑效果。

（2）本产品含有具有清洗作用的阴离子表面活性剂，其溶解度随着温度升高而增大，可及时清洗在磨削加工过程中产生的大量金属屑和磨料颗粒，保证产品的表面质量。

（3）本产品含有的活性剂可迅速地渗入砂轮微孔磨削接触面，减轻了黏附，加强了冷却效果，提高磨削液的冷却性能。

（4）本产品含有的防锈剂具有较强的吸附作用，可吸附在金属表面上形成连续紧密完整的防锈膜，起到防锈作用。

（5）本产品含有的消泡剂，可以消除表面活性剂在磨削过程中所产生的泡沫，避免因泡沫的存在而直接影响散热效率，进一步提高了冷却效果。

（6）本产品在长期储存或使用过程中不易变质，尤其在夏季使用，其保质期长，对操作者无毒无害，对环境无污染。

轴承用高速磨削液

原料配比

原　　料	配比（质量份）			
	1#	2#	3#	4#
有机酸三乙醇胺	12	11.5	10	8.5
硼酸酯	7	8	9	11
OP-10	8	7	6	5

续表

原料	配比（质量份）			
	1#	2#	3#	4#
油酸三乙醇胺	4.5	5	6	6
钼酸钠	0.5	0.8	1.1	1.4
杀菌剂	1	1	1	1.2
消泡剂	0.5	0.5	0.5	0.3
蒸馏水	66.5	66.2	66.37	66.6
碳酸钠	—	0.04	0.03	0.02

制备方法

（1）准备原料：所述高速磨削液的原料按质量分数包含：有机防锈剂 8%～12%；润滑剂 7%～10%；清洗剂 5%～8%；表面活性剂 4.5%～6%；无机防锈剂 0.5%～1.5%；杀菌剂 0.8%～1.2%；消泡剂 0.3%～0.7%；其余为蒸馏水；上述原料待用。

（2）搅拌：将有机防锈剂、润滑剂、清洗剂和表面活性剂加入反应釜中搅拌均匀。

（3）溶解：将无机防锈剂加入到 10%～20%的蒸馏水中搅拌并通过容器加热至充分溶解，将充分溶解后的溶液加入反应釜中，再将杀菌剂和消泡剂加入反应釜中搅拌均匀；加热时间为 0.5～1h，加热温度为 70～80℃。

（4）测试 pH 值：在反应釜中加入足量的蒸馏水后搅拌均匀，即获取高速磨削液，并使用 pH 试纸测试反应釜中溶液的 pH 值，以获取合格的高速磨削液。所述合格的高速磨削液的 pH 值范围为 8～9。若获取的高速磨削液经 pH 试纸测试后 pH 值的范围不在 8～9，可在高速磨削液中加入 0.02%～0.05%的 pH 值调节剂搅拌均匀，使高速磨削液的 pH 值范围达到合格；所述的 pH 值调节剂为碳酸钠。

原料配伍 本品各组分质量份配比范围为：有机防锈剂 8～12，润滑剂 4～10，清洗剂 5～8，表面活性剂 4.5～6，无机防锈剂 0.5～1.5，杀菌剂 0.8～1.2，消泡剂 0.3～0.7，碳酸钠 0～0.04，蒸馏水加至 100。

表面活性剂为油酸三乙醇胺。

清洗剂为聚氧乙烯烷基酚醚（OP-10）。

润滑剂为硼酸酯或油酸三乙醇。

有机防锈剂为有机酸三乙醇胺。

无机防锈剂为钼酸钠。

产品应用 本品主要用作轴承用高速磨削液。它可以用于磨削和一般精度的切削、钻削、攻丝等机械加工；特别适用于轴承套圈高速磨床，可以达到较高的磨削速度、加工精度、高速和大进给量的切削。使用方法如下：

（1）稀释方法：将本品用自来水稀释，稀释浓度为 5%～20%，搅拌均匀即可使用。

（2）使用浓度：一般的磨削和切削加工可控制在 5%～10%，在工件加工精度要求苛刻的情况下，可以选择 10%～20%。

（3）在使用期间，根据需要按比例补充新液。

（4）避免与其他牌号的磨削液混合使用，第一次使用时应彻底清洗干净机床和冷却循环系统。

（5）在使用过程中，磨削液会因不断污染而变脏，磨屑沉积过多时，应及时清理。

产品特性

（1）本品选择油酸三乙醇胺作为表面活性剂，其具有良好的渗透性和润湿性，有助于进入高温高压的工作面，同时也是一种润滑剂，其分子具有强极性基团，与金属表面产生强烈的吸附作用，并发生化学反应，形成较牢固的物理吸附膜和化学反应膜，具有一定承载能力。

（2）选择聚氧乙烯烷基酚醚（OP-10）作为清洗剂，一方面能吸附各种粒子、油泥，并在工件表面形成一层吸附膜，阻止粒子和油泥黏附在工件、刀具和砂轮上；另一方面能渗入到粒子和油污黏附的界面上把粒子和油污从界面上分离，随磨削液带走，从而起到清洗作用。

（3）硼酸酯是一种新型添加剂，选择硼酸酯作为润滑剂。其作用机理是：在摩擦表面形成物理（或化学）吸附膜，以及因硼酸酯的水解作用或与添加剂发生摩擦化学反应而产生由 H_3BO_3 和 B_2O_3 等构成的沉积膜。通过这种膜的作用，可有效提高高速磨削液的摩擦性能。硼酸酯的特点为：沉积膜强度高，摩擦系数低，具有优良的减摩抗磨性能；具有良好的防锈性能；具有抗菌、杀菌功能，且无毒副作用。

（4）钼酸钠的作用主要是使钢表面形成紧密的 Fe_2O_3 膜，有机酸三乙醇胺是一种非常好的水基防锈剂，主要是由于它含有多个羟基、氨基和酯基等极性基团，对金属有较强的亲和力，能优先吸附在金属表面，表现出良好的防锈性，两者有协同增效的作用，所以选择这两种物质作为防锈剂。

（5）本品具有良好的润滑性能，专为应付条件苛刻的高速磨削，并能提高零件的表面质量和砂轮耐用度。

（6）冷却性好，能快速降低加工零件的温度。

（7）对加工零件表面的磨屑有很好的清洗、冲洗性，从而提高磨削效率。

（8）无毒、不刺激皮肤，使用安全，对环境无污染，易于排放。

（9）储存安定性好，使用周期长。

4 轧制液

含纳米二氧化钛的水基热轧轧制液

原料配比

原 料	配比（质量份）		
	1#	2#	3#
纳米二氧化钛	0.2	0.5	1.0
六偏磷酸钠	0.5	1.0	2.0
十二烷基苯磺酸钠	1.0	2.0	3.0
三乙醇胺	1.0	2.0	2.0
异噻唑啉酮	0.5	0.8	1.0
丙三醇	10.0	12.0	10.0
苯并三氮唑	0.5	0.6	1.0
去离子水	85.3	81.1	80.0

制备方法 将去离子水、六偏磷酸钠、十二烷基苯磺酸钠、三乙醇胺、异噻唑啉酮、丙三醇和苯并三氮唑依次加入反应釜中，以 80～120r/min 的转速进行加热搅拌，当温度达到 50～70℃时，加入纳米二氧化钛，保温并持续搅拌 30～45min，随后停止加热继续搅拌至室温，得到白色悬浊状液体，即配成所需水基轧制液。

原料配伍 本品各组分质量份配比范围为：纳米二氧化钛 0.2～1.0，六偏磷酸钠 0.5～2.0，十二烷基苯磺酸钠 1.0～3.0，三乙醇胺 1.0～3.0，异噻唑啉酮 0.5～1.0，丙三醇 10.0～15.0，苯并三氮唑 0.5～1.0，去离子水 80.0～86.0。

本产品选择具有缓蚀防锈性能优良的纳米 TiO_2 作为极压剂，选用六偏磷酸钠和十二烷基苯磺酸钠作为分散剂，将纳米 TiO_2 均匀稳定地分散到水中，配制成具有缓蚀防锈性能的水基纳米热轧轧制液。

质量指标

项 目	1#	2#	3#
轧制油外观（15～35℃）	白色悬浊状液体	白色悬浊状液体	白色悬浊状液体
运动黏度（40℃）/（mm^2/s）	5.51	6.01	6.16
轧制液 P_B/N	573	716	735
轧制油摩擦系数	0.097	0.0915	0.0741

产品应用 本品主要用于板带钢热轧过程中的润滑的含纳米 TiO_2 的水基热轧轧制液。

产品特性 本产品可以直接用于钢铁的热轧加工过程。使用该轧水基轧制液降低了传统热轧油带来的污染，能显著提高钢材轧后的缓释防锈性能，表面质量好，防腐蚀周期长。

含纳米氧化锌的水基板带钢轧制液

原料配比

原 料	配比（质量份）
氧化锌（20～50nm）	1
聚乙二醇（PEG-4000）	16.6
硫化蓖麻油	5.4
油酸	9
三乙醇胺	18
脂肪酸咪唑啉硼酸酯	2
脂肪醇聚氧乙烯（15）醚	11.2
丙三醇	26

制备方法 将丙三醇、硫化蓖麻油、三乙醇胺、油酸依次加入转速为90～110r/min 的反应釜中进行加热搅拌，当温度达到 80℃时，保温并持续搅拌 60min；随后将温度降至 70℃，依次加入聚乙二醇（PEG-4000）、脂肪酸咪唑啉硼酸酯、脂肪醇聚氧乙烯（15）醚，保持

70℃且搅拌 30min；持续搅拌并把温度降至 60℃，加入纳米 ZnO，保持 60℃恒温并搅拌 60min，随后停止加热，边搅拌边加水，待稀释至淡乳白色，即配制成纳米水基板带钢冷轧轧制液。

原料配伍　本品各组分质量份配比范围为：ZnO（20～50nm）1～1.5，聚乙二醇（PEG-4000）16～19，硫化蓖麻油 5～6，油酸 9～12，三乙醇胺 17～22，脂肪酸咪唑啉硼酸酯 2～4，脂肪醇聚氧乙烯（15）醚 11～14，丙三醇 25～27。

质量指标

项　目	试验结果
轧制液外观（15～35℃）	淡乳白色
pH 值	8.1
运动黏度（40℃）/（mm^2/s）	3.26
4%轧制液最大无卡咬负荷（P_B）/N	720
4%轧制液摩擦系数	0.077
4%轧制液腐蚀性（55℃±2℃全浸铸铁，24h）	1 级
分散性	良好

产品应用　本品主要用于板带钢冷轧过程中的润滑，是一种纳米水基冷轧板带钢轧制液。在进行冷轧过程中，根据实际情况，将该轧制液稀释为体积分数为 2%～6%的轧制液，即得可以直接使用于板带钢冷轧的纳米水基轧制液。

产品特性　本产品使用简单，操作方便，在冷轧过程中无毒无刺激性气味，无油烟，轧后带钢表面粗糙度低，退火清净性优良，无油污。

含纳米银的纯水基板带钢轧制液

原料配比

原　料	配比（质量份）					
	1#	2#	3#	4#	5#	6#
水溶性极压抗磨剂 EPW	3	—	—	—	0.6	0.4
水溶性磷酸酯	—	—	—	0.7	—	—
油酸钾	—	2	0.3	—	0.5	0.8

续表

原料	配比（质量份）					
	1#	2#	3#	4#	5#	6#
水杨酸钠	—	0.8	—	—	—	—
水溶性纳米银水溶胶	1	1	2	1	1	0.5
三乙醇胺	—	—	0.4	—	—	—
水溶性防锈缓蚀剂苯并三氮唑	0.3	—	—	—	—	—
2-氨基-2-甲基-1-丙醇水溶液（质量分数为25%）	—	0.1	—	—	—	—
咪唑啉	—	—	0.3	—	—	—
防锈剂 CP-35	—	—	—	0.2	0.2	0.2
分散剂 PVP	0.5	—	—	—	0.2	0.3
分散剂羟乙基纤维素	—	0.5	—	—	—	—
分散剂聚乙烯醇	—	—	0.5	0.1	—	—
消泡剂 3529B	0.002	0.002	0.002	0.002	0.01	0.01
水	加至 100	加至 100	加至 100	加至 100	加至 100	加至 100

制备方法 将各个组分混合搅拌均匀即可。

原料配伍 本品各组分质量份配比范围为：水溶性极压抗磨剂 0.2～7，水溶性纳米银水溶胶 0.005～3，水溶性防锈缓蚀剂 0.001～1，分散剂 0.04～1，消泡剂 0.001～0.5，水加至 100。

水溶性极压抗磨剂为 EPW 水溶性极压抗磨剂、三乙醇胺、水溶性磷酸酯、水杨酸钠或油酸钾中的一种以上。

水溶性极压抗磨剂 EPW 为范德比尔特公司牌号为 EPW 的水溶性极压抗磨剂。

水溶性磷酸酯可采用思敏油品化工有限公司的产品。

水溶性纳米银水溶胶中，银粒子的平均粒径为 10～50nm，银粒子的质量分数为 0.5%～1%，优选的为 1%。

水溶性防锈缓蚀剂为苯并三氮唑、咪唑啉或为含有质量分数为 15%～40%的 2-氨基-2-甲基-1-丙醇水溶液，或者是含有质量分数为 20%～50%的多元羧酸的水溶液，如商品牌号为 CP-35 的产品。

分散剂选自聚乙烯基吡咯烷酮（PVP）、聚乙烯醇、甲基纤维素、羟乙基纤维素或明胶中的一种以上。

消泡剂为三维硅氧烷或聚醚消泡剂，三维硅氧烷可采用商品牌号为3529B的产品。

产品应用　本品主要用于板带钢轧制的水溶性润滑剂。

产品特性　本产品采用水溶性极压抗磨剂和水溶性纳米银水溶胶，作为水溶性板带钢轧制液的主要成分。水溶性纳米银水溶胶，既是一种极压抗磨剂，又具有抗菌性能，因此，解决了在板带钢轧制过程中，轧制油消耗高、油雾污染严重、乳化液的微生物污染、变质、腐败及排放污染环境问题。本产品不含油及乳化剂，并以水代油，成本降低，又具有优良的抗菌性，本产品的含纳米银的纯水基板带钢轧制液的性能达到板带钢轧制的使用要求，并有环保的实用效果，便于产业化。本产品也可以应用于钻机床、磨床及其他冷却润滑性能要求高的行业。

含油溶性纳米铜的铜箔轧制液

原料配比

原　　料	配比（质量份）		
	1#	2#	3#
加氢石蜡油 SMD105	179.5	170.34	160
纳米铜（20～50nm）	0.1	0.16	1.5
聚乙二醇脂肪酸磷酸酯	0.5	1.5	0.5
亚磷酸二正丁酯	0.5	3.5	1.5
硬脂酸丁酯	15	12	25
石油磺酸钠	2	3.5	2
二烷基二硫代氨基甲酸锑	2	6	8
二巯基苯并三氮唑	0.4	3	1.5

制备方法　将加氢石蜡油SMD105、纳米铜、聚乙二醇脂肪酸磷酸酯、亚磷酸二正丁酯、硬脂酸丁酯、石油磺酸钠、二烷基二硫代氨基甲酸锑和二巯基苯并三氮唑依次加入转速为80～120r/min反应釜中进行加热搅拌，当温度达到70～80℃时，保温并持续搅拌30min，随后停止加热继续搅拌至室温，得到红棕色均匀油体，即配成所需铜

箔轧制液。

原料配伍 本品各组分质量份配比范围为：加氢石蜡油 SMD105 160～190，纳米铜（20～50nm）0.01～2，聚乙二醇脂肪酸磷酸酯 0.05～5，亚磷酸二正丁酯 0.5～4，硬脂酸丁酯 5～25，石油磺酸钠 1～3.5，二烷基二硫代氨基甲酸锑 1～10，二巯基苯并三氮唑 0.2～3。

加氢石蜡油 SMD105 为基础油，具有摩擦性能优良的纳米铜，亚磷酸二正丁酯、聚乙二醇脂肪酸磷酸酯作为极压剂，亚磷酸二正丁酯、聚乙二醇脂肪酸磷酸酯复配比例为（6∶1）～（1∶6），硬脂酸丁酯作为油性剂，二巯基苯并三氮唑作为缓蚀剂，石油磺酸钠作为防锈剂，二烷基二硫代氨基甲酸锑作为抗氧化剂，同时还作为极压剂、油性剂和防腐剂使用。

质量指标

项　目	1#	2#	3#
轧制油外观（15～35℃）	红棕色半透明均匀油体	红棕色半透明均匀油体	红棕色半透明均匀油体
运动黏度（40℃）/（mm^2/s）	5.61	6.34	6.75
旋转氧弹/min	1356	1325	1258
脱脂效果/72h	不挂水珠、水膜完整、无氧化	不挂水珠、水膜完整、无氧化	不挂水珠、水膜完整、无氧化
轧制油 P_B/N	530	588	696
轧制油摩擦系数	0.056	0.061	0.078
腐蚀试验（100℃±2℃全浸 T2 铜片，4h）	1a	1a	1b

产品应用 本品主要用作压延铜箔粗轧过程中的含油溶性的纳米铜的铜箔轧制液。

产品特性 本产品选择具有优异的极压、抗磨性能和环境友好等特性的油溶性纳米铜作为极压剂，配制成具有缓蚀防锈性能的含油溶性的纳米铜粗轧轧制润滑液。轧制油可以直接用于压延铜箔粗轧的冷加工工艺过程。使用该铜箔轧制液润滑得到的铜箔，摩擦表面无损伤，表面粗糙度低，防腐蚀周期长，退火清净性优良，且该产品能延长设备的使用寿命。

含有机硼酸酯的纯水基冷轧薄板轧制液

原料配比

原料		配比（质量份）		
		1#	2#	3#
防锈剂	二乙醇胺	2	—	—
	十二烯基丁二酸	6	2	1.5
	钼酸钠	—	1	—
	乙醇胺	—	2	—
	无水碳酸钠	—	—	1.5
pH 缓冲抑制剂	四羟乙基乙二胺	10	4	1
	三乙醇胺	—	—	1
边界润滑剂	聚氧乙烯蓖麻油酯（EL-90）	4	5	—
	硬脂酸聚氧乙烯醚（SG-50）	3	—	3
	聚丙烯酸盐（XT-1100）	3	5	—
	聚乙二醇（1000）	—	5	3
	聚氧乙烯蓖麻油酯（EL-60）	—	—	8
极压抗磨剂	高级脂肪酸二乙醇酰胺聚乙二醇（600）硼酸酯	1	—	—
	高级脂肪酸二乙醇酰胺聚乙二醇（400）硼酸酯	—	2	—
	高级脂肪酸二乙醇酰胺聚乙二醇（1000）硼酸酯	—	—	3
	硫化蓖麻油	0.5	2	2
	三乙醇胺硼酸酯	0.5	3	—
	Poupc1004 非硫磷水基钼化合物	—	—	1
防霉剂	异噻唑啉酮	0.1	—	0.05
	聚六亚甲基双胍盐酸盐	0.1	—	0.02
	1,2-苯并异噻唑啉-3-酮	—	0.2	—
	2,2-二溴-3-氰基乙酰胺	—	0.2	0.03
抗泡剂	乳化硅油	0.01	0.05	0.02
	二硬脂酰乙二胺	0.02	—	—
	油酰二乙烯三胺	—	0.005	—
	异辛醇	—	—	0.02
水		69.77	68.59	74.86

制备方法 先将防锈剂、防霉剂、pH 缓冲抑制剂和水加入到调合釜内，30～70℃搅拌 1～4h，再将边界润滑剂、极压抗磨剂、抗泡剂等加入调合釜中，50～90℃搅拌 2～5h，得到含有机硼酸酯的纯水基冷轧薄板轧制液组合物。

原料配伍 本品各组分质量份配比范围为：防锈剂 3～8，pH 缓冲抑制剂 2～10，边界润滑剂 10～15，极压抗磨剂 2～7，防霉剂 0.1～0.4，抗泡剂 0.01～0.06，水 68～75。

防锈剂为二乙醇胺、乙醇胺、十二烯基丁二酸、钼酸钠、无水碳酸钠中的至少两种；pH 缓冲抑制剂为四羟乙基乙二胺或三乙醇胺中的至少一种。

边界润滑剂为聚氧乙烯蓖麻油酯、硬脂酸聚氧乙烯醚、聚丙烯酸盐（XT-1100），聚乙二醇（1000）中的至少三种。

极压抗磨剂为高级脂肪酸二乙醇酰胺聚乙二醇（400～1000）硼酸酯，和硫化蓖麻油、三乙醇胺硼酸酯或 Poupc1004 非硫磷水基钼化合物中的至少两种。

防霉剂为异噻唑啉酮、1,2-苯并异噻唑啉-3-酮、聚六亚甲基双胍盐酸盐、2,2-二溴-3-氰基乙酰胺中的至少两种。

抗泡剂为乳化硅油、异辛醇、二硬酯酰乙二胺、油酰二乙烯三胺中的至少两种。

高级脂肪酸二乙醇酰胺聚乙二醇（400～1000）硼酸酯按照以下步骤进行：

（1）将高级脂肪酸和甲醇加入到反应釜中，高级脂肪酸和甲醇的加入量按照摩尔比 1∶3，机械搅拌，将占反应物总质量 0.1%～1%的催化剂溶于 0.01L 甲醇中，用滴液漏斗缓慢滴加，反应温度控制在 30～60℃，保温 6～12h，反应结束后静置分液 12h，取上层液体，除去甲醇后即为高级脂肪酸甲酯。将高级脂肪酸甲酯与乙醇混合，高级脂肪酸的摩尔数与乙醇的体积比为 2mol/L，转入反应釜中，加入二乙醇胺，二乙醇胺与高级脂肪酸的摩尔数之比为（1.01～1.30）∶1，机械搅拌，反应温度控制在 30～70℃，保温 6～12h，反应结束后静置分液，取下层液体，除去未反应的原料和溶剂，即为高级脂肪酸二乙醇酰胺。

（2）将高级脂肪酸二乙醇酰胺和（摩尔数量的）聚乙二醇加入反应釜中，高级脂肪酸二乙醇酰胺和聚乙二醇的摩尔比为 1∶（1.01～1.20），分别加入占反应物总质量 0.05%～0.80%的催化剂 $SnCl_2 \cdot 2H_2O$，将研磨后的硼酸加入到反应体系中，硼酸与高级脂肪酸二乙醇酰胺的摩尔比为（3.01～3.30）：1，再加入甲苯作为溶剂和带水剂，甲苯的体积与高级脂肪酸二乙醇酰胺的摩尔比为0.2～1L/mol，连接油水分离器，机械搅拌，60～85℃反应4～12h，反应结束后除去未反应的原料和溶剂，得产物高级脂肪酸二乙醇酰胺聚乙二醇硼酸酯。

高级脂肪酸为C_{12}～C_{18}的脂肪酸。

聚乙二醇聚合度n=400～1000。

催化剂为对甲苯磺酸。

质量指标

分析项目		质量指标	实施例编号及实测结果			分析方法
			1#	2#	3#	
外观		透明或半透明	半透明	半透明	半透明	目测
pH值		7～9.5	8.5	8	7.8	GB/T 6144
消泡性（mL/10min）		≤2	0.2	0.6	0.1	GB/T 6144
腐蚀试验（55℃±2℃全浸8/24h）	一级灰口铸铁24	A级	A级	A级	A级	GB/T 6144
	紫铜8	A、B级	A级	B级	A级	
	LY12铝8	A、B级	A级	A级	A级	
防锈性试验	一级灰口铸铁（35±2）℃，RM95%	单片24h A级	A级	A级	A级	GB/T 6144
四球试验P_B值/N		≥785	872	807	905	GB/T 3142

产品应用 本品是一种含有机硼酸酯的纯水基冷轧薄板轧制液。

产品特性

（1）本产品具有良好的清净性、冷却性、防腐性能，尤其是润滑效果良好。使用本产品组合物轧制薄板可得到表面质量良好的产品。

（2）其组分中含有高级脂肪酸二乙醇酰胺聚乙二醇硼酸酯，分析表明在高温高压下，含氮硼酸酯在摩擦过程中发生了摩擦化学反应，生成了含B_2O_3、H_3BO_3、有机氮等的复合膜，这层膜均匀地铺展在轧辊及带钢表面而起到良好的润滑作用，极大地提高了水基液的承载能力和抗磨减摩性能。并且该硼酸酯不含S、P等元素，是一种环境友好型添加剂。

（3）本产品是一种不含矿物油和植物油，无臭、无味的半透明液体，符合轧制液向实用性和环保性发展的总体趋势。

（4）本产品可以直接用于板带钢的冷轧过程，且具有很好的润滑、轧机清洁性及退火清净性并且该组合物成本较低。

环保金属轧制加工液

原料配比

原料	配比（质量份）							
	1#	2#	3#	4#	5#	6#	7#	8#
深精制低黏度基础油为碳链 C_{13} 的矿物油	60	—	—	—	60	60	—	50
深精制低黏度基础油为碳链 C_{12} 的矿物油	—	50	—	—	—	—	65	—
深精制低黏度基础油为碳链 C_{14} 的矿物油	—	—	65	—	—	—	—	—
深精制低黏度基础油为碳链 C_{15} 的矿物油	—	—	—	50	—	—	—	—
非活性润滑材料	24	32	22.9	32	27.9	24	19.5	31.5
改性植物基合成酯氧化葵花籽油	15	12	12	17	12	15	15	18
芳胺抗氧剂	1	1	0.1	1	0.1	1	0.5	0.5

制备方法　将各组分原料混合均匀即可。

原料配伍　本品各组分质量份配比范围为：深精制低黏度基础油 50～65，非活性润滑材料 16～32，改性植物基合成酯氧化葵花籽油 12～18，芳胺抗氧剂 0.1～1。

深精制低黏度基础油为碳链 C_{10}～C_{15} 的矿物油中的一种或两种以上混合物。

非活性润滑材料为植物基合成酯。

深度精制低黏度基础油中的深精制系指采用了韩同 GS 公司生产的三次加氢精炼的目前市面上最高等级的基础油 70SN；所述植物基合成酯为美同科林公司提供的饱和植物基合成酯 NFP；所述芳胺抗氧剂为锦州康泰提供的芳胺抗氧剂 T501。

产品应用　本品主要用作超硬合金薄板加工制造镜面板的金属轧制加工液。

产品特性　本产品采用惰性润滑材料，用于超硬合金薄板加工制造镜面板，该加工液具有优异的润滑性、冷却性、防锈性和清洗性能，使用该加工液加工的镜面板镜面粗糙度低。

空调用铜螺纹管轧制润滑液

原料配比

原　　料	配比（质量份）		
	1#	2#	3#
蒸馏妥尔油	2	4	3
三乙醇胺	5	7	6
精制硼酸	6	2	4
季戊四醇油酸酯	5	10	7.5
油酸	7	15	11
羧酸盐基复合物防锈剂	5	5	6
苯并三氮唑	0.3	0.5	0.4
石油磺酸钠	2	4	3
非离子乳化剂	3	6	4.5
醚羧酸钙皂分散剂	1	2	1.5
脂肪酸酯	4	6	5
低黏度基础油	20	35	27.5
蒸馏水	20	35	20.5
消泡剂	0.1	0.15	0.1

制备方法

（1）制备油酸酰胺：按质量份将三乙醇胺和蒸馏妥尔油混合搅拌并加热到60～80℃，保温1h以上，再降温至45℃以下。

（2）制备酯润滑剂：按1∶1.5质量份将季戊四醇与油酸混合并加入0.6%氧化亚锡作催化剂，搅拌并加热到160～180℃，保温6h以上，再降温至45℃以下。

（3）按质量份将三乙醇胺和精制硼酸混合搅拌并加热到100～120℃，保温1h以上，再降温至60℃以下，然后按质量份依次加入油酸酰胺、酯润滑剂、二羧酸盐基复合物防锈剂、苯并三氮唑、石油磺酸钠、非离子乳化剂、醚羧酸钙皂分散剂、脂肪酸酯、低黏度基础油，搅拌 30min 以上，再加入设定质量份的蒸馏水和消泡剂，继续搅拌至均匀透明状态。

原料配伍 本品各组分质量份配比范围为：蒸馏妥尔油 2～4，三乙醇胺 5～7，精制硼酸 2～6，季戊四醇油酸酯 5～10，油酸 7～15，羧酸盐基复合物防锈剂 5～7，苯并三氮唑 0.3～0.5，石油磺酸钠 2～4，非离子乳化剂 3～6，醚羧酸钙皂分散剂 1～2，脂肪酸酯 4～6，低黏度基础油 20～35，蒸馏水 20～35 和消泡剂 0.1～0.15。

非离子乳化剂采用常用的机加工液用的脂肪醇聚氧乙烯醚非离子乳化剂。

羧酸盐基复合物防锈剂采用机加工液常用的二羧酸三乙醇胺盐基复合物。

醚羧酸钙皂分散剂可以采用乙二胺四乙酸、乙二胺四乙酸盐中的一种或一种以上的混合物，为机加工液常用组分，也可以包括其他机加工液常用的抗硬水剂。

消泡剂可以采用机加工液常用的乳化硅油和磷酸酯中的一种或二者的混合物，也可以包括其他机加工液常用的消泡剂。

低黏度基础油为低黏度机加工润滑液常用的低黏度基础润滑油，可以是不加氢也可以是加氢基础油 60SN 或 70SN；脂肪酸酯为三羟甲基丙烷三棕榈仁酯。

产品应用 本品主要用作空调用铜螺纹管轧制润滑液。使用方法：将空调用空调用铜螺纹管轧制润滑液润滑液与水按 1∶（15～25）稀释使用。

产品特性 本产品采用精选的环保型极压润滑剂替代传统的合成酯，润滑性能、抗腐蚀性能和清洗性能能够长期匹配，颗粒分散状态细小，稳定，使用周期长，从而提供更加稳定细致的润滑效果，用于空调铜制螺纹的轧制加工，克服了螺纹密度分布异常和扭纹现象，轧制出的铜管质量稳定；可明显提高加工液产品的清洗能力，解决了铜渣吸附螺纹间隙问题，不良率明显下降。本产品经水稀释后使用，具有优异的润滑性能、抗氧性能及清洗性能，各项指标达到或超过 GB 6144 有关指标，铜片腐蚀为 1A，铸铁防锈单片在 48h 以上，润滑液分散颗粒粒径小于 0.05μm；在用于轧制直径为 12～25mm 范围内的铜管时其出线速度超过 20m/min，生产出的铜管工序间抗氧化时间超过 6 天；集中油池换油周期为 2.5 年以上，单机油池换油周期为 1 年以上，减少了废液处理和排放，保护了环境。

利用地沟油生产冷轧板带钢轧制液

原料配比

原料	配比（质量份）		
	1#	2#	3#
地沟油	43	45	45
矿物油 N68	22	20	25
硬脂酸丁酯	6	7	6.5
季戊 C_{12}～C_{14} 醇	8	7	6.5
三羟甲基丙烷单油酸酯	7.5	5	7
硫化烯烃棉籽油	4.5	4.5	3
硫化脂肪酸酯	3	4	2
石油磺酸钠	2	2.5	2
烷苯酚聚氧乙烯醚	4	5	3

制备方法 先将地沟油除杂，将除杂后的地沟油、矿物油 N68、硬脂酸丁酯、季戊 C_{12}～C_{14} 醇、三羟甲基丙烷单油酸酯、硫化烯烃棉籽油、硫化脂肪酸酯和石油磺酸钠依次加入反应釜中，在转速为 80～110r/min 下加热搅拌至 80～85℃，保温搅拌 30～40min；随后温度降至 60～80℃左右时，加入烷基酚聚氧乙烯醚并保温搅拌 15～25min；随后冷却至室温，即得到透明均匀的板带钢轧制油。

地沟油的除杂过程如下：回收地沟泊经过静置、油水分离后，弃去水层和絮状物，并搅拌加热至 100～120℃，加入 6%～10%的活性白土，保温搅拌 1～1.5h，然后进行离心分离，得到提纯后的地沟油，即生产用地沟油。

原料配伍 本品各组分质量份配比范围为：地沟油 43～46，矿物油 N68 20～25，硬脂酸丁酯 6～8，季戊 C_{12}～C_{14} 醇 6～14，三羟甲基丙烷单油酸酯 5～9，硫化烯烃棉籽油 3～5，硫化脂肪酸酯 2～4，石油磺酸钠 2～3，烷基酚聚氧乙烯醚 2～5。

质量指标

项　　目	1#	2#	3#
轧制油外观（15～35℃）	棕黄色	棕黄色	棕黄色
运动黏度（40℃）/（mm^2/s）	50.0	45.5	47.0
轧制液 P_B/N	932	883	834
轧制液摩擦系数	0.0621	0.0658	0.0633

产品应用　本品主要用于板带钢冷轧过程中的润滑，是一种利用地沟油生产的冷轧板带钢轧制液。

产品特性　本产品将地沟油转化为轧制液具有重要的意义，不仅实现了废物的综合利用，提供一种安全、高效、可再生、环境友好的能源，也为转移餐桌安全隐患做出了贡献，为地沟油找到了一个经济、安全的归宿，有效地解决了地沟油的处理问题，有助于缓解能源危机带来的影响。同时，地沟油具有很好的生物降解性能，避免了当前轧制液难降解而带来的污染问题。

铝轧制线专用无渍液压油

原料配比

原　　料	配比（质量份）		
	1#	2#	3#
异构烷烃基础油	55	50	57
聚异丁烯增稠剂	44.45	49.55	42.59
无灰抗磨液压油复合剂	0.5	0.4	0.4
补强添加剂	0.05	0.05	0.01

制备方法　按设定质量份将聚异丁烯增稠剂和异构烷烃基础油混合后搅拌并加热至 35～45℃，然后加入设定质量份的补强添加剂，恒温 20～50min 后过滤，制得铝轧制线专用无渍液压油。

原料配伍　本品各组分质量份配比范围为：异构烷烃基础油 50～57，聚异丁烯增稠剂 42.15～49.59，无灰抗磨液压油复合剂 0.4～0.8，二硫化磷酸盐极压抗磨剂 0.01～0.05。

异构烷烃基础油 40℃运动黏度为 2.4 mm^2/s，闪点为 110℃。

补强添加剂为二硫化磷酸盐极压抗磨剂。

质量指标

项　　目	1#	2#	3#	试验方法
运动黏度（40℃）/（mm^2/s）	33.40	34.50	34.70	GT/T 265
黏度指数	186	186	187	GB/T 1995
闪点（开口）/℃	109	109	109	GB/T 3536
倾点/℃	–43	–43	–45	GB/T 3535
抗乳化性（54℃）/min	$(40\text{-}40\text{-}0)_6$	$(40\text{-}40\text{-}0)_6$	$(40\text{-}40\text{-}0)_6$	GB/T 7305
铜片腐蚀（100℃，3h）/级	la	la	la	GB/T 5096
清洁度	5	6	6	NAS 方法
极压性，磨斑直径（392N，60min，70℃，1200r/min）/mm	0.496	0.480	0.482	GB/T 3142

产品应用　本品主要用作铝轧制线专用无渍液压油。

产品特性　本产品采用运动黏度、闪点和退火试验良好的异构烷烃基础油，用黏度适中的聚异丁烯增黏，并添加无灰抗磨液压油复合剂，添加补强添加剂，所制得的无渍液压油对轧制液无影响，对铝材也无污染，即使液压系统容易产生泄漏，漏出的液压油混入轧制液中也不会污染铝材表面，对退火后的铝表面粗糙度不会产生影响，能有效地保证铝表面的粗糙度，进而保证产品成材率，液压油的清洁度为小于NAS7 级。

全合成不锈钢冷轧轧制液

原料配比

原　　料		配比（质量份）						
		1#	2#	3#	4#	5#	6#	7#
水溶性聚醚	EO/PO 聚醚（3）	25	—	—	—	—	—	14
	EO/PO 聚醚（8）	—	19	—	—	—	—	7
	EO/PO 聚醚（15）	—	—	14	—	—	—	—
	蓖麻油聚氧乙烯（20）醚	—	—	—	21	—	—	—
	蓖麻油聚氧乙烯（30）醚	—	—	—	—	16	—	—
	烷基环氧乙烷基硫代磷酸酯	—	—	—	—	—	20	—

续表

原料		配比（质量份）						
		1#	2#	3#	4#	5#	6#	7#
水溶性极压剂	硫磷钼	—	—	—	—	—	—	6
	硼酸酯	6	—	—	—	—	—	—
	硫化油酸聚乙二醇酯	—	5	—	—	—	—	—
	脂肪醇聚氧乙烯磷酸酯	—	—	5	—	—	—	—
	硫代磷酸酯	—	—	—	6	—	—	—
	油酸钾	—	—	—	—	8	3	—
	硫代磷酸酯	—	—	—	—	—	3	—
水溶性防锈剂	苯甲酸单乙醇胺	—	—	—	—	—	—	2
	苯甲酸钠	3	—	—	—	—	—	—
	硼酸单乙醇胺	—	7	—	—	—	—	—
	癸二酸钠	—	—	7	—	—	—	—
	癸二酸单乙醇胺	—	—	—	6	—	—	4
	油酸单乙醇胺	—	—	—	—	6	—	—
	苯甲酸单乙醇胺	3	—	—	—	—	—	—
清洗剂	壬基酚聚氧乙烯醚	—	3	—	—	5	—	—
	辛基酚聚氧乙烯醚	—	—	4	—	—	5	2
	十二烷基苯磺酸钠	3	—	—	—	—	7	2
	脂肪醇聚氧乙烯醚	—	2	—	3	—	—	—
偶合剂	异十二醇	—	—	2	—	1	—	—
	二乙二醇单丁醚	1.5	—	—	2	—	1	—
	三乙二醇单丁醚	—	—	—	—	—	—	1
	甘油	—	2	—	—	—	—	—
pH值调节剂	乙二胺	—	—	3	—	—	—	—
	单乙醇胺	3	—	—	—	—	—	—
	三乙醇胺	—	4	—	—	—	—	—
	乙二胺四乙酸四钠	0.03	—	—	0.07	—	—	—
	碳酸钠	—	—	—	5	—	—	—
	碳酸氢钾	—	—	—	—	3	—	—
	磷酸氢二钠	—	—	—	—	—	—	5
	碳酸氢钠	—	—	—	—	—	5	—
消泡剂	甲基硅油	—	—	—	0.01	—	—	—

续表

原料		配比（质量份）						
		1#	2#	3#	4#	5#	6#	7#
消泡剂	氨基硅油	0.01	—	0.05	—	—	0.01	—
	羟基硅油	—	—	—	—	0.01	—	—
	聚醚	—	—	—	—	—	—	0.01
螯合剂	乙二胺四乙酸	—	—	0.05	—	0.08	—	—
	羧乙基乙二胺三乙酸	—	0.01	—	—	—	—	—
	氨基三乙酸	—	—	—	—	—	0.01	—
	乙二胺四乙酸二钠	—	—	—	—	—	—	0.04
水		加至100	加至100	加至100	加至100	加至100	加至100	加至100

制备方法 将水加热到30～40℃，搅拌中依次加入所需量的水溶性聚醚、水溶性极压剂、水溶性防锈剂、偶合剂、pH值调节剂、清洗剂、消泡剂和螯合剂，充分搅拌，调节pH值为7.5～8.5，1～2h后，停止搅拌和加热，静置1～2h后过滤灌装即可。

原料配伍 本品各组分质量份配比范围为：水溶性聚醚 5～30，水溶性极压剂1～10，水溶性防锈剂3～10，清洗剂1～14，偶合剂1～5，螯合剂0.01～0.5，水加至100。

水溶性聚醚选自环氧乙烷-环氧丙烷共聚物、蓖麻油聚氧乙烯醚、羧酸环氧丙烷加成物、羧酸环氧乙烷加成物或烷基环氧乙烷基硫代磷酸酯中的至少一种。

水溶性极压剂选自油酸钾、硼酸酯、硫化油酸聚乙二醇酯、硫磷钼、脂肪醇聚氧乙烯磷酸酯或硫代磷酸酯中的至少一种。

水溶性防锈剂选自苯甲酸钠、苯甲酸单乙醇胺、对硝基苯甲酸单乙醇胺、癸二酸钠、癸二酸单乙醇胺、十二烯基丁二酸二乙醇胺、油酸单乙醇胺、十二苯磺酸钠、十八苯磺酸胺、聚烷氧基磷酸酯二乙醇胺、硼酸单乙醇胺或水溶性硼酸酯中的至少一种。

清洗剂选自十二烷基苯磺酸钠、油醇硫酸酯钠盐、十二烷基氨基丙酸钠、烷基二甲基甜菜碱、壬基酚聚氧乙烯醚、辛基酚聚氧乙烯醚或C_{12}～C_{18}脂肪醇聚氧乙烯醚中的至少一种。

偶合剂选自甘油、异构十六醇、三乙二醇单丁醚、乙二醇丁醚、二乙二醇单丁醚或妥尔油酸中的至少一种。

螯合剂选自乙二胺四乙酸、乙二胺四乙酸二钠、乙二胺四乙酸四钠、乙二胺四乙酸二钙钠、二亚乙基三胺五乙酸、氨基三乙酸、羧乙基乙二胺三乙酸中的至少一种。

组合物中还包括 1～10 份的 pH 值调节剂，更优选的 pH 值调节剂的用量为 3～5 份。其中，pH 值调节剂选自氢氧化钠、氢氧化钾、碳酸钠、碳酸氢钠、磷酸氢钾、磷酸二氢钾、磷酸氢二钠、单乙醇胺、三乙醇胺、乙二胺或 *N*-甲基-2,3-二羟丙基胺中的至少一种。

组合物中还包括 0.01～0.5 份的消泡剂，更优选的消泡剂的用量为 0.01～0.1 份。其中，消泡剂选自聚醚、甲基硅油、羟基硅油、氨基硅油或聚二甲基硅氧烷中的至少一种。

产品应用 本品主要用于不锈钢冷轧轧制工艺。

使用时，根据需要将本产品用水稀释后使用。一般情况下，轧制最小轧制厚度大于 0.4mm 的中窄板带时，稀释浓度为 3%～7%；轧制最小轧制厚度小于 0.4mm 的中窄板带时，稀释浓度为 5%～10%。

产品特性 本产品充分利用了各组分的协同作用，在用于不锈钢冷轧轧制工艺过程中具有良好的润滑性、防锈性、清净性，同时对工作环境无影响，使用寿命较长，且该配方中不含亚硝酸盐、苯、酚类物质，使用处理时不会对人体健康和环境造成影响及破坏，废液易于处理，具有较好的环境友好性。

生物基轧制液

原料配比

原料		配比（质量份）		
		1#	2#	3#
油脂基多元醇酯	脂肪酸季戊四醇酯	50	—	—
	脂肪酸三羟甲基丙烷酯	—	—	90
	脂肪酸丙三醇酯	30	80	—
乳化剂	三乙醇胺硬脂酸酯	—	—	12
	C_8～C_{10}OPE 系列乳化剂	8	10	—
极压抗磨剂	亚磷酸二正丁酯	4	—	—
防锈剂	石油磺酸钡	10	10	8

续表

原　料		配比（质量份）		
		1#	2#	3#
抗氧抗腐剂	硫磷双辛基碱性锌盐	0.8	6	8
	硫磷伯仲醇基锌盐	—	—	0.5
	硫磷仲醇基碱性锌盐	—	0.5	—
抗菌剂	苯甲酸	0.2	—	—
	富马酸二甲酯	—	0.2	0.2
清净剂	高碱值合成磺酸钙	1.5	—	1.5
	中碱值合成磺酸钙	—	2.5	—

制备方法 将各组分原料混合均匀即可。

原料配伍 本品各组分质量份配比范围为：油脂基多元醇酯 0.01～99.0，乳化剂 3.0～20.0，极压抗磨剂 2.0～10.0，防锈剂 3.0～15.0，抗氧抗腐剂 0.1～10，抗菌剂 0.2～0.3，清净剂 0.5～5.0。

油脂基多元醇酯基础油 40℃时的运动黏度为 5.0～400.0mm^2/s，黏度指数≥80，酸值≤2，闪点≥180℃。

采用油脂基多元醇酯或油脂基多元醇酯与 PAO 或油脂基多元醇酯与酯类基础油，可以调和出合格的轧制液。

本产品油脂基多元醇酯为福克公司市售产品。

乳化剂为聚氧乙烯山梨醇酐三油酸酯、C_8～C_{10}OPE 系列乳化剂、三乙醇胺硬脂酸酯、烷基酚聚氧乙烯醚。

抗氧抗腐剂为硫磷双辛基碱性锌盐、硫磷伯仲醇基锌盐、硫磷仲醇基锌盐。

极压抗磨剂为亚磷酸二正丁酯、硫磷酸含氮衍生物、磷酸三甲酚酯或硫代磷酸铵盐、硫代磷酸苯酯、硫化异丁烯、亚磷酸二异丁酯。

防锈剂为石油磺酸钡、石油磺酸钠环烷酸锌、中性二壬基萘磺酸钡、烯基丁二酸、烯基丁二酸酯。

抗菌剂为 FF-02、三丹油、富马酸二甲酯、苯甲酸。

清净剂为高碱值合成磺酸钙、中碱值合成磺酸钙。

质量指标

项　目	1#	2#	3#	方法
40℃运动黏度/（mm^2/s）	48	42	46	GB/T 265
100℃运动黏度/（mm^2/s）	6.7	6.2	6.6	GB/T 265
黏度指数	90	92	95	GB/T 1995
闪点（开口）/℃	180	182	185	GB/T 3536
铜片腐蚀（100℃，3h）/级	1a	1a	1a	GB/T 5096
pH 值	8.5	8.7	8.4	GB 6144—2010

产品应用　本品主要用于板带钢冷轧过程中的润滑。

产品特性　本产品采用以地沟油、食物榨油、棉籽角料等为原料制备的油脂基多元醇酯为原料，合理地利用可再生资源，开发绿色润滑油，具有重大的环保意义。

水基纳米铜的轧制功能液

原料配比

原　料	配比（质量份）		
	1#	2#	3#
纳米铜（20～50nm）	1.0	0.5	1.0
甲苯	3.0	2.0	3.0
巯基噻二唑	1.0	0.8	2.0
油酸	4.0	2.0	2.5
聚乙二醇	8.0	0.8	1.5
十二烷基苯磺酸钠	2.0	12.0	9.0
苯胺	5.0	2.6	1.0
三乙醇胺	4.0	1.5	2.0
去离子水	72.0	74.8	78.0

制备方法　将去离子水、十二烷基苯磺酸钠、甲苯、聚乙二醇、三乙

醇胺、油酸、苯胺和巯基噻二唑依次加入转速为80～120r/min反应釜中进行加热搅拌，当温度达到70～80℃时，加入纳米铜，保温并持续搅拌 45～60min，随后停止加热继续搅拌至室温，得到红棕色悬浊状液体，即配成所需水基纳米铜的轧制功能液。

原料配伍 本品各组分质量份配比范围为：纳米铜（20～50nm）0.2～2.0，甲苯 2.0～8.0，巯基噻二唑 0.2～3.0，油酸 2.0～6.0，聚乙二醇 0.5～8，十二烷基苯磺酸钠 1～13，苯胺 1.0～5.0，三乙醇胺 1.0～4.0，去离子水加至 100。

本产品选择摩擦性能优良的纳米铜作为极压剂，选用甲苯、巯基噻二唑、聚乙二醇和十二烷基苯磺酸钠作为分散剂，将含巯基有机化合物表面修饰剂键合于金属铜纳米微粒的表面形成的稳定的有机单分子表面修饰的纳米铜团簇均匀稳定地分散到去离子水中，配制成具有摩擦学性能的水基纳米铜的轧制功能液。

质量指标

项　　目	1#	2#	3#
轧制液外观（15～35℃）	红棕色悬浊状液体	红棕色悬浊状液体	红棕色悬浊状液体
pH 值	5.75	6.21	6.06
运动黏度（40℃）/（mm^2/s）	2.87	2.08	2.35
脱脂效果	不挂水珠、水膜完整、无氧化	不挂水珠、水膜完整、无氧化	不挂水珠、水膜完整、无氧化
5%轧制液 P_B/N	696	537	755
5%轧制液摩擦系数	0.067	0.095	0.072
4%轧制液腐蚀性（100℃±2℃，3h）	1a 级	1a 级	1a 级

产品应用 本品主要用于压延铜箔粗轧过程中的润滑。

产品特性 本产品可以直接用于铜板带的粗轧加工过程。该轧制液使用简单，操作方便，在冷轧过程中无毒无刺激性气味，无油烟。使用该水基轧制液降低了传统冷轧乳化油所带来的污染，能显著提高钢材轧后的缓释防锈性能，表面质量好，防腐蚀周期长。

水基乳化型带钢轧制液

原料配比

原料	配比（质量份）		
	1#	2#	3#
矿物油 N32	22	24	20
椰子油	12	14	11
脂肪醇聚氧乙烯醚	22	23	19
硬脂酸丁酯	18	18	16
脂肪醇	12	13	12
硫化蓖麻油	6	4	8
水性磷极压剂	2	1	4
石油磺酸钠	2	1	5
烷基酚聚氧乙烯醚	4	2	5

制备方法 将矿物油 N32、椰子油、脂肪醇聚氧乙烯醚、硬脂酸丁酯、脂肪醇、硫化蓖麻油、水性磷极压剂、石油磺酸钠依次转速为 70～110r/min 的反应釜中进行加热搅拌，当温度达到 80℃时，保温并持续搅拌 45min；随后将温度降至 70℃，加入烷基酚聚氧乙烯醚保持 70℃且搅拌 30min，随后停止加热，冷却至室温，待液体由浑浊变透明后，即配制成乳化型带钢轧制油。

原料配伍 本品各组分质量份配比范围为：矿物油 N32 20～24，椰子油 11～14，脂肪醇聚氧乙烯醚 19～23，硬脂酸丁酯 16～19，脂肪醇 11～13，硫化蓖麻油 4～8，水性磷极压剂 1～4，石油磺酸钠 1～5，烷基酚聚氧乙烯醚 2～5。

在配置轧制液时，该系列的轧制油对水质并无特殊要求，去离子水或硬度不大的自来水均可使用。

质量指标

项目	试验结果
轧制油外观（15～35℃）	棕黄色
运动黏度（40℃）/（mm^2/s）	50.0

续表

项　目	试验结果
白乳化性	乳化良好
析油量（15～35℃，48h）/%	0
析皂量（15～35℃，48h）/%	0
5%轧制液 P_B/N	932
5%轧制液摩擦系数	0.0621
5%轧制液腐蚀性（55℃±2℃全浸铸铁，24h）	一级
退火清净性	一级

产品应用 本品是一种高润滑性和退火清净性的水基乳化型带钢轧制液，用于带钢冷轧过程中的润滑。

在进行冷轧过程中，根据实际情况，将该轧制油稀释为体积分数为2%～6%的轧制液，即得可以直接用于带钢冷轧的水基乳化型轧制液。

该系列轧制油既可单独使用，也可与其他轧制油混合使用。单独使用该轧制液时，应先将原有轧制液彻底排除，对轧制液循环槽、管道进行必要的杀菌处理，再用该系列低浓度轧制液对以上润滑系统进行清洗。

产品特性 本产品主要成分是水，经简单处理就可排放，为提高轧后带钢的表面清净性提供了方便。

水溶性轧制液

原料配比

原料		配比（质量份）											
		1#	2#	3#	4#	5#	6#	7#	8#	9#	10#	11#	12#
润滑剂	蓖麻油聚氧乙烯醚（EL-20）	3	—	—	—	—	—	—	—	12	—	—	—
	马来油酸三异丙醇胺盐	—	5	—	—	—	—	—	—	—	—	—	—
	烷基环氧乙烷基硫代磷酸酯	—	—	18	—	—	—	—	—	—	—	—	—
	蓖麻油聚氧乙烯醚（EL-30）	—	—	—	5	—	—	—	12	15	—	17	—

续表

原料		配比（质量份）											
		1#	2#	3#	4#	5#	6#	7#	8#	9#	10#	11#	12#
润滑剂	EO/PO 聚醚	—	—	—	—	3	8	15	—	—	—	—	28
	椰油酸单乙醇胺酰胺磷酸酯	—	—	—	—	—	—	—	—	—	5	—	—
极压剂	硼酸酯	5	—	—	—	—	—	—	—	—	—	5	—
	二烷基二硫代磷酸锌盐（ZDDP）	—	5	—	—	3	—	—	—	—	—	5	—
	硫磷钼	—	—	3	—	—	—	—	—	5	—	—	—
	脂肪醇聚氧乙烯磷酸酯	—	—	—	3	5	—	—	—	—	—	—	—
	硫化油酸聚乙二醇酯	—	—	—	—	—	2	—	—	—	—	—	—
	十八烷基硫磷酸锌	—	—	—	—	—	—	1	—	3	—	—	8
	油酸钾	—	—	—	—	—	—	—	7	—	—	—	—
	硫化油酸聚乙二醇酯	—	—	—	—	—	—	—	—	—	8	—	—
防锈剂	硼酸酯	25.5	—	—	8.5	—	—	—	4	12.5	—	—	20
	苯甲酸钠	—	18.5	—	—	—	—	—	—	14.5	4.5	—	—
	癸二酸单乙醇胺	—	—	23.5	—	—	20	20	—	—	10.5	—	—
	十二烯基丁二酸二乙醇胺	—	—	—	15.5	—	—	—	—	—	—	—	—
	苯甲酸单乙醇胺	—	—	—	—	26	8	8	—	—	—	—	—
	油酸单乙醇胺	—	—	—	—	—	—	—	2	—	—	—	10
	聚烷氧基磷酸酯二乙醇胺	—	—	—	—	—	—	—	—	—	—	5.5	—
	硼酸单乙醇胺	—	—	—	—	—	—	—	—	—	—	4.5	—
渗透剂	烷基磺酸钠	0.5	1	—	—	—	—	2.5	—	—	—	—	—
	氨基磺酸钠	—	—	2	—	—	—	—	—	—	—	—	2
	丁醇	—	—	2	—	—	—	—	1	—	0.7	—	—
	C_{12}～C_{14}醇聚氧乙烯醚	—	—	—	3	—	—	—	—	—	—	3.5	—
	壬基酚聚氧乙烯（7）醚	—	—	—	—	2	—	—	—	—	—	—	—
	异丙醇	—	—	—	—	2.5	—	—	—	0.5	—	—	—
	α-烯基磺酸钠	—	—	—	—	—	1.5	—	—	0.5	—	—	—

续表

原料		配比（质量份）											
		1#	2#	3#	4#	5#	6#	7#	8#	9#	10#	11#	12#
清洗剂	十二烷基苯磺酸钠	3.5	—	—	—	—	3.5	2.5	0.5	—	—	—	—
	壬基酚聚氧乙烯（7）醚	—	5.5	—	—	—	—	—	1	—	—	0.5	—
	辛基酚聚氧乙烯（9）醚	—	—	3.5	—	—	—	—	—	—	—	—	5.5
	AEO-6	—	—	—	3.5	—	—	6.5	—	—	—	—	—
	AEO-9	—	—	—	—	—	6.5	—	—	8	5	—	—
	十二烷基氨基丙酸钠	—	—	—	—	6.5	—	—	—	—	—	—	—
	十二烷基苯磺酸钠	—	—	—	—	—	—	—	—	—	—	0.5	—
	烷基二甲基甜菜碱	—	—	—	—	—	—	—	—	—	—	—	4
pH值调节剂	磷酸氢钾	6.5	—	—	—	—	—	—	—	—	3.5	—	—
	三乙醇胺	—	3.5	—	—	—	—	—	—	—	—	—	—
	乙二胺	—	—	4	—	—	—	—	—	—	—	—	0.5
	磷酸二氢钾	—	—	—	3.5	—	—	—	—	—	—	—	—
	单乙醇胺	—	—	—	6.5	—	—	—	—	—	7.5	—	1.0
	氢氧化钾	—	—	—	—	2.5	—	—	—	—	—	—	—
	磷酸氢钾	—	—	—	—	3.5	—	—	—	—	—	—	—
	单乙醇胺	—	—	—	—	—	—	—	14.5	—	—	—	—
清洗助剂	碳酸钠	0.5	—	—	—	—	—	—	—	—	—	—	—
	二胺三乙酸钠盐（HEDTA）	—	0.2	—	—	—	—	—	—	—	—	—	—
	三聚磷酸钠（STPP）	—	—	0.1	—	—	—	—	—	—	2.5	—	—
	EDTA-4Na	—	—	—	0.2	—	—	3	—	—	—	1.5	—
	焦磷酸四钠	—	—	—	—	0.5	—	—	—	—	—	—	—
	偏硅酸钠	—	—	—	—	—	—	—	—	—	2	0.5	—
消泡剂	羟基硅油	0.03	—	—	—	—	—	—	—	—	—	—	—
	甲基硅油	—	0.05	—	—	—	—	—	—	—	—	—	—
	聚氧丙烯聚氧乙烯单丁基无规共聚醚	—	—	0.05	0.2	—	—	—	—	0.4	—	—	0.25
	氨基硅油	—	—	—	—	0.04	—	—	—	—	—	0.01	—
水		加至100	加至100	加至100	加至100	加至100	加至100	加至100	加至100	加至100	加至100	加至100	加至100

制备方法　将水加热到30～40℃，搅拌中依次加入所需量的润滑剂、极压剂、防锈剂、渗透剂、pH值调节剂、清洗剂、清洗助剂和消泡剂，充分搅拌，调节pH值为8.5～11，0.5～2h后，停止搅拌和加热，静置1～3h后过滤灌装即可。

原料配伍　本品各组分质量份配比范围为：润滑剂 3～30，极压剂 0.5～10，防锈剂5～30，渗透剂0.1～5，清洗剂0.1～10，水加至100。

润滑剂选自马来油酸三异丙醇胺盐、油酸三乙醇胺、椰油酸单乙醇胺酰胺磷酸酯、油酸聚氧乙烯酯、羧酸环氧乙烷加成物、羧酸环氧丙烷加成物、环氧乙烷-环氧丙烷共聚物、蓖麻油聚氧乙烯醚、磺化蓖麻油、烷基环氧乙烷基硫代磷酸酯或硫代磷酸酯中的至少一种。

极压剂选自二烷基二硫代磷酸锌盐、油酸钾、十八烷基硫磷酸锌、硫化油酸聚乙二醇酯、脂肪醇聚氧乙烯磷酸酯或硫磷钼中的至少一种。

防锈剂选自苯甲酸钠、苯甲酸单乙醇胺、对硝基苯甲酸单乙醇胺、癸二酸钠、癸二酸单乙醇胺、十二烯基丁二酸二乙醇胺、油酸单乙醇胺、十二苯磺酸钠、十八苯磺酸胺、聚烷氧基磷酸酯二乙醇胺、硼酸单乙醇胺或硼酸酯中的至少一种。

渗透剂选自烷基磺酸钠、烷基苯磺酸钠、烷基硫酸酯钠、α-烯基磺酸钠、烷基萘磺酸钠、琥珀酸烷基酯磺酸钠、氨基磺酸钠、脂肪醇聚氧乙烯醚、烷基酚聚氧乙烯醚、异丙醇或丁醇中的至少一种。

清洗剂选自十二烷基苯磺酸钠、油醇硫酸酯钠盐、十二烷基氨基丙酸钠、烷基二甲基甜菜碱、烷基酚聚氧乙烯醚或脂肪醇聚氧乙烯醚中的至少一种。

组合物中还包括1～15份的pH值调节剂；其中所述pH值调节剂选白氢氧化钠、氢氧化钾、碳酸钠、碳酸氢钠、磷酸氢钾、磷酸二氢钾、磷酸氢二钠、单乙醇胺、三乙醇胺、乙二胺或*N*-甲基-2,3-二羟丙基胺中的至少一种。

组合物中优选方案还包括0.1～5份的清洗助剂，其用量优选范围为0.3～3份；其中清洗助剂选自碳酸钠、硅酸钠、偏硅酸钠、焦磷酸四钠、六偏磷酸钠、三聚磷酸钠、柠檬酸钠、乙二胺四乙酸四钠或二胺三乙酸钠盐中的至少一种。

以质量份计，组合物中优选方案还包括 0.01～0.5 份的消泡剂，其用量优选范围为 0.03～0.3 份；其中消泡剂选自聚氧丙烯聚氧乙烯单丁基无规共聚醚、甲基硅油、羟基硅油、氨基硅油或聚二甲基硅氧烷中的至少一种。

质量指标

项目	外观	清净性能	防锈性能	极压润滑性能（P_B）/N
1#	透明红棕色液体	85.85%	0 级	490
2#	透明红棕色液体	80.23%	1 级	392
3#	透明红棕色液体	82.88%	1 级	490
4#	透明红棕色液体	82.12%	1 级	392
5#	透明红棕色液体	78.22%	1 级	784
6#	透明淡黄色液体	80.72%	1 级	618
7#	透明淡黄色液体	88.25%	0 级	314
8#	透明淡黄色液体	79.55%	1 级	490
9#	透明淡黄色液体	77.35%	1 级	981
10#	透明红棕色液体	85.40%	0 级	618
11#	透明红棕色液体	78.28%	0 级	981
12#	透明红棕色液体	80.12%	2 级	490

产品应用 本品主要用于冷轧钢板的轧制润滑工序。

使用时，根据需要将本产品用水稀释后使用。一般情况下，轧制最小轧制厚度大于 0.4mm 的中窄板带时，稀释浓度为 3%～7%；轧制最小轧制厚度小于 0.4mm 的中窄板带时，稀释浓度为 5%～10%。

产品特性 本产品充分利用了各添加剂的润滑性能、防锈性能，以及水的冷却性能，应用于冷轧钢板的轧制工序时，在具有良好极压润滑性和工序间防锈性的同时，由于本产品与水可以形成稳定的溶液，不存在稳定性的问题，所以使用便捷、维护简单；由于水溶液的比热容大，所以具有良好的冷却性；使用后不会在板带表面产生残油，可以得到高清洁度的冷轧板面，所以具有良好的清净性。因此，本产品能够满足现代高速、高压轧机的要求，极压润滑性能 PR 值可达到 981N，防锈性可达到 0 级；同时，具有优良的冷却性、稳定性和清净性（清净性可达到 88. 25%），使用便捷，维护简单，取得了较好的技术效果。本产品兼有纯油型轧制液和乳化型轧制液的部分优点，同时又克服了它们的主要缺点。也就是说，本产品在保证轧制液最基本的极压润滑性和防锈性的基础上，同时又具备了纯油型轧制液优良的稳定性、退火清净性和乳化型轧制液优良的冷却性，使用便捷，维护简单。

水性钼的热轧轧制功能液

原料配比

原　　料	配比（质量份）	
	1#	2#
水性钼	6	3
苯并三氮唑	9	7.5
聚乙二醇（PFG-4000）	75	78.9
油酸	45	43.5
三乙醇胺	90	93
异噻唑啉酮	15	12
丙三醇	60	63

制备方法　将丙三醇、水性钼、三乙醇胺、油酸依次加入转速为80～120r/min的反应釜中进行加热搅拌，当温度达到80℃时，保温并持续搅拌60min；随后将温度降至70℃，依次加入聚乙二醇（PEG-4000）、苯并三氮唑、异噻唑啉酮，保持70℃且搅拌90min，随后停止加热，边搅拌边加水，待稀释至淡棕黄色，即配制成水性钼的热轧轧制功能液。在进行热轧过程中，根据实际情况，将该轧制液稀释为体积分数为2%～6%，即得可以直接使用于板带钢、钢轨等热轧的纳米水性钼的轧制液。

原料配伍　本品各组分质量份配比范围为：水性钼3～6，苯并三氮唑7～9，聚乙二醇（PFG-4000）75～80，油酸40～45，三乙醇胺90～93，异噻唑啉酮12～17，丙三醇60～63。

质量指标

项　　目	试验结果
轧制液外观（15～35℃）	淡棕黄色
pH值	8.3
运动黏度（40℃）/（mm^2/s）	3.43
5%轧制液 P_B/N	830

续表

项目	试验结果
5%轧制液摩擦系数	0.069
4%轧制液腐蚀性（55℃±2℃全浸铸铁，24h）	1级
分散性	良好

产品应用 本品主要用于钢材热轧轧制过程中的冷却及润滑，是一种含水性钼的热轧轧制功能液，使用时用水稀释为体积分数为2%～6%。

产品特性 本产品使用简单，操作方便，在热轧过程中无毒无刺激性气味，无油烟，轧后轧件的抗腐蚀能力得到进一步加强。

四辊轧机轧制液

原料配比

原料	配比（体积份）			
	1#	2#	3#	4#
N,N-二乙基乙醇胺	35	—	—	—
N,N-二甲基乙醇胺	—	30	—	—
N-甲基乙二醇胺	—	—	35	—
N-甲基乙醇胺	—	—	—	35
季戊四醇	20	—	20	—
月桂醇	—	25	—	15
氢氧化钾	10	5	—	—
氢氧化钠	—	—	8	10
硫化脂肪酸皂	3	5	8	5
三乙醇胺和硼酸盐（1∶1）混合物	0.4	0.4	0.3	0.3
甲醛	1.0	1.8	1.5	1.5
油酸三乙醇胺	5	10	9	8
二甲基硅油	0.4	0.3	0.3	0.3
水	加至100	加至100	加至100	加至100

制备方法 将 25%～35%的 *N,N*-二乙基乙醇胺，3%～8%的硫化脂肪酸皂，15%～25%的季戊四醇，5%～10%的氢氧化钾置于反应容器中于 70～80℃温度下加热搅拌溶解，待溶液混合均匀后，再加入 0.3%～0.4%的三乙醇胺和硼酸盐按 1∶1 质量比混合而成的混合物，1%～1.8%的甲醛，5%～15%的油酸三乙醇胺，于 70～80℃温度下，加热搅拌溶解，待溶液混合均匀后，加入 0.3%～0.4%的二甲基硅油，得轧制液成品。

原料配伍 本品各组分体积份配比范围为：多元醇 15～25，烷基醇胺 25～35，无机碱 5～10，添加剂 8～10，水加至 100。

多元醇可以是季戊四醇或月桂醇。

无机碱可以是氢氧化钾或是氢氧化钠。

添加剂包括以下的组分及含量（所有的百分数为体积百分数）：极压剂 3%～8%，金属防锈剂 0.3%～0.4%，杀菌剂 1%～1.8%，消泡剂 0.3%～0.4%，表面活性剂 5%～15%。

极压剂为硫化脂肪酸皂。

金属防锈剂为三乙醇胺和硼酸盐的混合物。

杀菌剂为甲醛。

消泡剂为二甲基硅油。

表面活性剂为油酸三乙醇胺。

产品应用 本品是一种四辊轧机轧制液。

产品特性

（1）使乳化液变成全合成，使用寿命变长，约是原来乳化液寿命的 6～7 倍。

（2）完全不含乳化剂及矿物油，因此不易变质和酸败，不易于细菌繁殖。

（3）通过添加适量添加剂使全合成基础油配制成的润滑液不需加热和搅拌，因此搅拌装置和加热设备不需开启，节省用电开支，从而控制成本。

（4）一般乳化液可过滤精度在 30μm，全合成轧制液经过技术攻关目前可过滤精度小于 5μm，因此可选用过滤精度较高的无纺布过滤，使换液周期延长，从而提高轧制液的使用寿命。

（5）轧制后的表面比乳化液光泽度高，约同比增加 300 个单位的光泽度。

铜及铜合金轧制用乳化液

原料配比

原料		配比（质量份）	
		1#	2#
乳化油	32#通用机床液压油	20	10
	7#机械油	50	70
	石油磺酸钠	5	5
	O-10 乳化剂	20	10
	7#工业白油	5	5
去离子水		97	90

制备方法 首先往容器加入 32#通用机床液压油，再分别加入 7#机械油、石油磺酸钠、O-10 乳化剂、7#工业白油，其中在乳化油的配制中，使用搅拌器不停地进行搅拌，并插入电热器进行温控加热，搅拌时间为 30～60min，加热温度控制在 30～50℃；混合配制成的乳化油液呈棕色均匀透明状；然后根据初轧条件或中轧条件把配制好的乳化油加进 90%～97%的去离子水中，并继续使用搅拌器不停地搅拌稀释并插入电热器进行温控加热，搅拌时间为 120～240min，加热温度控制在 30～50℃，最终配制成完全溶解的乳液呈均匀乳白色，浓度为 3%～10%的适宜于铜及铜合金轧制用乳化液。

原料配伍 本品各组分质量份配比范围为：乳化油的主要成分为 32#通用机床液压油 10～20，7#机械油 50～70，石油磺酸钠 5～10，O-10 乳化剂 10～20，7#工业白油 5～10。

配制乳化油所采用的 32#通用机床液压油是以原油经减压蒸馏的馏分油，再经脱蜡和适当精制所得的中性油为基础油，加入抗氧、防锈和抗泡等添加剂制成的通用机床液压油。

石油磺酸钠以中轻质机械油为原料，经与发烟硫酸或三氧化硫反应，分离酸渣和游离的三氧化硫，所得磺酸用氢氧化钠中和，以乙醇-水溶液萃取中和产物，经脱油、水洗除去无机盐，再脱水制成。

7#工业白油是以原油经减压蒸馏的馏分油为原料，再经脱蜡和化学精制或加氢精制而成的无色、无味的油状液体。

7#机械油是以天然石油润滑油馏分，经脱蜡和溶剂精制或酸碱精制，并经白土处理制成的普通机械润滑油。

产品应用 本品主要用作铜及铜合金轧制用乳化液。

产品特性 轧制用乳化液对轧辊和轧件无腐蚀作用，与传统的乳化液相比，黏度较低，挥发性好，轧制后易除去，退火后不留斑痕，可有效控制铜带表面腐蚀和污染；另外，90%～97%的去离子水中添加乳化油后配制而成的乳化液，润滑性及流动性好，不但容易附着在轧件和轧辊表面起润滑作用，又能通过流动带走大量的变形热，起到冷却带材和轧辊的作用，具有良好的冷却和润滑性能，实现带材的稳定轧制，由于矿物油化学稳定性好，不易老化，使用寿命较长，如维护合理，一般使用寿命可达到半年到一年。

由于乳化液在轧制时具有良好的冷却和润滑性能，保证了带材的稳定轧制。轧制后带材的实际厚度符合技术标准要求；板型平整，表面光洁，无腐蚀。带材经500℃退火保温6h后检查表面质量，乳液完全燃烧，没有在带材表面残留污渍，符合用户质量要求。

铜及铜合金轧制专用润滑液

原料配比

原　料	配比（质量份）
32#通用机油	11
7#通用机油	55
石油磺酸钠	8
乳化剂	11
白油	7

制备方法

（1）首先往32#通用机油里加入7#通用机油。

（2）其次再加入石油黄酸钠，再加入乳化剂。

（3）最后再加入白油，在配制中不停地搅拌并加热，加热温度控制在30～50℃；再根据轧制条件加入去离子水，并不停地进行搅拌或循环稀释及加热，加热温度控制在30～50℃，最终配制成一定浓度的乳化液进行轧制。

原料配伍　本品各组分质量份配比范围为：32#通用机油 10～20，7#通用机油 50～70，石油磺酸钠 5～10，乳化剂 10～20，白油 5～10。

产品应用　本品主要用作铜及铜合金轧制专用润滑液。

产品特性　轧制专用润滑液对轧辊和轧件无腐蚀作用，与传统的润滑液相比，黏度较低，挥发性好，轧制后易除去，退火后不留斑痕，可有效控制铜带表面腐蚀和污染；另外，该润滑油添加一定比例的离子水配制成乳化液后，润湿性、流动性好，不但容易附着在轧件和轧辊表面起润滑作用，又能通过流动带走大量的变形热，起到冷却带材和轧辊的作用，具有良好的冷却和润滑性能，实现带材的稳定轧制，由于矿物油化学稳定性好，不易老化，使用寿命较长，如维护合理，一般使用寿命可达到半年到一年。

由于乳化液在轧制时具有良好的冷却和润滑性能，保证了带材的稳定轧制。轧制后带材的实际厚度符合技术标准要求；板型平整，表面光洁，无腐蚀。带材经 500℃退火保温 6h 退火后，检查表面质量，乳液完全燃烧，没有在带材表面残留污渍，符合用户质量要求。

用于强织构 Ni5W 合金基带产业化的轧制乳液

原料配比

原料		配比（质量份）	
		1#	2#
基础油	机油	30	—
	白油	—	30
	菜籽油	70	70
添加剂		5	5

制备方法　将各组分原料混合均匀即可。

原料配伍　本品各组分质量份配比范围为：轧制乳化液的基础油为矿物油和植物油的混合油，矿物油和植物油占混合油的质量分数为 20%～40%和 60%～80%；添加剂的总质量为混合油质量的 5%～10%，包括乳化剂、抗氧化剂（优选 2,6-二叔丁基对苯酚）、油性剂（C_{10}～C_{14} 高级脂肪酸）、防锈剂（优选烯基丁二酸）以及分散剂（优选丁二烯亚胺）。

上述添加剂为常规的添加剂。油和水的质量比为（2～30）：100。

产品应用 本品主要用于强织构 Ni5W 合金基带产业化的轧制乳液。

冷轧过程依次包括以下三个工序：粗轧、精轧和终轧。详细轧制工艺分别为：

（1）粗轧过程的初始坯锭为真空感应熔炼后经热锻热轧的 Ni5W 合金板，粗轧道次变形量为 5%～12%，最终变形量为 70%～90%，轧制过程所用润滑液为上述轧制乳液，其油水比为（20～30）：100。

（2）精轧过程道次变形量为 4%～6%，最终变形量为初始坯锭的 90%～95%。轧制过程所用润滑液为上述轧制乳液，其油水比为（5～10）：100。

（3）终轧过程道次变形量为 4～6%，最终变形量为初始坯锭的 99%。轧制过程所用润滑液为上述轧制乳液，其油水比为（2～5）：100。上述粗轧和精轧的最终变形量不同时为初始坯锭的 90%。

产品特性 本产品以矿物油、植物油和添加剂组成的混合润滑剂作为产业化强织构 Ni5W 合金基带的轧制乳化液，并对强织构 Ni5W 合金基带产业化过程中的轧制润滑工艺进行了设计。采用本轧制润滑技术制备的强织构 Ni5W 合金基带具有更低的表面粗糙度，在相同轧制形变量和热处理温度下，其轧制织构和热处理后立方织构的含量均有一定的提高。这表明了这种轧制润滑技术为强织构 Ni5W 合金基带产业化提供了有利的条件。

轧制液

原料配比

原　　料	配比（质量份）					
	1#	2#	3#	4#	5#	6#
基础油（a）	82.40	82.35	82.40	82.30	87.00	84.30
抗氧化剂/抗腐蚀剂	0.60	0.60	0.60	0.60	0.60	0.60
亚磷酸氢盐/酯	2.00	2.00	2.00	2.00	2.00	—
磷酸盐/酯	—	—	—	—	—	0.15
脂肪酸和新多元醇的酯	15.00	15.00	15.00	15.00	—	10.00
聚合物酯	—	—	—	—	10.00	—

续表

原　料	配比（质量份）					
	1#	2#	3#	4#	5#	6#
含磷/硫 EP 添加剂	—	—	—	0.10	—	—
含硫 EP 添加剂	—	0.05	—	—	—	5.00

制备方法 将各组分原料混合均匀即可。

原料配伍 本品各组分质量份配比范围为：

基础油（a）为包含至少 50%（质量分数）异构链烷烃的烃基础油。

物质（b）为一种或多种脂肪物质，优选选自脂肪酸的酯或通过用醇酯化 α-烯烃与二羧酸的共聚物所获得的聚合物酯。

本产品的轧制液中，基础油（a）包含至少 60%的异构链烷烃。

在所述轧制液中，基础油（a）包含：根据 ASTM D86 测得的初馏点和终馏点为 200～400 并且包含具有 13～25 个碳原子的烃分的石油馏分。

优选基础油（a）中芳族化合物含量不超过 100×10^{-6}，并且根据 ASTM D2622 测得的硫含量不超过 1×10^{-6}。

本产品的轧制液还包含：一种或多种含磷和/或含磷/硫和/或含硫抗磨损和/或极压添加剂。

本产品的轧制液根据标准 ASTM D 2622 测得的硫含量低于 1100×10^{-6}，优选低于 1000×10^{-6} 或低于 500×10^{-6}。

本产品的轧制液包含一种或多种衍生自磷酸和/或亚磷酸的有机磷化合物作为化合物（c），所述轧制液根据标准 NFT 60～106 测得的磷含量至少为 500×10^{-6}，条件是当所述轧制液仅含磷酸衍生物作为化合物（c）时，其包含至少一种含硫化合物或含磷/硫化合物且根据 ASTM D2622 测得的其硫含量至少等于 300×10^{-6}。

本产品的轧制液包含至少一种亚磷酸衍生物作为化合物（c）且根据 ASTM D2622 测得的硫含量低于 300×10^{-6}。

本产品的轧制液根据 ASTM D2270 测得的 VI（黏度指数）高于 110，优选高于 120 或高于 130。

根据 ASTM D445 测得其 100℃下的运动黏度为 2～3cSt（1cSt=1mm^2/s），优选 2.5～2.65cSt。

根据 ASTM D445 测得其 40℃下的运动黏度为 7.5～9cSt，优选 7.6～8.8cSt。

本产品的轧制液包含：50%～90%的基础油（a），5%～20%的一种或多种脂肪物质（b），0.5%～7%的一种或多种衍生自磷酸和/或亚磷酸的有机磷化合物（c）。

本产品的轧制液还可包含 1%～20%的一种或多种表面活性剂，优选自非离子或阴离子表面活性剂。

脂肪物质可以是脂肪醇、脂肪酸、天然或合成的脂肪酯和脂肪胺，优选酯。可以是植物和动物来源的脂肪物质、含 10～22 或 12～18 个碳原子的脂肪酸，特别是月桂醇、脂肪酸（例如癸酸、月桂酸、肉桂酸、硬脂酸、油酸或亚油酸）、脂肪酸与一元醇或多元醇（例如三羟甲基丙烷、季戊四醇、2-乙基己基醇、甘油）的酯（例如甘油单油酸酯、三羟甲基丙烷三油酸酯、季戊四醇四油酸酯）。也可使用各种合成化合物，特别是合成酯如专利 EP 0242925 中所述的氨基醇和脂肪酸的酯、己二酸二(2-乙基己基)酯等。

本产品中特别优选使用脂肪酸酯如多元醇，优选新多元醇优选三羟甲基丙烷和季戊四醇与包含 10～22 个碳原子的脂肪酸的单、二或三酯，或者通过用醇酯化 α-烯烃与二羧酸的共聚物所获得的合成酯（也称聚合物酯）。

极压（EP）添加剂主要是含硫、含氯、含磷或含磷/硫衍生物。一些氯化添加剂如中等链长（14～17 个碳原子）的氯化链烷烃也是极压添加剂。由于具有毒性，避免在本产品的轧制液中使用它们。所用的抗磨损和/或极压添加剂优选含磷和/或含硫和/或含磷/硫的添加剂。

含磷 EP 添加剂的实例为磷酸烷基酯或膦酸烷基酯，磷酸，亚磷酸，亚磷酸和磷酸的单、二和三酯；以及它们的盐如铵盐或锌盐。举例来说，可以使用亚磷酸烷基酯或芳基酯或者亚磷酸氢烷基酯或芳基酯、亚磷酸二(十二烷基)酯、亚磷酸氢二(月桂基)酯、磷酸二或三烷基酯如磷酸二(月桂基)酯、磷酸三(2-乙基己基)酯、磷酸三甲苯酯、磷酸二烷基（或二芳基）酯，以及它们的盐如铵或锌盐。

含磷/硫的抗磨损和极压添加剂硫代磷酸、硫代亚磷酸、这些酸的酯/盐、二硫代磷酸盐/酯（特别是二硫代磷酸锌）。硫代磷酸和硫代亚磷酸的酯的盐的实例为通过与含氮化合物如氨或胺反应所获得的那些。

含硫抗磨损和极压添加剂可使用二硫代氨基甲酸盐/酯（特别是二硫代氨基甲酸锌）、二巯基噻二唑和苯并噻唑、巯基苯并噻唑、含硫烯烃、含硫脂肪物质（例如甘油三酯、甲酯）或脂肪酸（例如含硫油酸）。

抗磨损和极压添加剂为有机磷化合物，可以与含磷/硫和/或含硫化合物组合。本产品的轧制液中优选使用的这些有机磷化合物为磷酸衍生物，即磷酸盐/酯或磷酸氢盐/酯或磷酸二氢盐/酯，通常以术语"磷酸盐/酯"表示，或者为亚磷酸衍生物，即亚磷酸盐/酯或亚磷酸氢盐/酯或亚磷酸二氢盐/酯，通常以术语"亚磷酸盐/酯"表示。通常其为磷酸烷基酯或芳基酯、磷酸氢烷基酯或芳基酯、磷酸二氢烷基酯或芳基酯、亚磷酸烷基酯或芳基酯、亚磷酸氢烷基酯或芳基酯、亚磷酸二氢烷基酯或芳基酯。

通常烷基链包含10～22个碳原子，优选12～18个碳原子。这些化合物优选以使根据NFT 60～106测得的元素磷的含量至少为500×10^{-6}，优选800×10^{-6}～3000×10^{-6}。

任何类型的添加剂，例如抗氧化剂（例如胺化或酚类抗氧化剂）、腐蚀抑制剂、消泡剂等。可包含0.05%～1%（质量分数）的抗氧化剂，优选酚类抗氧化剂。可包含0.01%～0.1%（质量分数）的一种或多种抗腐蚀添加剂，优选磷酸盐，优选磷酸铵。

以乳液形式使用需要引入表面活性剂。所述表面活性剂可以是所有种类的表面活性剂，优选非离子表面活性剂（如脂肪醇、脂肪酸、脂肪胺或脂肪酸的甲酯）、乙氧基化表面活性剂或阴离子表面活性剂（例如皂、磺酸盐/酯、脂肪酸硫酸/盐酯）。轧制液包含这类表面活性剂1%～20%，优选1.5%～5%。

产品应用 本品主要用作钢、特别是奥氏体和铁素体钢的冷轧油。

产品特性 本产品可提高轧制机的效率并改善轧制带材的表面状态及亮度，避免在带材上留下痕迹的风险。

5 热轧液

单相黄铜热轧乳化液

原料配比

原料		配比（质量份）		
		1#	2#	3#
乳化液母液	油酸三乙醇胺	5.0	15	18
	斯盘-80	0.4	0.5	2
	亚磷酸二正丁酯	3.0	5	10
	二壬基萘磺酸钡	16	10	5
	十二醇	0.5	—	—
	十八醇	—	2	4
	乙醇	0.4	—	—
	正丁醇	—	0.8	0.2
	2,6-二叔丁基对甲酚	0.2	0.2	0.2
	消泡剂	0.2	0.2	0.2
	N15 机械油	—	30	20
	N10 机械油	14	—	—
	水	加至 100	加至 100	加至 100
乳化液母液		1	10	5
聚乙烯醇		1	6	3
水		加至 100	加至 100	加至 100

制备方法

（1）首先将油酸与三乙醇胺按摩尔比 1∶1 加入带搅拌器的反应

釜中，缓慢加热到 50℃，反应 1h，制得油酸三乙醇胺；然后将质量分数为：N15 或 N10 机械油 10%～80%、极压剂 0.5%～15%、油性剂 0.5%～15%、防锈剂 0.5%～16%、腐蚀抑制剂 0%～5%、消泡剂 0%～5%加入到带搅拌器的反应釜中，缓慢加热到 50℃，待反应釜中物料混合均匀后加入乳化剂 0.5%～45%、乳化稳定剂 0%～5%、余量水，搅拌保温 1.5h 得乳化液母液。

（2）然后按乳化液母液为 0.1%～10%、聚合添加剂为 0.01%～6%的质量比在水中稀释，搅拌均匀即得单相黄铜热轧乳化液。

原料配伍 本品各组分质量份配比范围为：N15 或 N10 机械油 10～80，乳化剂 0.5～45，乳化稳定剂 0～5，极压剂 0.5～15，油性剂 0.5～15，防锈剂 0.5～16，腐蚀抑制剂 0～5，消泡剂 0～5%，水加至 100。

乳化液各组分的质量份范围为：乳化液母液 0.1～10，聚合添加剂 0.01～6，水加至 100。

乳化剂为油酸三乙醇胺，或按质量份构成为：油酸三乙醇胺 8%～99.9%、斯盘-80 为 0.1%～92%。

乳化稳定剂为乙醇或正丁醇。

极压剂为亚磷酸二正丁酯。

油性剂为碳原子数为 12～18 的脂肪醇。

防锈剂为碱性壬基萘磺酸盐。

腐蚀抑制剂为 2,6-二叔丁基对甲酚。

聚合添加剂为聚乙烯醇。

质量指标

项目		性能
母液外观（15～35℃）		红棕色透明油体
乳化液 pH 值		8.40
乳化液储存安定性		无油皂析出，不分层
防锈性试验/h	单片	＞48
	叠片	＞8
最大无卡咬负荷（P_B）/N		744.8
磨斑直径（392N，30min）/mm		0.690
消泡性能		合格

产品应用 本品主要用作单相黄铜热轧乳化液。

产品特性

（1）本产品乳化液使轧制产品的表面质量提高，消除了表面黑丝、炭化物等杂质，带材表面更为光洁。

（2）本产品乳化液具有良好的抗磨性能和减摩性能，降低了轧辊消耗，延长了换辊周期。

（3）本产品乳化液由于采用水基润滑体系，能充分冷却轧辊，有助于控制辊形，并降低了轧制产品的带坯公差和中间差。

（4）本产品的使用可以大大提高劳动效率，降低工人劳动强度。

含水性钼的热轧轧制功能液

原料配比

原　　料	配比（质量份）	
	1#	2#
水性钼	6	3
苯丙三氮唑	9	7.5
聚乙二醇（PEG-4000）	75	78
油酸	45	43.5
三乙醇胺	90	93
异噻唑啉酮	15	12
丙三醇	60	63

制备方法 将丙三醇、水性钼、三乙醇胺、油酸依次加入转速为 80～120r/min 的反应釜中进行加热搅拌，当温度达到 80℃时，保温并持续搅拌 60min；随后将温度降至 70℃，依次加入聚乙二醇（PEG-4000）、苯并三氮唑、异噻唑啉酮，保持 70℃且搅拌 90min，随后停止加热，搅拌均匀得到产品。

原料配伍 本品各组分质量份配比范围为：水性钼 3～6，苯并三氮唑 7～9，聚乙二醇（PFG-4000）75～78，油酸 40～46，三乙醇胺 90～95，异噻唑啉酮 12～17，丙三醇 60～65。

质量指标

项　　目	试验结果
轧制液外观（15～35℃）	淡棕黄色
pH 值	8.3
运动黏度（40℃）/（mm^2/s）	3.43
5%轧制液最大无卡咬负荷（P_B）/N	830
5%轧制液摩擦系数	0.069
4%轧制液腐蚀性（55℃±2℃全浸铸铁，24h）	1 级
分散性	良好

产品应用　本品主要用于钢材热轧轧制过程中的冷却及润滑。

根据实际情况稀释为体积分数为 2%～6%的轧制液，即得可以直接使用于板带钢、钢轨热轧的水性轧制功能液。

产品特性　该轧制液使用简单，操作方便，在热轧过程中无毒无刺激性气味，无油烟，轧后轧件的抗腐蚀能力得到进一步加强。

极压型铝板铝带热轧乳液

原料配比

原　　料		配比（质量份）			
		1#	2#	3#	4#
精炼植物油	国标一级菜籽油	42	—	—	—
	国标一级橄榄油	—	42	—	—
	国标一级葵花籽油	—	—	43	—
	国标一级菜籽油与葵花籽油的混合物	—	—	—	43
加氢环烷基基础油	50%＞Cp＞42%的加氢环烷基油	52	52	50	50
环保型合成酯	三羟甲基丙烷油酸酯、可生物降解二元脂肪酸双酯的混合物	2.2	—	2.8	—
	三羟甲基丙烷油酸酯与可生物降解饱和脂肪酸多元醇酯的混合物	—	2.2	—	2.8
生物降解型高效复合非离子乳化剂	胺环氧化合物缩合物	0.87	—	—	—
	酸酐	—	0.86	—	—

续表

原料		配比（质量份）			
		1#	2#	3#	4#
生物降解型高效复合非离子乳化剂	胺环氧化合物缩合物与酸酐的混合物	—	—	1.2	1.2
酚基抗氧剂	液态高分子甲基双酚基抗氧剂2,6-二叔丁基酚	0.3	—	—	—
	4,4-甲基双（2,6-二叔丁基酚）	—	0.4	—	—
	液态高分子甲基双酚基抗氧剂2,6-二叔丁基酚与4,4-甲基双（2,6-二叔丁基酚）的混合物	—	—	0.37	—
	液态高分子甲基双酚基抗氧剂2,6-二叔丁基酚与2,6-二叔丁基对甲酚的混合物	—	—	—	0.4
苯氨基抗氧剂	液态辛基丁基二苯胺	0.4	0.3	0.4	0.36
烯酸抗氧剂	二十二碳五烯酸抗氧剂	0.4	0.6	0.4	0.6
极压抗磨剂	氨基硫代酯	0.8	—	—	—
	二苄基二硫化物	—	0.6	—	—
	硫代磷酸三苯酯	—	—	0.8	—
	二苄基二硫化物与硫代磷酸三苯酯的混合物	—	—	—	0.6
缓蚀剂	噻二唑衍生物	0.03	—	—	—
	苯三唑衍生物	—	0.03	—	—
	噻二唑衍生物与液态甲基苯并三氮唑衍生物的混合物	—	—	0.03	—
	苯三唑衍生物与液态甲基苯并三氮唑衍生物的混合物	—	—	—	0.04
消泡剂	磷酸三丁酯	0.1	—	—	—
	甲基硅氧烷	—	0.3	—	—
	磷酸三丁酯与甲基硅氧烷的混合物	—	—	0.1	0.3
防腐剂	咪唑类化合物与羧酸胺盐类的混合物	0.3	—	0.3	—
	咪唑类化合物与硼酸胺盐类的混合物	—	0.2	—	0.1
润湿剂	磷脂与炔二醇乙氧基化合物的混合物	0.2	0.3	—	—
	磷脂	—	—	0.3	—
	炔二醇乙氧基化合物	—	—	—	0.4
杀菌剂	六氢化三嗪	0.4	0.2	0.3	0.2
吸附剂	活性白土	适量	适量	适量	适量

制备方法 在第一个反应釜中加入精炼植物油、加氢环烷基基础油，加热到110～130℃后加入精制白土，进行30～60min的搅拌精制吸附，直至吸附反应均匀，沉淀再经过滤机过滤2～3次后抽入第二个反应釜，冷却到50～70℃后，加入环保型合成酯、生物降解型高效复合非离子乳化剂，搅拌20～30min，均匀后，接着将酚基抗氧剂、苯氨基抗氧剂、烯酸抗氧剂、极压抗磨剂、缓蚀剂、消泡剂、防腐剂、润湿剂、杀菌剂加入第二个反应釜中，均匀搅拌60～90min，冷却后即可得到产品浓缩物。所述的第一个和第二个反应釜均采用真空泵循环真空负压0.75～1.0kPa处理1～3次。所述的精制白土为活性度大于180mmol/kg的活性白土。

原料配伍 本品各组分质量份配比范围为：所述的精炼植物油为40～45，所述的加氢环烷基基础油为48～55，所述的环保型合成酯的为2～4，所述的生物降解型高效复合非离子乳化剂为0.5～2，所述的酚基抗氧剂为0.2～0.5，所述的苯氨基抗氧剂为0.1～0.5，所述的烯酸抗氧剂为0.2～1，所述的极压抗磨剂为0.5～1，所述的缓蚀剂为0.02～0.05，所述的消泡剂为0.02～0.5，所述的防腐剂为0.02～0.5，所述的润湿剂为0.02～0.5，所述的杀菌剂为0.1～0.5。

加氢环烷基基础油中，50%＞Cp＞42%，Cp是指基础油中长链及支链饱和烃中的碳原子数占碳骨架中总碳原子数的百分比。

精炼植物油为国标一级菜籽油、橄榄油或葵花籽油中的一种或两种的混合物。

环保型合成酯为三羟甲基丙烷油酸酯和可生物降解二元脂肪酸双酯的混合物，或三羟甲基丙烷油酸酯和可生物降解饱和脂肪酸多元醇酯的混合物。

生物降解型高效复合非离子乳化剂为胺环氧化合物缩合物与酸酐的一种或两种的混合物。

酚基抗氧剂为液态高分子甲基双酚基抗氧剂2,6-二叔丁基酚、4,4-甲基双（2,6-二叔丁基酚）、2,6-二叔丁基对甲酚中的任意一种或两种的混合物。

苯氨基抗氧剂为液态辛基丁基二苯胺。

烯酸抗氧剂为二十二碳五烯酸抗氧剂。

极压抗磨剂为氨基硫代酯、二苄基二硫化物、硫代磷酸三苯酯中的任意一种或两种的混合物。

缓蚀剂为噻二唑衍生物、苯三唑衍生物、液态甲基苯并三氮唑衍生物中的任意一种或两种的混合物。

消泡剂为磷酸三丁酯、甲基硅氧烷中的任意一种或两种的混合物。

防腐剂为咪唑类化合物、羧酸胺盐类、硼酸胺盐类中的任一种或两种的混合物。

润湿剂为磷脂或炔二醇乙氧基化合物中的一种或两种的混合物。

杀菌剂为六氢化三嗪。

去离子水为软化水。

质量指标

项　　目	行业标准	1#实测结果	2#实测结果	3#实测结果	4#实测结果
外观（25℃）	清澈透明琥珀色	清澈透明琥珀色	清澈透明琥珀色	清澈透明琥珀色	清澈透明琥珀色
密度（15℃）/（g/mL）	—	0.93	0.95	0.94	0.92
运动黏度（40℃）/（mm^2/s）	45～50	48	49	48	50
疏水黏度（40℃）/（mm^2/s）	32～40	35	37	36	38
倾点/℃　≤	-35	-38	-40	-39	-42
闪点（开口）/℃　≥	220	无	无	无	无
pH 值（5%去离子水，20℃）	6～8	7.2	7.3	7.1	7.2
乳液稳定性（5%乳液）	稳定	稳定	稳定	稳定	稳定
离子状态	阴离子和非离子	阴离子和非离子	阴离子和非离子	阴离子和非离子	阴离子和非离子
游离酸值/（mgKOH/g）　≤	15	10.82	10.75	10.75	10.80
电阻率/μS/cm　≤	800	350	355	362	358
灰分/（g/L）　≤	3	1.2	1.0	1.1	1.2
泡沫特性（24℃）/mL/mL	0/0	0/0	0/0	0/0	0/0
泡沫特性（93.5℃）/（mL/mL）	0/0	0/0	0/0	0/0	0/0
泡沫特性（24℃）/（mL/mL）	0/0	0/0	0/0	0/0	0/0

产品应用 本品是一种极压型铝板铝带热轧乳液。

产品特性

（1）本产品充分利用精制植物油、50%＞Cp＞42%的芳烃加氢环烷基油按比例混合后的特效润滑性能和高闪点性能，尽量降低的闪点低的芳烃的比例，有效发挥各自结构的优势功能，既解决了热轧过程中的润滑性能，又提高了热轧过程中的耐高温性能。基础油是热轧乳液中含量最多的一种组分，不仅仅要确保上热轧滚轮与部件之间以及下热轧滚轮与部件之间的适宜摩擦系数，而且要求在使用过程中不冒烟，在高温热辊上使用后不结焦、不发黑，保证热轧拉伸过程中良性润滑性能。

（2）本产品具有优良的生物乳液稳定性能，优异的热轧润滑性能，优异的热分离性能，优异的抗铝板铝带腐蚀性能，铝板铝带无开裂、无发黑现象，容易清洁，有效提高铝板铝带表面质量，产品消耗低，有效延长轧辊的使用寿命，乳液稳定，操作方面，维护容易，有效提高轧机的效率，延长轧机的使用寿命，有效提高铝板铝带的成品率和优良率。

（3）本产品的产品独创性地应用了乳粒与剪切相关的新乳化技术，油品的乳化在机械剪切力下完成。在实际生产中借助轧机以及泵的剪切力，使轧制乳液充分均匀地分散于水中，其产品具有优良的生物乳液稳定性能，优异的热轧润滑性能，优异的热分离性能。

（4）极压型铝板铝带热轧乳液具有稳定的运动黏度和疏水黏度。采用 GB/T 265 测得产品的运动黏度（40℃）为 45～55mm^2/s，传统产品的运动黏度（40℃）为 35～65mm^2/s，稳定的运动黏度确保了热轧过程中轧辊与铝板铝带的润滑稳定性；测得的产品疏水黏度（40℃）为 32～40mm^2/s，传统产品的运动黏度（40℃）为 40～50mm^2/s，稳定的疏水黏度确保了热轧过程后乳液与铝板铝带具有稳定的分离性，确保了铝板铝带质量的稳定性。

（5）热轧乳液的耐热性能好。在热轧、拉伸生产正常运转过程中，适合各种规格铝板铝带生产工艺，不冒烟，热辊上不结焦，铝板铝带不发黑。

（6）热轧乳液中添加防腐剂，储存和使用稳定性好，配制的乳化液使用时间长，无分层，无腐败和异味现象产生。

（7）热轧乳液添加了抗泡剂和极压剂，使得在生产过程中不易产生泡沫，防止了大面积的擦伤或烧结现象，热轧中润滑稳定均匀，有利于热轧的顺利进行，产品不易出现裂纹。

（8）热轧乳液添加了生物降解型高效复合非离子乳化剂，具有很好的生物降解性能和水萃取性能，对厚薄不同、软硬不同的铝板铝带表面光洁性能都有较大提高。

（9）采用本产品热轧乳液生产的铝带铝板产品表面粗糙度低、细腻，无开裂和黑斑现象。

具有高效清洗能力的平整液

原料配比

原料		配比（质量份）						
		1#	2#	3#	4#	5#	6#	7#
清洗剂	脂肪酸聚氧乙烯酯	13	—	—	—	3	2	—
	三乙酰胺油酸酯	—	—	—	7	—	1	—
	聚甘油脂肪酸酯	—	4	—	5	—	—	2
	辛基酚醇聚氧乙烯醚	—	—	5	—	—	—	—
	脂肪醇聚氧乙烯醚	6	1	2	2	1	1	2
缓蚀剂	三乙醇胺	4	—	—	—	5	—	2
缓蚀剂	十二烷基乙二醇胺	—	20	—	5	—	—	—
	油酰胺	—	—	3	—	7	2	—
消泡剂	烷基醚聚磷酸酯	3	2	—	—	1	2	—
	聚氧丙烯甘油醚	—	—	5	—	—	2	3
	聚甲基硅氧烷	—	—	—	1	—	—	—
润滑促进剂	硫脲	—	—	9	1	—	5	2
	磷酸钼	4	—	—	—	—	—	1

续表

原料		配比（质量份）						
		1#	2#	3#	4#	5#	6#	7#
润滑促进剂	硼砂	—	—	—	—	1	—	—
去离子水		70	73	76	79	82	85	88

制备方法 将各组分原料混合均匀即可。

原料配伍 本品各组分质量份配比范围为：清洗剂 4～20，缓蚀剂 2～25，消泡剂 0.1～5，润滑促进剂 0～10，去离子水 70～90。

清洗剂为脂肪酸聚氧乙烯酯、三乙酰胺油酸酯、聚甘油脂肪酸酯或辛基酚醇聚氧乙烯醚中的一种和脂肪醇聚氧乙烯醚复配，其配比为 1：（0.5～0.1）。

缓蚀剂为三乙醇胺、十二烷基乙二醇胺或油酰胺。

消泡剂为烷基醚聚磷酸酯、聚氧丙烯甘油醚或聚甲基硅氧烷。

润滑促进剂为硫脲、磷酸钼或硼砂。

针对退火钢板表面的残碳和残留的氧化铁皮及二次冷轧过程中产生的铁粉，本产品的目的是设法在二次冷轧湿平整的过程中将带钢表面的这些残留物质去除，因此要求平整液具有高效的清洗作用。在配制这种强清洗能力的清洗剂时首先要求清新剂具有强烈的渗透能力，其次要求较好的湿润性能，为此所选择的清洗剂（复配）由脂肪酸聚氧乙烯酯、三乙酰胺油酸酯、聚甘油脂肪酸酯、辛基酚醇聚氧乙烯醚中的一种和脂肪醇聚氧乙烯醚复配，其配比为 1：（0.5～0.1）。

带钢经二次冷轧湿平整后要求在一定的时间内具有耐锈蚀的性能，但不能影响到带钢表面的导电性，不会对后续工序中镀层质量造成影响，为此本专利中采用容易被清洗掉的有机胺作为缓蚀剂，所用的缓蚀剂为三乙醇胺、十二烷基乙二醇胺、油酰胺中的一种，其比例在 2%～25%。

二次冷轧湿平整过程中，平整液在强烈的流动下，容易形成泡沫，泡沫的形成对平整润滑效果有重大影响，因此在平整液中需要加入一定量的消泡剂。在选择消泡剂时依然要求容易被后续工艺清洗掉，不会对镀层质量造成影响，为此选择的消泡剂为烷基醚聚磷酸酯、聚氧丙烯甘油醚、聚甲基硅氧烷中的一种，其添加比例为0.1%～5%。

二次冷轧湿平整过程中平整辊与带钢之间要保持有合适的摩擦系数，因此在平整液中需要加入一定量的润滑促进剂，以得到较为合适的摩擦系数。本专利中采用硫脲、磷酸钼、硼砂作为润滑促进剂，实际使用过程中可选择其中的一种，添加量为0%～10%。

产品应用 本品主要用作二次冷轧机组的具有高效清洗能力的平整液。

产品特性 针对带钢表面残留的碳和铁的氧化物等杂质对镀层板镀层质量的影响，本产品平整液的高效清洗能力可使得带钢表面的这些杂质在二次冷轧湿平整的过程中得到有效清除，同时降低平整液在带钢表面的残留和钝化膜厚度，得到适合于生产二次冷轧镀层板的清洁表面。应用本产品的平整液，可确保二次冷轧湿平整工艺后带钢表面的清洁，减轻后续涂镀机组中酸洗和碱洗工段的压力，为得到性能优异的镀层板创造前提条件。同时由于该平整液是水溶性的，平整液具有无毒、使用安全、价格便宜等优点。本产品平整液具有高效清洗能力，将该平整液应用于二次冷轧湿平整机上，从而确保高平整镀层基板的生产。同时由于该平整液为水溶性，具有无毒、使用安全、价格便宜等特点，使用方便安全，可推广应用到各种生产镀层基板的二次冷轧中。

抗硬水的高性能冷轧乳化液

原料配比

原　料	配比（质量份）		
	1#	2#	3#
机械油 N32	22.5	22.5	22.5
椰子油	36.0	36.5	36.5
猪油	13.5	15.0	12.0
季戊油酸酯	10.0	10.0	11.0
改性磷酸酯	2.8	3.0	2.8

续表

原　料	配比（质量份）		
	1#	2#	3#
硫化脂肪酸酯	4.2	4.0	4.2
硫化猪油	4.0	4.0	4.0
石油磺酸钠 T702	3.0	2.0	4.0
TX 系列乳化剂	2.0	2.4	3.4

制备方法 在烧杯中加入除 TX 系列乳化剂外的其他组分后，置入磁力搅拌器中，在 75℃以 3000～4000r/min 的转速搅拌 15～25min，之后冷却至 60℃以下，加入 TX 系列乳化剂，以同样的速度搅拌 25～35min，得到稳定的琥珀色透明油品，即为制备的乳化液。

原料配伍 本品各组分质量份配比范围为：机械油 N32 20.0～25.0，椰子油 34.0～39.0，猪油 12.0～16.0，季戊油酸酯 9.0～11.0，改性磷酸酯 2.0～3.0，硫化脂肪酸酯 4.0～5.0，硫化猪油 3.0～5.0，石油磺酸钠 T702，2.0～4.0，TX 系列乳化剂 2.0～4.0。

质量指标

项　目	极压型	高稳定型	高润湿型
乳化油外观（15～35℃）	琥珀色透明液体	琥珀色透明液体	琥珀色透明液体
运动黏度（40℃）/（mm^2/s）	64	61	67
乳化液 P_B/N	1167	1118	1118
乳化液摩擦系数	0.071	0.069	0.074

产品应用 本品主要用于板带钢冷轧过程中的润滑，是一种抗硬水的高性能冷轧乳化液。

使用时，根据需要将本产品加自来水稀释至 3%～5%，充分搅拌振荡均匀即可。

产品特性 本品轧后表面粗糙度较低，清洁表面后放置一个月无生锈现象，且可明显降低板带最小可轧厚度和轧后表面粗糙度。产品具有良好的综合性能和环境友好性，可以在一定程度上替代轧制油，减少环境污染。

冷轧薄板热镀锌前的无磷脱脂液

原料配比

原　　料	配比（质量份）			
	1#	2#	3#	4#
辛基酚聚氧乙烯醚（NP-10）	0.5	1	2	1.2
十二烷基苯磺酸钠	1.2	0.7	0.3	0.5
碳酸钠	3	3.5	5	4
一乙醇胺	2	1.5	1.8	1
葡萄糖酸钠	2	2.5	4	3
氢氧化钠	30	28	22	25
水	加至 100	加至 100	加至 100	加至 100

制备方法 在玻璃或搪瓷容器中，按配比要求加入水，升温到 70℃±5℃依次加入碳酸钠、氢氧化钠、葡萄糖酸钠，待上述物料全部溶解后降低温度到 50℃±5℃，然后按比例依次加入十二烷基苯磺酸钠、辛基酚聚氧乙烯醚（NP-10）、一乙醇胺，搅拌均匀，过滤后即得成品。

原料配伍 本品各组分质量份配比范围为：辛基酚聚氧乙烯醚（NP-10）0.5～2. 0，十二烷基苯磺酸钠 0.3～1.2，碳酸钠 3～5，一乙醇胺 1～2，葡萄糖酸钠 2～4，氢氧化钠 22～30，水加至 100。

所述的水为去离子水。

所述的辛基酚聚氧乙烯醚为市售 NP-10。

质量指标

项　　目	1#	2#	3#	4#
钢板脱油率/%	99.9	99.9	99.9	99.8
脱脂液温度/℃	60	60	60	60

产品应用 本品主要用于冷轧薄板热镀锌前的无磷脱脂液。

产品特性 本产品是一种环保型脱脂液，不含磷类化合物，使用方便快捷，是一种储存安定性优良的无磷脱脂液组合物，长期储存无结晶及分层现象。

冷轧金属管用润滑液

原料配比

原　　料	配比（质量份）	
	1#	2#
STR-1 冷轧油	40	35
乳化油	20	30
水	40	35

制备方法 将各组分原料混合均匀即可。

原料配伍 本品各组分质量份配比范围为：STR-1 冷轧油 10～80，乳化油 10～40，水 10～60。

产品应用 本品主要用作冷轧金属管用润滑液。

产品特性 使用这种混合润滑液，其润滑效果和使用单一的 STR-1 冷轧油润滑效果基本相当，但是由于这种润滑液中价格较高的 STR-1 冷轧油含量一般在 50%左右，从而降低轧制费用，也就是降低生产成本。同时，由于润滑液中含有乳化油和水两种组分，这就大大提高了润滑液的流动性，这种流动性提高的结果，一方面是轧制时管材表面润滑液的迅速更换，提高了轧制冷却效果；另一方面，轧出的管材带油少，也为降低生产成本奠定了基础，因为润滑液中乳化油和水的存在，轧制过程中管材表面温度只有 100℃左右，而这时挥发出的只是水和乳化油，从而抑制了 SIR-1 的挥发，有效地保护了 STR-1 的润滑特性，加之 STR-1 的用量减少，环境污染大为降低。由于用这种润滑液轧出的管子表面覆盖的是一薄层乳化的颗粒润滑液，而不像使用单一油剂润滑时，表面是一层较厚的冷轧油，因而大大有利于管材的轧后脱脂处理。

冷轧乳化液

原料配比

原　　料	配比（质量份）
乳化剂	4～8
杀菌剂	0.3～1
水	加至100

制备方法

（1）将乳化剂溶解于再生润滑油中制得油相。

（2）将杀菌剂溶解于水中制得水相。

（3）将质量比为 X：（100–X）的油相和水相充分混合制得所述冷轧乳化液，其中 X 在 48～60。

原料配伍　本品各组分质量份配比范围为：包括充分混合的油相和水相，油相包括再生润滑油和占所述冷轧乳化液的质量分数为 4%～8% 的乳化剂，乳化剂的亲水亲油平衡值为 3.5～5；水相包括水和占冷轧乳化液的质量分数为 0.3%～1%的杀菌剂；油相和水相的质量比为 X：（100–X），其中 X 在 48～60。

乳化剂的亲水亲油平衡值为 3.5～5。

乳化剂为山梨糖醇酐油酸酯。

乳化剂占冷轧乳化液的质量分数为 5%。

杀菌剂为十二烷基二甲基苄基氯化铵。

产品应用　本品是一种冷轧乳化液。

产品特性　本产品采用再生润滑油作为原料，根据适合的油水比例进行混合，并通过添加适合的乳化剂、杀菌剂等表面活性剂获得了稳定性、摩擦性能、退火清净性能和流变性能良好的冷轧乳化液，在保证产品质量的同时，大大降低了生产成本，节约了能源和损耗。

铝及铝合金材热轧非离子型乳化液

原料配比

原料		配比（质量份）		
		1#	2#	3#
基础油	10#全损耗系统用油	50	60	65
抗磨剂	70%的氯化脂肪酸与30%的硫代膦酸苯酯复合物	8	—	—
	65%的氯化脂肪酸与35%的硫代膦酸苯酯复合物	—	6	—
	60%的氯化脂肪酸与40%的硫代膦酸苯酯复合物	—	—	5
油性剂	60%的油酸乙二醇酯与40%的癸二酸二辛酯复合物	7	—	—
	55%的油酸乙二醇酯与45%的癸二酸二辛酯复合物	—	6	—
	50%的油酸乙二醇酯与50%的癸二酸二辛酯复合物	—	—	5
抗氧防腐剂	60%的二烷基二苯胺与40%的2,6-二叔丁基对甲酚复合物	4	—	—
抗氧防腐剂	55%的二烷基二苯胺与45%的2,6-二叔丁基对甲酚复合物	—	3.5	—
	50%的二烷基二苯胺与50%的2,6-二叔丁基对甲酚复合物	—	—	3
杀菌剂	二嗪	0.5	0.292	0.395
抗泡剂	二甲基硅油	0.01	0.008	0.005
金属减活剂	30%的35"石油磺酸钠与70%的十二烯基丁二酸复合物	3	—	—
	35%的35"石油磺酸钠与65%的十二烯基丁二酸复合物	—	2	—
	40%的35"石油磺酸钠与60%的十二烯基丁二酸复合物	—	—	1
乳化剂	70%的斯盘-60与30%的吐温60复合物	27.2	—	—
	75%的斯盘-60与25%的吐温60复合物	—	22	—
	80%的斯盘-60与20%的吐温60复合物	—	—	20.5
偶合剂	二甘醇	0.29	0.2	0.1

制备方法 将各组分原料混合均匀即可。

原料配伍 本品各组分质量份配比范围为：基础油 50～65，抗磨剂 5～8，油性剂 5～7，抗氧防腐剂 3～4，杀菌剂 0.01～0.5，抗泡剂 0.001～0.01，金属减活剂 0.8～3，乳化剂 18～28，偶合剂 0.1～0.3。

基础油是 10#全损耗系统用油。

抗磨剂是 70%～60%的氯化脂肪酸与 30%～40%的硫代膦酸苯酯复合物。

油性剂是 60%～50%的油酸乙二醇酯与 40%～50%的癸二酸二辛酯复合物。

抗氧防腐剂是 60%～50%的二烷基二苯胺与 40%～50%的 2,6-二叔丁基对甲酚复合物。

杀菌剂是二嗪。

抗泡剂是二甲基硅油。

金属减活剂是 30%～40%的 35"石油磺酸钠与 70%～60%的十二烯基丁二酸复合物。

乳化剂是 70%～80%的斯盘-60 与 30%～20%的吐温 60 复合物。

偶合剂是二甘醇。

质量指标

项　　目		质量指标
油样稳定性（15～35℃，24h）		不分层
40℃运动黏度/（mm^2/s）		13.5
闪点（开口）/℃	＞	130
5%乳化液 pH 值		8.5
5%乳化液最大无卡咬负荷（P_B）/N	≥	600
凝点/℃	≤	−5

产品应用 本品是一种铝及铝合金材热轧非离子型乳化液组合物。

产品特性 本产品的显著优点有良好的冷却、润滑性，热分解性适度，铝粉分离能力良好，对轧辊及相关设备无腐蚀，无味、无毒，稳定性好，使用周期长，维护管理方便等。

铝及铝合金材热轧复合型乳化液

原料配比

原料		配比（质量份）		
		1#	2#	3#
基础油	7#全损耗系统用油	55	65	70
抗磨剂	60%的酸性亚磷酸二丁酯与40%的硫代膦酸胺盐复合物	8	—	—
	55%的酸性亚磷酸二丁酯与45%的硫代膦酸胺盐复合物	—	6	—
	50%的酸性亚磷酸二丁酯与50%的硫代膦酸胺盐复合物	—	—	5
油性剂	40%的油酸乙二醇与60%的磷酸酯复合物	6	—	—
	45%的油酸乙二醇与55%的磷酸酯复合物	—	4.5	—
	50%的油酸乙二醇与50%的磷酸酯复合物	—	—	3
抗氧防腐剂	60%的*N*,*N*-二亚水杨酸丙二胺与40%的2,6-二叔丁基对甲酚复合物	3	—	—
	65%的*N*,*N*-二亚水杨酸丙二胺与35%的2,6-二叔丁基对甲酚复合物	—	1.5	—
	70%的*N*,*N*-二亚水杨酸丙二胺与30%的2,6-二叔丁基对甲酚复合物	—	—	0.5
杀菌剂	1,2-苯并异噻唑啉-3-酮	0.49	0.392	0.315
抗泡剂	二甲基硅油	0.01	0.008	0.005
金属减活剂	50%的羊毛脂与50%的苯并三氮唑复合物	0.5	—	—
	45%的羊毛脂与55%的苯并三氮唑复合物	—	0.6	—
	40%的羊毛脂与60%的苯并三氮唑复合物	—	—	0.08
乳化剂	20%的石油磺酸钠与80%的吐温80复合物	25	—	—
	25%的石油磺酸钠与75%的吐温80复合物	—	21	—

续表

原料		配比（质量份）		
		1#	2#	3#
乳化剂	30%的石油磺酸钠与70%的吐温80复合物	—	—	19.5
助剂	醇醚羧酸	2	1	1.6

制备方法 将各组分原料混合均匀即可。

原料配伍 本品各组分质量份配比范围为：基础油55～70，抗磨剂4～8，油性剂3～6，抗氧防腐剂0.5～3，杀菌剂0.01～1，抗泡剂0.001～0.01，金属减活剂0.08～1，乳化剂18～25，助剂0.5～2。

基础油是7#全损耗系统用油。

抗磨剂是60%～50%的酸性亚磷酸二丁酯与40%～50%的硫代膦酸胺盐复合物。

油性剂是40%～50%的油酸乙二醇与60%～50%的磷酸酯复合物。

抗氧防腐剂是60%～70%的*N*,*N*-二亚水杨酸丙二胺与40%～30%的2,6-二叔丁基对甲酚复合物。

杀菌剂是1,2-苯并异噻唑啉-3-酮。

抗泡剂是二甲基硅油。

金属减活剂是50%～40%的羊毛脂与50%～60%的苯并三氮唑复合物。

乳化剂是20%～30%的石油磺酸钠与80%～70%的吐温80复合物。

助剂是醇醚羧酸。

质量指标

项目		质量指标
油样稳定性（15～35℃，24h）		不分层
40℃运动黏度/（mm^2/s）		7.22
闪点（开口）/℃	>	110
5%乳化液pH值		8.1
5%乳化液最大无卡咬负荷（P_B）/N	≥	650
凝点/℃	≤	−5

产品应用 本品是一种铝及铝合金材热轧复合型乳化液。

产品特性 本产品润滑性、冷却性能好，成本低，配制简易，易于大量使用，后处理方便，适用不同硬度的水质，抗高温性能较好，不易破乳致使油水分离而失去润滑性。

铝及铝合金材热轧离子型乳化液

原料配比

原料		配比（质量份）		
		1#	2#	3#
基础油	5#全损耗系统用油	55	60	70
抗磨剂	70%的磷酸三甲酚酯与30%的硫化异丁烯复合物	8.0	—	—
	65%的磷酸三甲酚酯与35%的硫化异丁烯复合物	—	6.0	—
	60%的磷酸三甲酚酯与40%的硫化异丁烯复合物	—	—	5.0
油性剂	50%的豆蔻酸（十四酸）与50%的癸二酸二辛酯复合物	6.0	—	—
	55%的豆蔻酸（十四酸）与45%的癸二酸二辛酯复合物	—	5.0	—
	60%的豆蔻酸（十四酸）与40%的癸二酸二辛酯复合物	—	—	4.0
抗氧防腐剂	60%的烷基二苯胺与40%的2,6-二叔丁基对甲酚复合物	4.0	—	—
	55%的烷基二苯胺与45%的2,6-二叔丁基对甲酚复合物	—	3.0	—
	50%的烷基二苯胺与50%的2,6-二叔丁基对甲酚复合物	—	—	2.5
杀菌剂	吗啉	0.07	0.062	0.055
金属减活剂	噻二唑衍生物	0.12	0.13	0.14
乳化剂	60%的十二烷基苯磺酸三乙醇胺盐与40%的油酸三乙醇胺皂复合物	26.3	—	—
	55%的十二烷基苯磺酸三乙醇胺盐与45%的油酸三乙醇胺皂复合物	—	25.4	—

续表

原料		配比（质量份）		
		1#	2#	3#
乳化剂	50%的十二烷基苯磺酸三乙醇胺盐与50%的油酸三乙醇胺皂复合物	—	—	18
偶合剂	三乙醇胺	0.5	0.4	0.3

制备方法 将各组分原料混合均匀即可。

原料配伍 本品各组分质量份配比范围为：基础油 55～70，抗磨剂 5.0～8.0，油性剂 3.0～6.0，抗氧防腐剂 2.0～4.0，杀菌剂 0.05～0.07，金属减活剂 0.08～0.2，乳化剂 18～28，偶合剂 0.1～0.5。

基础油是 5#全损耗系统用油。

抗磨剂是 70%～60%的磷酸三甲酚酯与 30%～40%的硫化异丁烯复合物。

油性剂是 50%～60%的豆蔻酸（十四酸）与 50%～40%的癸二酸二辛酯复合物。

抗氧防腐剂是 60%～50%的烷基二苯胺与 40%～50%的 2,6-二叔丁基对甲酚复合物。

杀菌剂是吗啉。

金属减活剂是噻二唑衍生物。

乳化剂是 60%～50%的十二烷基苯磺酸三乙醇胺盐与 40%～50%的油酸三乙醇胺皂复合物。

偶合剂是三乙醇胺。

质量指标

项　目		质量指标
油样稳定性（15～35℃，24h）		不分层
40℃运动黏度/（mm^2/s）		4.89
闪点（开口）/℃	>	80
5%乳化液 pH 值		8.3
5%乳化液最大无卡咬负荷（P_B）/N	≥	600
凝点/℃	≤	−5

产品应用 本品是一种铝及铝合金材热轧离子型乳化液。

产品特性 本产品的显著优点有：润滑性、冷却性能好，成本低，配制简便，易于大量使用，破乳容易，后处理方便。

铝冷轧用水基润滑液

原料配比

原料	配比（质量份）	
	1#	2#
聚氧乙烯-聚丙乙烯聚合物（相对分子质量为1000）	10	—
聚乙二醇（相对分子质量为200）	—	90
聚氧乙烯磷酸酯	1	1
苯并三氮唑	0.5	0.5
三乙醇胺	—	1.5
去离子水	加至100	加至100

制备方法 首先将水溶性聚合物的一半倒入容器中，然后将润滑添加剂和功能性添加剂依次倒入容器中，加热至50℃并均匀搅拌直至所有组分完全溶解，最后加入剩余量的水溶性聚合物，充分搅拌均匀即可。

原料配伍 本品各组分质量份配比范围为：水溶性聚合物 5～99，润滑添加剂 0.1～2，功能性添加剂 0.05～5，去离子水加至100。

水溶性聚合物为相对分子质量为 100～1000 的聚氧乙烯-聚丙乙烯聚合物或者相对分子质量为100～1000 的聚乙二醇。

润滑添加剂为有机酸或有机磷酸酯。

有机磷酸酯为聚氧乙烯磷酸酯。

功能性添加剂包括防锈剂、抗氧化剂、pH 调节剂或其组合。

防锈剂包括苯并三氮唑、三乙醇胺或其组合。

产品应用 本品是一种铝冷轧用水基润滑液。

产品特性 本产品克服了纯油和乳化液的缺点，能够在提供优良轧制效果的同时保证轧制的安全性和油耗的有效控制。本产品的润滑性可与之相近，甚至在某些种类的铝材上水基产品的润滑性能要优于油基产品。

热轧乳液

原料配比

原　　料	配比（质量份）				
	1#	2#	3#	4#	5#
基础油	85	86	85	82	85
油酸	10	5	5	6	6
硬脂酸	—	5	5	6	6
三乙醇胺	4	4	4	5	5
极压剂	—	—	1	3	1.5
非离子乳化剂	—	—	—	3	3
黏度调节剂	—	—	—	8	8
油性剂	—	—	—	—	1
第二极压剂	—	—	—	—	1
润滑脂	—	—	—	—	1.2
浸润剂	—	—	—	—	0.05

制备方法 将基础油加热到140℃，加入极压剂和油性剂，充分搅拌，完全溶解后把温度降低到65℃，然后按顺序加入黏度调节剂、第二极压剂、润滑脂、硬脂酸、油酸、三乙醇胺，搅拌10min后，取样检查乳化性，如果乳化良好，再加入非离子乳化剂、浸润剂，继续搅拌10min后加入50℃的软化水，制成质量比为50%的乳膏。

原料配伍 本品各组分质量份配比范围为：基础油82～86，油酸5～10，硬脂酸0～6，三乙醇胺4～5，极压剂0～3，非离子乳化剂0～3，润滑脂0～1.5，黏度调节剂0～8，油性剂0～1，第二极压剂0～1，浸润剂0～0.05。

产品应用 本品是一种热扎乳液。

产品特性

（1）基础油、油酸、三乙醇胺混合配制的热轧乳液具有抗磨能力。

（2）增加了硬脂酸的热轧乳液，提高了油膜强度。

（3）增加了极压剂的热轧乳液，防止了大面积擦伤和烧结，减少了磨损。

（4）增加了非离子乳化剂、黏度调节剂的热轧乳液，对软、硬合金的表面质量都有较大的提高。

（5）增加了第二极压剂、润滑脂、浸润剂的热轧乳液解决了有软合金包铝的硬合金热轧出现的黑色条状缺陷问题，实现了高表面板材坯料的大批量连续生产，同时也使所有热轧制品的表面质量有了大幅度的提高。

水基冷轧润滑防锈液

原料配比

原　　料	配比（质量份）
氢氧化钡	5～8
氢氧化钾	35～80
四硼酸钠	60～65
纯碱	13～18
乙二胺四乙酸钠	0.3～0.7
蓖麻油酸	200～210
水	693.7～666.3

制备方法 氢氧化钡与蓖麻油酸在110～180℃条件下反应组成防锈剂单体，氢氧化钾与蓖麻油酸在80～95℃条件下组成润滑单体，然后将四硼酸钠、乙二胺四乙酸二钠、纯碱、水投入反应釜中，在80～95℃条件下反应，制成水基冷轧润滑防锈液。

原料配伍 本品各组分质量份配比范围为：氢氧化钡5～8，氢氧化钾35～80，四硼酸钠60～65，纯碱13～18，乙二胺四乙酸钠0.3～0.7，蓖麻油酸200～210，水693.7～666.3。

产品应用 本品主要应用于轧钢行业，也可应用于钻机床、磨床及其他冷却润滑性能要求高的行业。

产品特性 本产品的优点在于以水代油、节约能源，1t水基冷轧润滑防锈液可代替10～15t油基轧制油，使用周期是乳化液的4～8倍，无污染、无毒，生产配套设备简单。操作方便，占用劳动力少，易学易懂，产品售价低，具有良好的社会效益和经济效益。本品工艺流程简单，可行，容易操作，8～10h即可完成全部化学反应，水基冷轧润滑防锈液的技术关键是，在满足同样质量指标的条件下，延长使用周期，节约资金，增加成品收率，以水代油，克服油质霉臭、使用期短、造价高等不足。

铜合金冷轧乳化液

原料配比

原　料	配比（质量份）		
	1#	2#	3#
50%的OPE-10与50%的NPE50复合物	12	16	20
2,6-二叔丁基混合酚（T502）	0.5	0.8	1
50%的大豆油与50%的油酸丁酯复合物	5	5.5	6
硫化棉籽油	5	6	7
单硫化正丁基磷酸酯（T311）	4	4.5	5
50%的苯并三氮唑与50%的羊毛脂复合物	0.5	0.6	1
二甲基硅油	50×10^{-6}	60×10^{-6}	100×10^{-6}
磷酸酯	3	3.5	4
石油磺酸钠（T702）	1	1.3	1.5
10#全损耗系统用油	加至100	加至100	加至100

制备方法 将各组分原料混合均匀即可。

原料配伍 本品各组分质量份配比范围为：乳化剂12～20，抗氧剂0.5～1，油性剂5～6，极压剂5～7，抗磨剂4～5，腐蚀抑制剂0.5～1，抗泡剂50×10^{-6}～100×10^{-6}，助剂3.0～4.0，补强剂1.0～1.5，基础油加至100。

乳化剂是50%的OPE-10与50%的NPE50复合物。

抗氧剂为2,6-二叔丁基混合酚T502。

油性剂是50%的大豆油与50%的油酸丁酯复合物。

极压剂是硫化棉籽油。

抗磨剂是单硫化正丁基磷酸酯（T311）。

腐蚀抑制剂是50%的苯并三氮唑与50%的羊毛脂复合物。

抗泡剂是二甲基硅油。

助剂是磷酸酯。

补强剂是石油磺酸钠（T702）。

所述的基础油是10#全损耗系统用油。

质量指标

项目		质量指标
油基外观（15～35℃）		棕黄色
乳化液抗腐蚀性（55℃，全浸）	钢片（24h）	合格
	黄铜片（4h）	合格
5%乳化液稳定性（常温，24h）/%		0.8
乳化液 pH 值		8
乳化液防锈性（35℃±2℃，114h，一级铸铁片，单片）		合格
乳化液 P_B/N		562
消泡性能（蒸馏水）		10min 后泡沫不超过 2mL

产品应用 本品主要用作铜合金冷轧乳化液。

产品特性 本产品具有较好的黏附性，抗磨性、抗剪切性和乳化稳定性好，极压性强，油膜厚度稳定性、冷却性、流动性、浸润性和润滑性好，油膜强度大，有较小的流动剪切应力，能降低金属的表面粗糙度、提高规格精度，有一定的化学稳定性，保证使用与清洗方便，有防止出现锈斑和表面缺陷的能力。

铜拉丝水基冷轧液

原料配比

原料	配比（质量份）		
	1#	2#	3#
二乙醇胺	7	9	6
油酸	16	20	14
混合脂肪酸	6	4	8
十二烷基苯磺酸	5	6	8
氢氧化钠（40%）	3.6	3.2	5.2
吐温 80	12	10	10
硫代磷酸复酯胺盐 T307	0.7	0.6	0.7
苯并三氮唑	0.1	0.1	0.2

续表

原　　料	配比（质量份）		
	1#	2#	3#
甲醇	7	9	6
甲基硅油	0.2	0.3	0.2
苯甲酸钠	0.2	0.1	0.1
水	42.2	37.7	41.6

制备方法

（1）将按配比量取的水、二乙醇胺加入反应锅内搅拌 5～10min，升温至（80±3）℃。

（2）接着将量取的油酸掺入，在（80±3）℃保温 15～25min，使二乙醇胺与油酸发生皂化反应。

（3）将量取的混合脂肪酸、十二烷基苯磺酸加入到反应锅中，搅拌 5～10min，接着掺入氢氧化钠，继续搅拌 5～10min，在（80±3）℃保温 15～25min。

（4）将预先量取的甲醇一半量用于溶解苯并三氮唑，然后再将量取的吐温 80、硫代磷酸复酯胺盐 T307、甲基硅油、苯甲酸钠及余量的甲醇一并加入到反应锅内，搅拌 15～25min，在（60±3）℃保温 15～25min。

原料配伍　本品各组分质量份配比范围为：二乙醇胺 6～10，油酸 12～20，混合脂肪酸 4～8，十二烷基苯磺酸 5～10，氢氧化钠（40%）3～6，吐温 80 10～15，硫代磷酸复酯胺盐 T307 0.4～1.0，苯并三氮唑 0.1～0.3，甲醇 6～10，甲基硅油 0.2～0.3，苯甲酸钠 0.1～0.2，水 36～44。

质量指标

项目	1#	2#	3#
外观	淡黄色透明液体	淡黄色透明液体	淡黄色透明液体
pH 值	7.5	8	7.7
结论	工作液表面水跟脂状物混合均匀，在显微镜下可见少量大分子存在，工作液各项指标达标，使用符合设计要求，加工后工件表面不发生氧化，无斑迹	工作液表面水跟脂状物混合均匀，在显微镜下可见少量大分子存在，工作液各项指标达标，使用符合设计要求，加工后工件表面不发生氧化，无斑迹	工作液表面水跟脂状物混合均匀，在显微镜下可见少量大分子存在，工作液各项指标达标，使用符合设计要求，加工后工件表面不发生氧化，无斑迹

产品应用 本品主要应用于铜拉丝，也可以用于其他有色金属拉丝。

产品特性

（1）本产品所有组分市场易购且价格低廉，制造成本低。

（2）本产品组分中不含矿物油或植物油，无毒、无刺激性气味，易生物降解，排放的污水 BOD、COD 等指标均符合国家环保排放标准。

（3）本产品为单一水相溶液，制作工艺简单。

（4）本产品含有多种表面活性剂，应用时在铜丝表面迅速形成保护膜，拉丝过程中铜丝表面得到润滑保护，从而减小摩擦力，降低机器的负荷，减少模具的损耗。

参考文献

中国专利公告

CN—201410597559.7
CN—200910243624.5
CN—201310243615.2
CN—201310493991.7
CN—201310494091.4
CN—201310675744.9
CN—201410131537.1
CN—201410122773.7
CN—201410126745.2
CN—201410122505.5
CN—201410124123.6
CN—201410433820.X
CN—201410122607.7
CN—201410433718.X
CN—201410126695.8
CN—201410122511.0
CN—201410454582.0
CN—201310372388.3
CN—201410126668.0
CN—201410122790.0
CN—201410126717.0
CN—201410126274.5
CN—201310494277.X
CN—201410126754.1
CN—201310493733.9
CN—201310243620.3
CN—201310494000.7
CN—201410433645.4
CN—201410433757.X
CN—201410442234.1
CN—201410454679.1
CN—201410126228.5
CN—201310493753.6
CN—201410433819.7
CN—201310493715.0
CN—201410122577.X
CN—201410454601.X
CN—201310494071.7
CN—201310493654.8
CN—201310493981.3
CN—201310372389.8
CN—201310372387.9
CN—201310243488.6
CN—201310493910.3
CN—200910243629.8
CN—201410433715.6
CN—201410454617.0
CN—201510011056.1
CN—201410433756.5
CN—201410433717.5
CN—201410433716.0
CN—201310493959.9

CN—201410454616.6
CN—201310493464.6
CN—201410433714.1
CN—201510011053.8
CN—201510011059.5
CN—201210256756.3
CN—201310494280.1
CN—201110335442.8
CN—201310493886.3
CN—201310494279.9
CN—201310243686.2
CN—201310493435.X
CN—201110105634.X
CN—201310372393.4
CN—201410126777.2
CN—201310372394.9
CN—201210586549.4
CN—201310243584.0
CN—201510011052.3
CN—201410126163.4
CN—201410126223.2
CN—201410122512.5
CN—201410126239.3
CN—201110450104.9
CN—200510100707.0
CN—201510328622.1
CN—201410088362.0
CN—201010240781.3
CN—201310731118.7
CN—201510383807.2
CN—201010596644.3
CN—201110103063.6
CN—200610021301.8
CN—201410631004.X
CN—201310701114.4
CN—201310111046.6
CN—201310701821.3
CN—200510100709.X
CN—201110445848.1
CN—201410290690.9
CN—201110451579.X
CN—201110324074.7
CN—201110450255.4
CN—201410519009.3
CN—201410421346.9
CN—201310702906.3
CN—201210163070.X
CN—201310701745.6
CN—201310701056.5
CN—201310701762.X
CN—201310701059.9
CN—201310703080.2
CN—201310701665.0
CN—201410683399.8
CN—201310702802.2
CN—201310703015.X
CN—201310682256.0
CN—201310682294.6
CN—201310695908.4
CN—201310695935.1
CN—201310701749.4
CN—201310701763.4
CN—201310701748.X
CN—201310701664.6
CN—201310682259.4
CN—201510029218.4

CN—201410514378.3
CN—200710010876.4
CN—201310701744.1
CN—201210316596.7
CN—201110398123.1
CN—200710010875.X
CN—200710010874.5
CN—200510016132.4
CN—201110452564.5
CN—200510100713.6
CN—201310713791.8
CN—201110103061.7
CN—201110450105.3
CN—200710010877.9
CN—201410849538.X
CN—201410840821.6
CN—201410840845.1
CN—201010160714.0
CN—201310610327.6
CN—201210556672.1
CN—201210181608.X
CN—201210306914.1
CN—201310165732.1
CN—201410516110.3
CN—201210295020.7
CN—200410050387.8
CN—201110139248.2
CN—200410029949.0
CN—201410367703.8
CN—200910102662.9
CN—200510032591.1
CN—201310672887.4
CN—200810011130.X
CN—201310590914.3
CN—200810228751.3
CN—201310634166.4
CN—201110437052.1
CN—201410251223.5
CN—200710132702.5
CN—201310012241.3
CN—201210295542.7
CN—201310610368.5
CN—200710056810.9
CN—201110105625.0
CN—201310148184.1
CN—201110452559.4
CN—201310713900.6
CN—201310002300.9
CN—201110324357.1
CN—201110135679.1
CN—201410018982.7
CN—201210299683.6
CN—201210287551.1
CN—201210059152.X
CN—201310002073.X
CN—201310499783.8
CN—201410496073.4
CN—201510064271.8
CN—201410499772.4
CN—201210066627.8
CN—201110109625.8
CN—201110354667.8
CN—200910194028.2
CN—200510080321.8
CN—200410029838.X
CN—201410074556.5

CN—201080034567.0
CN—200610088184.7
CN—201110354667.8
CN—201510232681.9
CN—201410067995.3
CN—201410030507.1
CN—201110336935.3
CN—201410004858.5
CN—201310376137.2
CN—201310376153.1
CN—201310375749.X
CN—201310656042.6
CN—201510428631.8
CN—201110335442.8